PhD Theses in Experimental Software Engineering
Volume 39

Editor-in-Chief: Prof. Dr. Dieter Rombach

Editorial Board: Prof. Dr. Frank Bomarius
                   Prof. Dr. Peter Liggesmeyer
                   Prof. Dr. Dieter Rombach

Contact:
Fraunhofer-Institut für Experimentelles Software Engineering (IESE)
Fraunhofer-Platz 1
67663 Kaiserslautern
Telefon +49 631 6800 - 0
Fax   +49 631 6800 - 1199
E-Mail   info@iese.fraunhofer.de
www.iese.fraunhofer.de

Bibliographic information published by Die Deutsche Bibliothek
Die Deutsche Bibliothek lists this publication in the Deutsche Nationalbibliografie; detailed bibliografic data is available in the Internet at <http://dnb.d-nb.de>.
ISBN: 978-3-8396-0389-5

D 386

Zugl.: Kaiserslautern, Univ., Diss., 2012

Printing and Bindery:
Mediendienstleistungen des
Fraunhofer-Informationszentrum Raum und Bau IRB, Stuttgart

Printed on acid-free and chlorine-free bleached paper.

© by FRAUNHOFER VERLAG, 2012
Fraunhofer Information-Centre for Regional Planning and Building Construction IRB
P.O. Box 80 04 69, D-70504 Stuttgart
Nobelstrasse 12, D-70569 Stuttgart
Phone +49 (0) 711 970-2500
Fax   +49 (0) 711 970-2508
E-Mail verlag@fraunhofer.de
URL   http://verlag.fraunhofer.de

All rights reserved; no part of this publication may be translated, reproduced, stored in a retrieval system, or transmitted in any form or by any means, electronic, mechanical, photocopying, recording or otherwise, without the written permission of the publisher.
Many of the designations used by manufacturers and sellers to distinguish their products are claimed as trademarks. The quotation of those designations in whatever way does not imply the conclusion that the use of those designations is legal without the consent of the owner
of the trademark.

Funktionale Absicherung kamerabasierter Aktiver Fahrerassistenzsysteme durch Hardware-in-the-Loop-Tests

Dissertation im Fach Informatik

Vom Fachbereich Informatik der Universität Kaiserslautern
zur Verleihung des akademischen Grades
Doktor-Ingenieur (Dr.-Ing.)
genehmigte Dissertation

von
Dipl.-Ing. (Univ.) Florian Schmidt,
geb. in Regensburg.

Datum der wissenschaftlichen Aussprache: 20.01.2012

Dekan: Prof. Dr. Arnd Poetzsch-Heffter

Prüfungskommission:
Vorsitzender: Prof. Dr. rer. nat. Hans Hagen
Hauptreferent: Prof. Dr.-Ing. Peter Liggesmeyer
Korreferent: Prof. Dr.-Ing. Klaus Müller-Glaser

D 386

Für Felizitas und Victoria.

I have to understand the world, you see.

Richard P. Feynman

Diese Arbeit ist mit farbigen Abbildungen unter der folgenden Internetadresse auf dem Dokumentenserver KLUEDO der Technischen Universität Kaiserslautern verfügbar:
http://kluedo.ub.uni-kl.de/

Zusammenfassung

Im Bereich der Automobilelektronik ist eine Zunahme an Fahrerassistenzsystemen zu bemerken, die den Fahrer neben einer warnenden Funktion durch autonomes aktives Eingreifen in seiner Fahraufgabe unterstützen. Dadurch entsteht eine hohe Anforderung an die funktionale Sicherheit dieser Systeme, um ein einwandfreies Verhalten in allen Fahrsituationen zu garantieren und sicherheitskritische Situationen zu vermeiden oder zu entschärfen. Die funktionale Sicherheit derartiger Fahrerassistenzsysteme muss u. a. durch adäquate Testmethoden und einen effizienten Umgang damit innerhalb der etablierten industriellen Entwicklungsprozesse erhöht und sichergestellt werden.

Diese Arbeit bietet einen Überblick über existierende wissenschaftliche wie industrielle Ansätze zum Testen von Automobilelektronik sowie über aktive Fahrerassistenzsysteme. Der Schwerpunkt wird dabei auf diejenigen Systeme gelegt, die Informationen über ihre Umgebung aus Kamerasensoren gewinnen. Aus der Herausforderung, die funktionale Absicherung derart sicherheitskritischer Systeme zu gewährleisten, werden spezifische Anforderungen abgeleitet. Aus dem „Delta" zwischen Anforderungen und Stand der Technik ergibt sich ein Handlungsbedarf, um neue Methoden und für deren Anwendung nötige Vorgehensweisen und Werkzeuge zu erforschen bzw. bestehende zu erweitern.

Die Methode des „Visual Loop Tests" wird dafür vorgestellt. Sie kann durch die Anwendung sog. Grafik-Engines als neuer Bestandteil der Test-Technologien zur Absicherung eingesetzt werden. Dabei werden fotorealistische Grafiken zur Stimulation der Assistenzsysteme erzeugt. Die für die effiziente Anwendung dieser Technologien benötigten neuen Vorgehensweisen zur Beschreibung und Erzeugung von Testfällen in einem visuell repräsentierbaren Format werden erarbeitet.

Dadurch können moderne Assistenzfunktionen gleichzeitig effizienter, zuverlässiger, sicherer und kostengünstiger entwickelt werden und die Sicherheit auf den Straßen wird erhöht. Die erste empirische Bewertung im Rahmen der prototypischen Umsetzung bestärkt diese Einschätzung.

Abstract

An increase in the number of driver assistance systems that help the driver besides a warning functionality also by autonomous actions intervening in the driving tasks is to observe in the area of automotive electronics. Thus high demands on the functional safety of these systems are created to ensure a flawless behaviour in all driving situations and to avoid or to mitigate safety critical situations. The functional safety of these driver assistance systems has to be increased and ensured by (amongst others) adequate testing methods and their efficient application within the established development processes.

This work provides an overview on existing scientific as well as industrial approaches for the testing of automotive elctronics and on driver assistance systems. The focus is on those systems gaining information about their surrounding from camera sensors. From the challenge of ensuring the functional validation of such safety critical systems, specific requirements are derived. The ‚delta' between these requirements and the state of the art defines the need for action, to research on new or the extension of existing methodologies and the necessary approaches and implementations for their application.

The method of ‚Visual Loop Testing' will be presented for that. It can be applied as a new part of test technologies for the functional validation by the usage of graphics engines. For that, photorealistic graphics are generated to stimulate the assistance systems. The necessary new procedures for the efficient application of these technologies will be designed to enable the description and creation of test cases in a visually presentable format.

Thus, modern assistance functions can be developed more efficient, more reliable, more cost-effective and safer at the same time and road safety can be increased. First empirical evaluations in the context of prototypical realizations of this work confirm this assumption.

Danksagung

Die vorliegende Dissertation entstand zwischen Oktober 2007 und August 2011 während meiner Tätigkeit bei der MBtech Group, Bereich Electronics Solutions, in Sindelfingen. Für die wissenschaftliche Betreuung war der Fachbereich Informatik der TU Kaiserslautern zuständig.

An erster Stelle bedanke ich mich bei meinem Doktorvater, Herrn Prof. Peter Liggesmeyer, Leiter der Arbeitsgruppe Software Engineering: Dependability sowie des Fraunhofer-Instituts für Experimentelles Software Engineering in Kaiserslautern. Er gab mir die Möglichkeit zur Promotion in seinem wissenschaftlichen Umfeld und unterstützte mich und meine Arbeit durch viele vertrauensvolle und konstruktive Gespräche sehr. Daneben möchte ich mich bei Herrn Prof. Klaus D. Müller-Glaser, Leiter des Instituts für Technik der Informationsverarbeitung am Karlsruher Institut für Technologie, für die freundliche Bereitschaft zum Korreferat dieser Arbeit bedanken.

Große Unterstützung habe ich von meinen Vorgesetzten Dr. Eric Sax, Dr. Nico Hartmann sowie Zoran Cutura bei der MBtech erhalten. Für das große Vertrauen, die Freiheit eigene Wege zu gehen und Ideen umzusetzen, aber auch für die vielen Anregungen, Erfahrungen, tiefgehenden inhaltlichen Diskussionen und Gespräche über Details der wissenschaftlichen Vorgehensweise und zur Umsetzung im täglichen Projektumfeld bedanke ich mich sehr herzlich. Im spannenden industriellen Umfeld Erfahrungen sammeln und wissenschaftliche Ansätze direkt im Rahmen eines Innovations- und später eines Produkt-Entwicklungsprojekts umsetzen zu dürfen war eine außergewöhnliche und für mich äußerst wertvolle Chance.

Zur produktiven und angenehmen Arbeitsatmosphäre haben aber auch die vielen anregenden Gespräche mit meinen Mit-Doktoranden Dr. Thomas Bäro, Dr. Björn Butting, Dr. Sebastian Fuchs, Stefanie Götzfried, Dr. Mesut Ipek und Dr. Christian Müller, sowie mit Bernhard Bressan, Dennis Schüller und vielen weiteren Kollegen beigetragen. Eine derart professionelle und dabei außergewöhnlich freundschaftliche Umgebung in der Arbeit und darüber hinaus ist selten und stellt einen Glücksfall dar, den ich sehr zu schätzen weiß. Großen Anteil am Gelingen meiner Arbeit hatten auch die vielen studentischen Mitarbeiter, sowie die Firma weltenbauer aus Wiesbaden, die erheblich zur Umsetzung und zur Produktentstehung beigetragen hat.

Meinen Eltern und Großeltern danke ich dafür, dass sie in mir das Interesse am wissenschaftlichen Arbeiten weckten und stets förderten und mir meine akademische und berufliche Laufbahn ermöglichten. Mein größter Dank gilt meiner Frau Felizitas und unserer Tochter Victoria, die mich während der Durchführung dieser Arbeit stets je nach Notwendigkeit ertragen, beraten, unterstützt, abgelenkt und aufgebaut haben.

Inhaltsverzeichnis

ABKÜRZUNGSVERZEICHNIS XIII

KAPITEL 1 EINLEITUNG 1

1.1. Ausgangssituation und Motivation 1

    1.1.1. Anstieg der Zahl an elektronischen Steuergeräten 2
    1.1.2. Fahrerassistenzsysteme 4
    1.1.3. Testmethoden kamerabasierter Fahrerassistenzsysteme 7

1.2. Ziel der Arbeit und Ableitung der Aufgabenstellung 9

    1.2.1. Ziel der Arbeit 9
    1.2.2. Aufgabenstellung 10

1.3. Vorgehen und Aufbau der Arbeit 10

    1.3.1. Wissenschaftliche Methodik 10
    1.3.2. Aufbau der Arbeit 11

KAPITEL 2 GRUNDLAGEN 13

2.1. Automobilelektronik 13

2.2. Fahrerassistenzsysteme 15

    2.2.1. Überblick über Assistenzsysteme 16
    2.2.2. Definition der Begriffe 20

2.3. Beispiele für Assistenzsysteme 22

    2.3.1. Überblick über die Sensorik: Radar, Kamera, Lidar 24
    2.3.2. Fahrerassistenzsysteme 29
    2.3.3. Aktive Fahrerassistenzsysteme 36
    2.3.4. Umfelderfassende Assistenzsysteme in anderen Domänen 43
    2.3.5. Trends im Bereich der Fahrerassistenzsysteme 46

2.4. Testen von Automobilelektronik 48

    2.4.1. Vorgehensmodelle in der E/E-Entwicklung 48
    2.4.2. Software-Qualität und Software-Engineering 51
    2.4.3. Testprozesse 53
    2.4.4. Überblick und Einordnung des Testens 57
    2.4.5. Hardware-in-the-Loop Tests 64
    2.4.6. Testfälle 66

2.5. 3D-Grafik 72

    2.5.1. Fotorealismus 73
    2.5.2. Computergrafik-Pipeline 73
    2.5.3. Spiele- und Grafik-Engines 77
    2.5.4. Bildverarbeitung 78

2.6. Weitere Grundlagen 80

    2.6.1. Datenbanken 80
    2.6.2. Versuchsplanung 81
    2.6.3. Algorithmik 83

2.7. Zusammenfassung der Grundlagen ... 84

KAPITEL 3   ZIELE UND ALLGEMEINE ANFORDERUNGEN AN DIE FUNKTIONALE ABSICHERUNG KAMERABASIERTER AKTIVER FAHRERASSISTENZSYSTEME ... 85

3.1. Ziele ... 85

3.2. Allgemeine Anforderungen ... 86

3.3. Zusammenfassung der Ziele und Anforderungen ... 93

KAPITEL 4   STAND DER TECHNIK: TESTEN KAMERABASIERTER FAHRERASSISTENZSYSTEME ... 95

4.1. Testen kamerabasierter Fahrerassistenzsysteme ... 95

    4.1.1. Überblick ... 96
    4.1.2. Klassifikation der Testmethoden ... 98
    4.1.3. Visuelle Simulationsumgebungen für kamerabasierte Fahrerassistenzsysteme ... 109
    4.1.4. Visuelle Simulationsumgebungen in anderen Domänen ... 120

4.2. Testfälle ... 121

    4.2.1. Testbasis ... 121
    4.2.2. Bestandteile von Testfällen ... 123
    4.2.3. Automatisierbarkeit des Testfallentwurfs und der Testfallgenerierung ... 125
    4.2.4. Testfall-Datenbanken ... 126

4.3. Zusammenfassung und Handlungsbedarf ... 126

    4.3.1. Zusammenfassung Stand der Technik ... 127
    4.3.2. Handlungsbedarf für das Konzept ... 129

KAPITEL 5   LÖSUNG ZUM AUTOMATISIERTEN FUNKTIONALEN TESTEN KAMERABASIERTER AKTIVER FAHRERASSISTENZSYSTEME ... 131

5.1. Rahmenkonzept ... 134

    5.1.1. Der Testprozess ... 135
    5.1.2. Use Cases ... 142
    5.1.3. Grafik-Simulation ... 144
    5.1.4. Visual Loop (VL) System ... 146
    5.1.5. Schnittstellen ... 149
    5.1.6. Zusammenfassung des Rahmenkonzepts ... 156

5.2. Verfahren zum HiL-Testen kamerabasierter Aktiver Fahrerassistenzsysteme ... 157

    5.2.1. VL-Editor ... 158
    5.2.2. Grafik Generator ... 175
    5.2.3. Zusammenfassung des VL-Testsystems ... 183

5.3. Testfälle und Test-Szenarien ... 184

    5.3.1. Testfälle als parametrierbare Testklassen ... 184
    5.3.2. Methodik zur Erzeugung von Test-Szenarien ... 196

5.4. Zusammenfassung der Lösung zum Testen kamerabasierter ADAS ... 203

KAPITEL 6   IMPLEMENTIERUNG DES VL-TESTSYSTEMS ... 205

6.1. VL-Testsystem „PROVEtech:VL" ... 206

    6.1.1. Grafik Generator ... 207
    6.1.2. VL-Editor ... 209
    6.1.3. Schnittstellen ... 212

  6.1.4. Weitere Komponenten 214
  6.1.5. Gesamt-Testsystem 215

 6.2. Erzeugung von Testfällen und Szenarien 216

  6.2.1. Versuchsplanung und automatische Testfallspezifikations-Generierung 216
  6.2.2. Kombinations-Algorithmik und automatische Szenario-Generierung 218

 6.3. Anwendungsfälle, Projekte 219

  6.3.1. Fahrspurverlassenswarnung 220
  6.3.2. Verkehrszeichenerkennung 221
  6.3.3. Fahrsimulator Assistenzsysteme 222
  6.3.4. Stereo Multi Purpose Camera 222

 6.4. Zusammenfassung der Implementierung 224

KAPITEL 7 ERGEBNISSE, ZUSAMMENFASSUNG, AUSBLICK **225**

 7.1. Ergebnisse 225

  7.1.1. Methode: Testprozess mit Szenarien aus parametrierten Testklassen 226
  7.1.2. Werkzeug: VL-Testsystem für kamerabasierte Aktive Fahrerassistenzsysteme 228
  7.1.3. Prototypische Umsetzung 230
  7.1.4. Zusammenfassung der Ergebnisse 230

 7.2. Zusammenfassung der Arbeit 231

  7.2.1. Grundlagen, Anforderungen und Stand der Technik 231
  7.2.2. Konzept, Implementierung und Ergebnisse 232
  7.2.3. Wissenschaftlicher Mehrwert 233

 7.3. Ausblick 234

ANHANG **235**

 A 1 Navigations-, Stabilisierungs- und Collision Mitigation Systeme 235

 A 2 Radar-, Lidar- und Ultraschall-Sensoren 236

 A 3 ISO/DIS 26262 238

 A 4 V-Modelle 239

 A 5 Überblick PROVEtech:TP5 nach [Bäro08] 240

 A 6 Überblick Bestandteile und Zusammenspiel der PROVEtech:VL-Softwarekomponenten
  244

ABBILDUNGSVERZEICHNIS **245**

LITERATURVERZEICHNIS **249**

Abkürzungsverzeichnis

3D	3-Dimensional
ABS	Anti-Blockier System (engl. anti-lock braking system)
ACC	Adaptive Cruise Control (dt.: Abstandsregeltempomat)
ADAS	Advanced Driver Assistance System (dt.: Aktives Fahrerassistenzsystem)
ADTF	Automotive Data and Time triggered Framework
API	Application Programming Interface
APIX	Automotive PIXel link
ASCII	American Standard Code for Information Interchange
ASR	Antriebsschlupf-Regelung
BASt	Bundesanstalt für Straßenwesen
CAN	Controller Area Network
CCD	Charge-Coupled Device
CMOS	Complementary Metal Oxide Semiconductor
CPU	Central Processing Unit (dt. Hauptprozessor)
DAS	Driver Assistance System (dt.: Fahrerassistenzsystem)
DBMS	Datenbankmanagementsystem
DBS	Datenbanksystem
DCL	Datenaufsichtssprache
DDL	Datendefinitionssprache
DEM	Digital Elevation Model (dt. Höhenmodell)
DiL	Driver-in-the-Loop
DLL	Dynamic Link Library
DML	Datenmanipulationssprache
DoE	Design of Experiments (dt. Versuchsplanung)
DOORS	Dynamic Object Oriented Requirements System
DuT	Device under Test
DVI	Digital Visual Interface
E/E	Elektrik / Elektronik
ECU	Electronic Control Unit (dt.: Steuergerät)
EMV	Eletromagnetische Verträglichkeit
ER	Entity Relationship
ERM	Entity-Relationship-Modell
ESP	Elektronisches Stabilitäts Programm (engl. electronic stability pogram)
FAS	Fahrerassistenzsystem (engl.: Driver Assistance System)
FIR	Fern-Infrarot
fps	frames per second (dt.: Bilder pro Sekunde)
GIS	Geo-Informations-System
GPS	Global Positioning System
GPU	Graphics Processing Unit (dt. Grafikprozessor)
GUI	Graphical User Interface (dt. Grafische Benutzerschnittstelle)
HDMI	High Definition Multimedia Interface
HDR	High Dynamic Range
HiL	Hardware-in-the-Loop
HLRS	Hochleistungsrechenzentrum Stuttgart
HMI	Human-Machine-Interface (dt. Mensch-Maschine-Schnittstelle)
IES	Illuminating Engineering Society of North America

IP	Internet Protocol
JND	Just Noticable Differences
KI	Künstliche Intelligenz (engl. Artificial Intelligence, AI)
KNFE	Kunden-nahe Fahr-Erprobung
LDW	Lane Departure Warning (dt. Fahrspurverlassenswarnung)
Lidar	Light detection and ranging
LIN	Local Interconnect Network
LoC	Lines of Code
LOD	Level of Detail
LVDS	Low Voltage Differential Signaling
MIG	Metall-Inertgas-Schweißen
MiL	Model-in-the-Loop
MOST	Media Oriented Systems Transport
NASA	National Aeronautics and Space Administration
NCAP	New Car Assessment Program (dt. Neuwagen-Vergleichs-Programm)
NHTSA	National Highway Traffic Safety Administration
NIR	Nah-Infrarot
OEM	Original Equipment Manufacturer (dt.: Originalhersteller, Erstausrüster)
OSM	OpenStreetMap
PMD	Photomischdetektor
PNG	Portable Network Graphics
Radar	Radio Detection and Ranging
SG	Steuergerät (engl. Electronic Control Unit)
SiL	Software-in-the-Loop
SRTM	Shuttle Radar Topography Mission
StBA	Statistisches Bundesamt
StVO	Staßenverkehrsordnung
SuT	System under Test
SW	Software
TCP	Transmission Control Protocol
SCP	Simulation Control Protocol
TMC	Traffic Message Channel
TPT	Time Partition Testing
TSR	Traffic Sign Recognition (dt. Verkehrszeichenerkennung)
TTCN3	Testing and Test Control Notation Version 3
UDP	User Datagram Protocol
UML	Unified Markup Language
V2I	Vehicle-to-Infrastructure
VGA	Video Graphics Array
ViL	Video-in-the-Loop
VL	Visual Loop
VTD	Virtual Test Drive
XGA	Extended Graphics Array
XML	Extensible Markup Language

Kapitel 1 **Einleitung**

„Ein Fahrzeug darf keinen Menschen verletzen oder durch Untätigkeit zu Schaden kommen lassen [...]"

Frei nach Isaac Asimov[1]

Moderne Fahrzeuge werden immer intelligenter, unter anderem unterstützt durch zunehmende Sensorik und autonome Aktorik. Aktive Fahrerassistenzsysteme müssen wie andere Steuergeräte in der Automobilentwicklung auch automatisiert getestet und dadurch funktional abgesichert werden. Zunächst wird die Motivation vorgestellt, d. h. der Beweggrund für das Herangehen an das Themengebiet des Testens kamerabasierter Fahrerassistenzsysteme.

Im zweiten Teil dieses Kapitels wird daraus die Aufgabenstellung abgeleitet, und nach der Beschreibung der wissenschaftlichen Methodik der Arbeit wird ein Überblick über die folgenden Kapitel als Orientierungshilfe gegeben.

1.1. Ausgangssituation und Motivation

Kraftfahrzeuge beinhalten in „dramatisch" zunehmendem Maße [WR06] elektronische Systeme, Steuergeräte[2] (SG), und insb. Fahrerassistenzsysteme[3] (FAS), siehe Abbildung 1. Wo Aufgaben früher elektrisch oder mechanisch ausgeführt wurden, stehen heutzutage großteils elektronische oder zumindest elektronisch unterstützte Lösungen. Diese Entwicklung, die seit den 1960er Jahren stetig zunimmt [Rob98, May05], findet Einzug in allen Bereichen der Personen-

---

[1] Asimov, Isaac: Meine Freunde, die Roboter. Heyne Verlag, München, 1982.
Bei Asimov wird hier von Robotern gesprochen. Der Begriff „Roboter" wird heute verstanden als „jede automatisch arbeitende Maschine, die menschlichen Aufwand ersetzt" [nach Encyclopædia Britannica Online].
[2] engl. Electronic Control Unit (ECU)
[3] engl. Driver Assistance Systems (DAS)

wagen und Nutzfahrzeuge aller Hersteller und gilt nach wie vor als eine der größten Innovationen der Automobilindustrie[4] [Wym07].

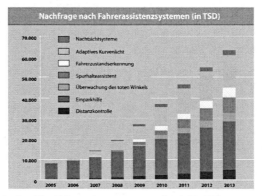

Abbildung 1: Zunahme der Anzahl an Fahrerassistenzsystemen weltweit [StrA07].

1.1.1. Anstieg der Zahl an elektronischen Steuergeräten

Angefangen von Digitaluhren im Armaturenbrett über erste Motor- und Bremsensteuergeräte in den 1970er Jahren bis hin zu umfassenden Verbünden elektronischer Helfer in modernen Oberklassefahrzeugen nimmt die Komplexität, Rechenleistung, Vernetzung und Verantwortungsübernahme der Automobilelektronik immer mehr zu und Anwendungen und Verbreitung steigen rapide an [Berger05, VDI08]. Bis 2015 wird der Anteil der Elektronik an den Kosten eines Fahrzeugs bei über 35 % liegen [Gri05].

Das Auto und seine vielfältigen Funktionen werden bereits heute als „eine Art mobiler Computer" [DAI09] betrachtet – mit den auch aus anderen Lebensbereichen bekannten Stärken und Schwächen der von Menschen erstellten Software. [Cha09] und [LM06] nennen folgende Beispiele für die Anzahl an Lines of Code (LoC), also der Umfang der verwendeten Software:

- F-22 Raptor (Kampfflugzeug): 2 Millionen LoC
- Boeing 787 Dreamliner (Passagierflugzeug): 7 Millionen LoC
- Microsoft Windows Vista (PC-Betriebssystem): 50 Millionen LoC
- Oberklasse-Fahrzeug: 100 Millionen LoC

Dies zeigt die beeindruckende Menge an Software mit stark zunehmender Tendenz bei Umfang und Komplexität [Cha09]. Nach [Gri05] handelt es sich sogar um mehrere hundert Millionen Code-Zeilen, und die Zunahme kann als exponentiell angenommen werden. Der Anteil von Software an der Wertschöpfung der Elektronik eines Fahrzeugs beträgt über 40 % [BKPS07].

---

[4] [Wym07] spricht von einer „Blockbuster Innovation".

Die Software ist dabei immer in Form eingebetteter Systeme[5] in die Hardware von Steuergeräten integriert. Aktuelle Fahrzeuge beinhalten bis zu 80 verteilte und untereinander vernetzte Steuergeräte (vgl. Abbildung 2) und damit mehr als bspw. der Airbus A380 [Berger05, May05, BKPS07, Cha09]. Diese Steuergeräte wiederum beinhalten Funktionen des Fahrzeugs, wie z. B. aus den Domänen[6] Antrieb, Fahrwerk / Fahrdynamik, Karosserie, Innenraum / Komfort, Telematik und Infotainment sowie Sicherheits- und Fahrerassistenzsysteme. Da „fast alle Steuergeräte oder Controller in irgendeiner Form miteinander kommunizieren" [DAI08] erfolgt die Vernetzung heute üblicherweise durch mehrere Feldbus-Systeme[7] wie CAN[8] und FlexRay, in einzelnen Fahrzeugdomänen auch MOST[9] und LIN[10]. Über diese Kommunikations-Busse werden Nachrichten und Signale zwischen Sensoren, Steuergeräten und Aktoren übertragen und damit komplexe, im Fahrzeug räumlich verteilte Funktionen ermöglicht. [OS04] zeigten bereits 2004 die zunehmende Komplexität und damit einhergehende Fehleranfälligkeit der Software.

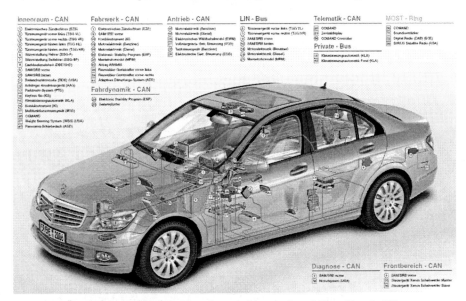

Abbildung 2: Übersicht der Steuergeräte und Datenbusse der Mercedes-Benz C-Klasse (Baureihe 204).

Betrachtet man die Prognosen des Statistischen Bundesamtes, so wird sich allein die Verkehrsleistung im motorisierten Personenverkehr bis 2015 um 20 % gegenüber 1997 steigern, der LKW-Nahverkehr um 26 % und der LKW-Fernverkehr gar um 58 % [STBA06]. Diese Zahlen legen nahe dass es zunehmend wünschenswert wird, belastende Fahraufgaben an Assistenten

---

[5] engl.: embedded system
[6] Diese Auflistung der Domänen ist angelehnt an die vielen üblichen und ähnlichen Kategorisierungen.
[7] Für einen Überblick über Feldbusse zur Datenübertragung im Automobil siehe [Joch07].
[8] Controller Area Network
[9] Media Oriented Systems Transport
[10] Local Interconnect Network

zu übertragen um den insgesamten Verkehrsfluss zu optimieren. Der erhoffte Sicherheits- und Komfortgewinn kann aber nur bei ausgereiften Assistenzsystemen angenommen werden. Die Entwickler der Daimler AG nennen „fehlerfreie Software" als ihr Ziel [DAI09]. Die Anführungszeichen weisen jedoch darauf hin, dass dies ein hehres Ziel darstellt; auf dem Weg zur wirklich fehlerfreien Software wird voraussichtlich viel fehlerbehaftete Software entstehen und im Rahmen der Entwicklungsprozesse aufgedeckt und verbessert werden. Dabei stellt „Testen […] nach wie vor eine der wichtigsten Maßnahmen zur Prüfung von Software dar" [Lin08] – der Bedarf dafür ist geweckt.

1.1.2. Fahrerassistenzsysteme

Wie bereits beschrieben und in Abbildung 1 dargestellt, nimmt die Anzahl an Fahrerassistenzsystemen, als eine besondere Klasse von Steuergeräten, stark zu. Zum einen gibt es immer mehr verschiedene Systeme, die den Fahrer bei unterschiedlichen Aufgaben unterstützen, zum anderen werden diese auch immer mehr in Fahrzeugen verbaut. Der Markt für Fahrerassistenzsysteme steigt in den nächsten Jahren nach Meinung von Branchenkennern um bis zu 15 % jährlich [Sup07]. Dabei ist eine Zunahme umfelderfassender Systeme zu beobachten, die durch verschiedene Sensoren, wie bspw. mit Radar oder Kameras die weitere Fahrzeugumgebung erfassen und auswerten. Beispiele dafür sind Fahrspur-Assistenten, Park-Assistenten, Totwinkel-Assistenten, Verkehrszeichen-Assistenten, Brems-Assistenten oder Nachtsicht-Assistenten und viele weitere.

Zunehmende Autonomie

Diese Fahrerassistenzsysteme erfüllen bereits heute eine Fülle an Funktionen und Fahraufgaben und haben den Fahrer bisher primär informiert oder gewarnt, beispielsweise durch visuelle und akustische Signale beim Überfahren von Spurbegrenzungslinien oder zu nahem Auffahren auf das vorausfahrende Fahrzeug. Doch auch teilautonome Systeme, die den Fahrer mit sanften Lenk- und Bremsmanövern auf die Gefahr aufmerksam machen sind bereits auf dem Markt. Komfortsysteme wie ACC[11] existieren bereits seit 1995 [Sti07]. Schließlich gibt es z. B. Assistenten, die bei unausweichlicher Kollision eine Vollbremsung einleiten oder komplett selbständig die Fahrspur halten. Dieser Trend hin zu immer autonomeren Funktionen ist bereits seit Anfang des 21. Jahrhunderts deutlich zu erkennen [Sti05]. Er wird immer mehr zunehmen, ein „komplett automatisches Eingreifen" wird sogar als wahrscheinliche zukünftige Funktionalität

---

[11] Adaptive Cruise Control, dt. Abstandsregeltempomat

gesehen [BKPS07]. Derartige „Aktive Fahrerassistenzsysteme"[12] können als Wegbereiter autonomer Fahrzeugführung angesehen werden. Der Begriff bezeichnet eine neue, teilweise mit mehreren Sensoren umfelderfassende Generation von Komfort- und Sicherheitssystemen im Fahrzeug. Die Komplexität eines modernen Fahrzeuges wächst damit immens [Cha09, May05].

Gemeinsam ist diesen Systemen, dass sie heute oder in naher Zukunft zumindest auch mit Sensoren auf optischer Basis, d. h. kamerabasiert mit Videotechnologie arbeiten. Dies ist im Vergleich zu Lidar und Radar die am besten geeignete Sensortechnologie für die Funktionalitäten Objektdetektion und -klassifikation, Fahrbahnrand-, Fußgänger- und Verkehrszeichenerkennung und wird daher zunehmend für eine Vielzahl an Aktiven Fahrerassistenzsystemen verwendet [Sti05]. „Automotive camera sensor technology is one of the fastest growing sensor technologies in the automotive industry. [...] Cumulative annual automotive camera growth is estimated to reach 52 percent between 2009 and 2014" [StrA09].

Testbedarf kamerabasierter Fahrerassistenzsysteme

Es findet eine steigende Übernahme der Verantwortung vom Menschen als Fahrer hin zu einzelnen Steuergeräten bzw. dem Gesamtsystem Automobil statt [VDI08]. Dadurch steigt gleichzeitig auch die Verantwortung in der Entwicklung dieser Systeme. Ein vom ADAC durchgeführter Test eines aktiven Fahrerassistenzsystems hat jedoch ein „ernüchterndes Ergebnis" gebracht, „schon bei geringfügig schlechterer Sicht, etwa bei Regen, sinkt die Erkennungsrate von Personen deutlich" [Zeit10a].

Dies zeigt, dass die modernen Fahrerassistenzsysteme auf der einen Seite bereits höchst sicherheitskritische Funktionen übernehmen, wie die Erkennung von Menschen und Straßenverläufen sowie aktive Lenk- und Bremsmanöver. Auf der anderen Seite sind sie jedoch noch sehr störanfällig, wie das Beispiel mit der den schlechten Sichtverhältnissen zeigt. Dabei kann es sicherheitskritisch sein, ein Objekt nicht zu erkennen und den auf die Assistenzfunktion vertrauenden Fahrer nicht zu unterstützen. Ebenso sicherheitskritisch kann es jedoch sein, wenn es zu einer Fehlinterpretation der Umgebung kommt und das Fahrzeug ohne Notwendigkeit ein Manöver einleitet. Während im ersten Fall möglicherweise ein Fußgänger gefährdet wird, kann der zweite Fall entgegenkommenden oder folgenden Verkehr durch unerwartete Manöver in gefährliche Situationen bringen.

Fahrer erwarten ebenso wie die Automobilhersteller als Kunden von Zulieferern, sich auf das jederzeit richtige Handeln eines angepriesenen Assistenzsystems verlassen zu können. Wollen sie nicht mehr Energie in die Überwachung der Assistenten investieren als zur eigenständigen

---

[12] engl. Advanced Driver Assistance Systems, ADAS

Übernahme der Aufgaben nötig gewesen wäre, ziehen sie sich zwangsläufig aus der Fahraufgabe zurück [Sti05]. Der Anspruch der Kunden an ein Fahrzeug ist, verglichen mit anderen Konsumgütern, schon aufgrund der extremen Risiken im Straßenverkehr sehr hoch. Will ein Hersteller seinen guten Ruf bewahren, Qualitätsstandards erfüllen und nicht zuletzt sich selbst vor möglichen Schadenersatzklagen schützen, muss er darauf bedacht sein, Fahrzeugelektronik nur möglichst fehlerfrei an seine Kunden auszuliefern.

Allerdings ist die Entwicklung elektronischer Steuergeräte, wie die Entwicklung jeglicher Systeme, die Logik in Form von Software beinhalten, zwangsläufig mit Fehlern behaftet. Sei es in der eigentlichen Umsetzung der Funktionslogik, sei es durch Kommunikations- oder Flüchtigkeitsfehler. Wo Menschen arbeiten, können Missverständnisse auf jeder Kommunikationsebene geschehen. Viele Funktionen sind darüber hinaus entweder durch Empirie, d. h. eine endliche Anzahl von Versuchen, entstanden oder von einzelnen Entwicklern entworfen und können nicht jeden möglichen Einsatzfall vorhersehend optimiert sein, sondern höchstens ein lokales Maximum „richtiger" Entscheidungen für die meisten der erwartbaren Situationen anbieten.

Gerade da die rechtlichen Haftungsfragen im Falle eines Fehlverhaltens der Fahrerassistenzsysteme noch ungeklärt sind (vgl. dazu auch BMVBS[13]), haben System-Zulieferer und OEMs[14] großes Interesse daran, von Haus aus möglichst zuverlässige Systeme auf den Markt zu bringen. Wesentlich zum Markterfolg von Fahrerassistenzsystemen tragen demnach deren Qualität, Zuverlässigkeit und Reife bei. Daher kommt nach [KKKS07] dem „automatisierten Test von SW-Funktionen eine zentrale Bedeutung" zu. Dies erlaubt die Absicherung der äußerst komplexen Systeme durch automatische Testdurchführung und ermöglicht damit die für eine funktionale Absicherung und Freigabe der Systeme für den Straßenverkehr nötigen quantitativen Aussagen über das Verhalten und Qualitätsniveau der Funktionen.

Auch als Gegenmaßnahme für die Kommunikations- und damit einhergehenden Qualitätsprobleme, die durch häufig weltweit verteilte Entwicklungsprozesse [Butt10] mit vielen verschiedenen Zulieferern sowie durch die zwischen 1990 und 2006 von 9 auf gut 5 Jahre verkürzten Modell-Lebenszyklen [May05] und damit verbundenen Entwicklungszyklen entstehen, kann die Qualitätssicherung in Form funktionaler Tests dienen.

---

[13] Bundesministerium für Verkehr, Bau und Stadtentwicklung (BMVBS): Fahrerassistenzsysteme (FAS). http://www.bmvbs.de/SharedDocs/DE/Artikel/StB-LA/fahrerassistenzsysteme-fas.html
[14] Original Equipment Manufacturer (dt.: Hersteller)

1.1.3. Testmethoden kamerabasierter Fahrerassistenzsysteme

Aufgrund des „dramatischen" [Hof08] Anstiegs der Systemkomplexität und der Anzahl derartiger Fahrerassistenzsystem-Steuergeräte und der zwingend notwendigen maximal möglichen Fehlerfreiheit ist umfassendes Testen der Funktionen unumgänglich [BMMM08]. Ebenso wie die Entwicklung elektronischer Systeme im Rahmen des sog. „V-Modells" beschrieben wird gilt dies auch für alle Ebenen des Testens [Sax08]. Damit dieses Testen sowohl effektiv als auch effizient verläuft, sind Prozesse für eine systematische Testfallermittlung ebenso unerlässlich wie die automatisierbare Durchführung der Tests, und dies im Bereich der Komponenten-, Funktions-, Integrations- und Systemtests. Automatisierung erleichtert zum einen die Nachvollziehbarkeit und Reproduzierbarkeit, und zum anderen die Handhabung ermüdender Tests. Dazu gehören beispielsweise häufige Wiederholungen mit nur geringen Variationen von Parametern und die Möglichkeit des zeitunabhängigen Testens auch über Nacht oder am Wochenende.

Die Entwicklung der genannten Aktiven Fahrerassistenzsysteme wird von Fahrzeugherstellern sowohl aus Gründen der erhöhten Sicherheit, als auch aufgrund des einhergehenden Prestigegewinns mit großem Aufwand vorangetrieben. Dabei geht die Serienentwicklung häufig Hand in Hand mit der Vorentwicklung sowie firmeninternen und unabhängigen externen Forschungseinrichtungen, um möglichst frühzeitig komplexe Systeme einsetzen und anbieten zu können. Aus diesem Grund gibt es eine Vielzeit wissenschaftlicher Gruppen, die sich des Themas annehmen und sowohl theoretische Grundlagen als auch deren industrienahen Anwendungen erforschen. Wie häufig in vergleichbaren Bereichen der ingenieurwissenschaftlichen Pionierarbeit, muss die Absicherung der dabei entstehenden Systeme erst noch formal hergeleitet und auf ein fundiertes Gerüst gestellt werden. Wo allgemeine Grundlagen zum Testen bereits allgemein anerkannt, etabliert und sogar in der industriellen Praxis selbstverständlich sind (vgl. bspw. [Lig05b]), ist die gezielte Ableitung und Anwendung dieser Ansätze für spezifische neue Forschungs- und Applikationsbereiche wie die Aktiven Fahrerassistenzsysteme noch nachzuholen und wissenschaftlich herzuleiten.

Für Fahrerassistenzsysteme sind daher derzeit nur wenige Ansätze des automatisierten Testens auf fundierter Basis vorhanden. Gerade die <u>Stimulation der Kamera-Eingänge mit realistischen Bildern der Umwelt, die je nach Steuergeräte-Reaktion in Echtzeit angepasst werden muss, bereitet Probleme</u>. Dabei würde durch automatisches Testen der hohe Aufwand des manuellen Abfahrens von Standardsituationen und kritischen Manövern bei unterschiedlichen Parametern wie Tageszeit, Witterung etc. extrem verringert werden können. Zusätzlich ist die <u>Reproduzierbarkeit von Fehlern bei Tests in einem realen Fahrzeug auf einer realen Straße mit menschlichen</u>

Fahrern niemals zu 100 % gegeben. Damit zeigt sich der große Nachteil von Testfahrten, egal ob sie auf dedizierten und abgesperrten Testgeländen, oder im realen Straßenverkehr stattfinden.

Auch das Einspielen von vorher aufgezeichneten Videos ist mit Nachteilen behaftet. So ist es zum Beispiel nur manuell möglich und damit extrem aufwändig, die zugrunde liegenden Informationen wie Fahrspuren, Verkehrszeichen oder Fußgänger in jedem einzelnen Bild der Videos zu markieren. Dies ist jedoch nötig, um die Erkennungsergebnisse des Fahrerassistenzsystems zu bewerten. Auch reagieren Videos nicht auf vom System ausgeführte Manöver, und sie können nicht nachträglich verändert werden, wenn bspw. die Leistung eines Systems mit einer an anderer Stelle im Fahrzeug eingebauten Kamera geprüft werden soll.

Um die gewünschte Automatisierung in Steuergeräte-Tests zu ermöglichen eignen sich „Hardware-in-the-Loop" (HiL) Prüfstände besonders gut [Fuc11]. Diese stimulieren sämtliche Ein- und Ausgänge des „System-under-Test"[15] (SuT). Sie dienen der Nachbildung der realen Welt und simulieren in Echtzeit anhand von Modellen die Umgebung und deren durch die Reaktionen des SuT hervorgerufenen Änderungen.

Davon ausgehend, dass ein Testsystem für derartige Aktive Fahrerassistenzsysteme vorhanden ist, stellt sich dem Tester die Frage, welche Testfälle damit zu erfüllen sind. Die Vielzahl möglicher Parameter einer simulierten Umwelt reicht annähernd an die schier endlose Anzahl an Fahrsituationen der realen Welt heran. Allein aus der Fülle verschiedener Strecken, Verkehrsteilnehmer, Tageszeiten und Witterungen lassen sich für Testspezifikateure nahezu beliebig viele Testfälle ableiten. Eine sinnvolle Anleitung sowie teil-automatische Hilfestellung für die Generierung, Auswahl und optimierte Zusammenstellung von Testfällen scheint daher wünschenswert. Nach [BKPS07] gerät die klassische HiL-Technologie hier an ihre Leistungsgrenzen, und es müssen ausgefeiltere Test-Techniken herangezogen werden, in denen Tests bspw. von Modellen abgeleitet und automatisch ausgeführt werden.

Daimler legt derzeit „10 bis 20 Millionen Kilometer im Jahr bei Testfahrten auf der Straße zurück" und sieht die Möglichkeit, durch den Einsatz von Simulatoren Entwicklungszeit und Kosten zu sparen [Ott10][16]. Je nach Qualität der in einem Simulator erzeugten Bilder kann ein kamerabasiertes Fahrerassistenzsystem damit ggfs. nach dem Prinzip des HiL-Tests mit realistischen Daten stimuliert und somit funktional getestet werden. Wo bisherige Simulationen mit eher abstrakter und idealisierter Prinzipdarstellung nicht an den Detaillierungsgrad der Realität

---

[15] dt. das zu testende System, auch Test- oder Prüfobjekt
[16] Siehe auch Pressemitteilung der Daimler AG vom 06.10.2010: „Neuer Fahrsimulator in Sindelfingen eingeweiht – Investitionen in Spitzentechnologien".

heranreichen (siehe Abbildung 3), ist eine Lücke für eine neue Art von Testsystemen entstanden.

Abbildung 3: Beispiele für idealisierte, computergenerierte (links) und reale (rechts) Umgebungen.

1.2. Ziel der Arbeit und Ableitung der Aufgabenstellung

Aus den in den vorigen Abschnitten 1.1 und 1.2 erläuterten Schwierigkeiten bei der funktionalen Absicherung kamerabasierter Aktiver Fahrerassistenzsysteme wird das Ziel der Arbeit (Abschnitt 1.2.1), und daraus die Aufgabenstellung (1.2.2) abgeleitet.

1.2.1. Ziel der Arbeit

„Funktionale Sicherheit" ist nach ISO 26262-1 [ISO/FDIS 26262] definiert als die Abwesenheit unvertretbarer Risiken aufgrund von Gefährdungen durch Fehlfunktionen von E/E[17]-Systemen[18].

Das Ziel dieser Arbeit kann darin gesehen werden, die funktionale Sicherheit kamerabasierter Aktiver Fahrerassistenzsysteme durch Hardware-in-the-Loop-Tests zu bewerten und damit deren Absicherung zu ermöglichen. Dies ist aus der beschriebenen Zunahme dieser Art Steuergeräte im Automotive-Bereich und den zunehmenden sicherheitsrelevanten aktiven Eingriffsmöglichkeiten dieser Systeme begründet.

Dabei werden neue Methoden und Techniken zur Testfallerstellung benötigt, und eine in Testprozesse integrierte vollautomatische Testdurchführung ermöglicht mit realistischer Grafik-Stimulation die angestrebte funktionale Absicherung. Wissenschaftliches, unvoreingenommenes, analysierendes, objektiv bewertendes und logisches Vorgehen stellt dabei den Mehrwert gegenüber rein „ingenieurmäßigem Entwickeln" dar.

---

[17] Elektrik / Elektronik
[18] engl. Original: „absence of unreasonable risk due to hazards caused by malfunctioning behavior of E/E systems"

1.2.2. Aufgabenstellung

Mit dem oben vorgestellten Ziel ist es Aufgabe dieser Arbeit, zum einen eine Simulationsumgebung für kamerabasierte Fahrerassistenzsysteme zu schaffen, die es ermöglicht, verschiedene Test-Szenarien mit variablen Umgebungsparametern automatisiert zu durchlaufen und damit reproduzierbare Testbedingungen zu schaffen. Diese Simulation ist explizit nicht auf eine bestimmte Funktion oder ein Steuergerät angepasst sondern soll durch Skalierbarkeit und offene Schnittstellen einfach an sämtliche kamerabasierte Fahrerassistenzsysteme angepasst werden können.

Zum anderen muss in dieser Arbeit ein durchgängiges Gesamtkonzept einer Teststrategie mit genereller Struktur und notwendigen Eigenschaften von Test-Szenarios sowie eine Methode für deren Erstellung vorgestellt werden, um mit minimalem Aufwand maximale Testtiefe und -breite zu erreichen.

Damit erscheint es realistisch, die große Menge zunehmend autonomer umgebungserfassender Assistenzsysteme in modernen Fahrzeugen effizient und effektiv zu testen, und damit die Sicherheit aller Verkehrsteilnehmer zu maximieren. Isaac Asimovs Postulat, nach dem ein Roboter bzw. hier ein autonomes Fahrzeug keinen Menschen verletzten darf, ist dabei das oberste Ziel der Entwicklung.

1.3. Vorgehen und Aufbau der Arbeit

Der Aufbau dieser Arbeit (Abschnitt 1.3.2) orientiert sich am wissenschaftlichen Vorgehen (1.3.1) zur Erreichung des aufgestellten Ziels.

1.3.1. Wissenschaftliche Methodik

Diese Arbeit entsteht in einem wissenschaftlichen Fachgebiet zwischen der Informatik als Strukturwissenschaft und der Elektrotechnik als angewandter (Ingenieur-) Wissenschaft. Erkenntnisziel ist damit die Kombination vorhandenen Wissens sowie das Gestalten neuer Erkenntnisse, Ansätze und Lösungen. Ziel der Arbeit ist – wie im Titel genannt – das Erarbeiten eines Mittels bzw. einer Methode zur funktionalen Absicherung bestimmter (kamerabasierter, aktiver) Steuergeräte mit Hilfe einer bestimmten Technologie, dem HiL-Testen. Dies ist als Tatsache und damit für diese Arbeit als formales Axiom angenommen (wird jedoch durch den Stand der Technik untermauert).

Das Vorgehen im Rahmen dieser Arbeit sieht ausgehend von einer Analyse des wissenschaftlichen Umfeldes die induktive Ableitung von Anforderungen an das Ziel der Arbeit vor. Aus dem Stand der Technik wird der verbleibende Handlungsbedarf für die Erreichung des Ziels als „Desiderat" aufgezeigt. Dieses wird systematisch schrittweise durch logisches Schließen sowie empirische Beobachtungen hergeleitet und durch erste durch die Implementierung gewonnene Ergebnisse verifiziert.

Die insb. für die Grundlagen und den Stand der Technik herangezogene Literatur besteht neben wissenschaftlichen Veröffentlichungen in Fachzeitschriften und auf Fachtagungen aus industriellen Fachartikeln sowie Fachbüchern. Die spezielle Thematik dieser Arbeit der Absicherung von Fahrerassistenzsystemen ist verhältnismäßig neu und speziell, so dass nur wenige wissenschaftliche Untersuchungen dazu vorliegen. Die dabei behandelten und im Rahmen dieser Arbeit kombinierten Fachdisziplinen sind jedoch etabliert und können dadurch zu weiten Teilen durch Standardwerke eingeführt und anhand aktueller Beiträge aus der industriellen Praxis erläutert werden.

1.3.2. Aufbau der Arbeit

Im folgenden Kapitel 2 werden die für diese Arbeit und die darin behandelten Themen notwendigen Grundlagen, insb. zu Fahrerassistenzsystemen, zu Software-Entwicklung und dem Testen von Elektrik/Elektronik-Komponenten in der Automobilindustrie sowie zu Grundlagen der Erzeugung von 3D-Grafik vorgestellt. In Kapitel 3 werden die Ziele und Anforderungen für die funktionale Absicherung kamerabasierter Aktiver Fahrerassistenzsysteme hergeleitet. Auf deren Basis wird in Kapitel 4 der aktuelle Stand der Technik zum Testen der genannten Fahrerassistenzsysteme untersucht, dabei wird insb. auf visuelle Simulationsumgebungen eingegangen.

Kapitel 5 stellt schließlich ausgehend vom verbleibenden Handlungsbedarf eine Lösung vor, die es erlaubt, kamerabasierte Aktive Fahrerassistenzsysteme mit Hilfe fotorealistischer 3D-Grafik zu stimulieren und damit in einer Hardware-in-the-Loop-Testumgebung automatisiert funktional abzusichern. Das verwendete durchgängige Testsystem wird in Testprozesse und -vorgehensweisen eingebettet. Kapitel 6 stellt die Implementierung des Testsystems vor, und Kapitel 7 schließt die Arbeit mit der Ableitung der Ergebnisse, einer Zusammenfassung, sowie einem Ausblick ab.

Kapitel 2 **Grundlagen**

Dieses Kapitel erläutert die für diese Arbeit nötigen Grundlagen. Ausgehend von einigen allgemeinen Informationen über Automobilelektronik (Abschnitt 2.1) werden Fahrerassistenzsysteme klassifiziert und definiert (Abschnitt 2.2) und Beispiele dafür präsentiert (Abschnitt 2.3). Darauf aufbauend wird ein Überblick über Methoden des Testens von Automobilelektronik vorgestellt (Abschnitt 2.4), da das Ziel dieser Arbeit in der Konzeption einer darauf aufbauenden neuen Testmethodik besteht. Zusätzlich werden die für das Verständnis des Konzeptes notwendigen Grundlagen zu 3D-Computergrafik (2.5) sowie weitere zu Datenbanken, Versuchsplanung und Algorithmik (2.6) beschrieben.

2.1. Automobilelektronik

In Fahrzeugen der Mittel- und Oberklasse sind typischerweise rund 50 bis 80 untereinander vernetzte Steuergeräte verbaut, die verschiedenste Komfort- und Sicherheitsfunktionen in Form von Embedded Software beinhalten (vgl. Abbildung 2).

Steuergeräte wie beispielsweise das Motor-SG, die Dachbedieneinheit, das Kombi-Instrument oder multifunktionale „Body Controller Modules" (BCM) kombinieren also Hardware (Sensoren, Aktoren) mit Funktionen, die in Form von Software realisiert sind. Steuergeräte arbeiten nach dem „EVA-Prinzip" (Abbildung 4): auf die Eingabe (oder Signalaufbereitung) von Daten oder Messwerten folgt deren Verarbeitung (Signalauswertung) und schließlich die Ausgabe (der z. B. durch die Steuergerätefunktionalität berechneten oder aus Tabellen entnommenen Stell- und Regelgrößen). Sie können durch ihre Interaktion mit der Umgebung bzw. Umwelt als rückgekoppelte Systeme angesehen werden (Abbildung 5). Dabei sind häufig Echtzeitbedingungen zu erfüllen, um die korrekte Funktion (z. B. eines Airbagsteuergeräts) sicher zu stellen. Die Komplexität ihrer Funktionen steigert sich durch wachsende Kundenerwartungen, erhöhte

Anforderungen z. B. an Sicherheitsstandards, und neue technische Möglichkeiten [Gri05, Cha09] kontinuierlich.

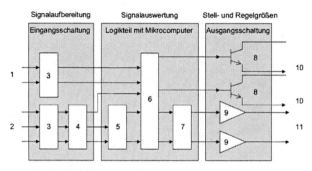

Abbildung 4: Beispiel-Blockschaltbild eines Steuergeräts [GG06].

Embedded Software im Automotive Bereich steht unter dem großen Druck besonders hoher Anforderungen an die Zuverlässigkeit während eines ganzen Autolebens lang, und das unter allen Temperatur- und Klimabedingungen und Nutzungsverhalten.

Die ständige – teils direkte und teils indirekte – Interaktion der Software mit anderen Verkehrsteilnehmern und besonders mit Menschen in ihrer Umgebung legen den benötigten hohen Qualitäts- und Sicherheitsstandard fest. Dazu kommen vielfältige verschiedene rechtliche Rahmenbedingungen, die Notwendigkeit einer einfachen Wartbarkeit, das Zusammenspiel von Hard- und Software sowie vieler Zulieferer für die einzelnen Elektronik-Komponenten sowie die Notwendigkeit von Ausfallsicherheit und Notlaufkonzepten selbst im Fehlerfall.

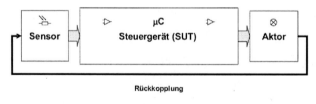

Abbildung 5: Technischer Aufbau eines Steuergeräts als rückgekoppeltes System [Mül07].

Automotive Software ist also durch hohe Komplexität, komfort- und sicherheitsrelevante fahrzeugspezifische Funktionen und daraus resultierend höchste Anforderungen an die Softwarequalität gekennzeichnet. [Lig02]

2.2. Fahrerassistenzsysteme

Schlechte Witterungsbedingungen oder technische Defekte, insb. der Fahrzeugelektronik (Abschnitt 2.1), sind nur in verhältnismäßig geringer Anzahl Schuld an Verkehrsunfällen. „Der Faktor Mensch bleibt das mit Abstand größte Risiko im Straßenverkehr. [...] 87 % aller Fahrzeugunfälle in Deutschland, bei denen im vergangenen Jahr Menschen zu Schaden kamen, waren auf das Fehlverhalten des Fahrers zurückzuführen" [Born08]. Nach [Schw07] ist „menschliches Versagen" sogar die Ursache für 93,5 % aller Unfälle. „Schuld ist also in aller Regel der Fahrer – zum Beispiel weil er zu schnell fährt oder unkonzentriert ist. Die Konsequenz ist klar: Man muss dem Fahrer das Fahren erleichtern."[19] Fahrerassistenzsysteme nennen schon im Namen das Ziel, diese häufige Unfallursache zu verringern und das Fahren in einem Auto sicherer zu machen, indem der Fahrer von einem technischen System unterstützt wird.

Steuergeräte beinhalten derartige Funktionen zur Entlastung des Fahrers, sei es durch Informationen, Warnungen oder aktive Unterstützung. Diese Kategorie von Steuergeräten wird als Fahrerassistenzsysteme (FAS) bezeichnet. Aktive Funktionen einiger dieser Systeme unterstützen dabei sogar durch autonome aktive Eingriffe. Beispiele hierfür sind Einpark- und Spurhalteassistenten, Fußgänger- und Objekterkennung. Diese Systeme greifen im Notfall selbständig durch Lenken oder (Not-) Bremsen direkt in die Längs- oder Querregelung des Fahrzeuges ein.

Die Umfelderfassung durch Sensoren wie Radar, Video oder Ultraschall ist dabei der übliche Weg, um den Algorithmen Informationen zur Situationsanalyse und –bewertung zu verschaffen. Als Sensordatenfusion bezeichnet man dabei das Vorgehen, immer mehrere Datenquellen redundant zu nutzen, um die Richtigkeit einer Entscheidung genauer abzusichern. Erst wenn Radar-Echos und Videobild unabhängig zum gleichen Analyse-Ergebnis führen, darf das Fahrzeug darauf aktiv reagieren. [SS09]

Erste Assistenten in Serienfahrzeugen wurden 1995 mit dem „EVT-300"[20], einer kombinierten Kollisions-Warnung, Seiten-Objekterkennung und ACC bei Volvo verbaut. Erst 1999 bzw. 2000 folgten die deutschen Automobilhersteller Daimler und BMW mit eigenen ACC-Systemen. Spur-, Nachtsicht- und Totwinkelassistenten kamen ab 2000 (Nissan, Mitsubishi, Cadillac). [Neu05]

Eine Nutzenabschätzung aktiver FAS zeigt, dass longitudinal wirkende Systeme zwar das höhere Unfallvermeidungspotenzial besitzen, lateral wirkende Systeme dafür „statistisch jedoch zu einer höheren Vermeidung von Unfällen mit Todesfolge führen". Die pessimistisch ge-

---

[19] Heise Autos: Mercedes zeigt zukünftige Fahrerassistenzsysteme. http://www.heise.de/autos/, 03.07.2007.
[20] Eaton Vorad Technologies

schätzte untere Grenze dafür liegt bei 12 bis 20 % [KPBB08]. Der Deutsche Verkehrssicherheitsrat e. V. (DVR) „empfiehlt im Fall von zeitkritischen Situationen auch nicht übersteuerbare, aktiv eingreifende Systeme" [DVR06]. Als Unfall oder Crash wird dabei die als zu vermeiden geltende Aktion des eigenen Fahrzeugs angesehen. Diese kann in ihrem Ausmaß sehr unterschiedlich sein (z. B. Parkrempler, Kollision mit Verkehrsteilnehmer an einer Kreuzung oder Karambolage bei hoher Geschwindigkeit). Unfälle mit Personenschäden gelten als deutlich schwerwiegender und haben daher ein sehr viel höheres Vermeidungspotenzial als reine Sachschäden.

Die deutsche Bundesregierung unterstützt die Entwicklung von Fahrerassistenzsystemen z. B. in Förderprojekten wie der „Forschungsinitiative AKTIV"[21].

In den folgenden Unterkapiteln werden nach einem Überblick über Fahrerassistenzsysteme und deren Klassifikationsmöglichkeiten (2.2.1) Begriffsdefinitionen (2.2.2) und daran anschließend einige Systeme beispielhaft detaillierter vorgestellt (2.3).

2.2.1. Überblick über Assistenzsysteme

Nachdem im vorangegangenen Abschnitt der in der Literatur nicht eindeutig definierte Begriff „Fahrerassistenzsystem" verwendet wurde, sollen nun allgemein alle Systeme, die einen Fahrer unterstützen, untersucht werden, um eine Klassifikation zu ermöglichen. Die folgende Definition 2.1 beschreibt daher die allgemeine Gruppe der Assistenzsysteme:

> **Definition 2.1: Assistenzsystem**
> Ein Assistenzsystem ist ein komfort- oder sicherheitssteigerndes technisches System, das den Fahrer eines Fahrzeugs bei dessen Fahraufgaben auf der Organisations-, Lenkungs- oder Stabilisierungsebene unterstützt.

Einen breiten Überblick über Entwicklung, Sensorik und Aktorik, Mensch-Maschine-Schnittstellen, Assistenzfunktionen auf den Stabilisierungs- sowie Bahnführungs- und Navigationsebenen und die Zukunft der Assistenzsysteme bietet [WHW09]. Eine Zusammenfassung zu Fahrerassistenzsystemen bietet [Bast01], umfelderfassende FAS (insb. mit Sensorfusion) beschreibt [DKK05], Definitionen und nationale wie internationale Projekte mit Schwerpunkt Fahrerassistenzsysteme werden in [Kram07] vorgestellt.

Nach dem folgenden Überblick über Klassifikationsmöglichkeiten für Assistenzsysteme in der Literatur werden die fünf in dieser Arbeit verwendeten Klassen herausgearbeitet und dafür im nächsten Abschnitt 2.2.2 Definitionen abgeleitet.

---

[21] „AKTIV – Adaptive und Kooperative Technologien für den Intelligenten Verkehr", www.aktiv-online.org

Klassifikationsmöglichkeiten für Assistenzsysteme

In der Fachliteratur finden sich vielfältige Möglichkeiten der Klassifikation von Assistenzsystemen bzw. –funktionen, die hier zusammengefasst vorgestellt werden. Die Begriffe sind teilweise ähnlich oder es existieren Nuancen unterschiedlichen Funktionsverständnisses. Der Übersicht halber werden hier auch sich überschneidende Klassifikationsmöglichkeiten aufgeführt.

Es existieren Klassifikationen der Assistenzsysteme nach

- Sicherheits- oder Komfortfunktion
- Zeitpunkt der Funktionsnutzung:
- aktiv (vor Unfall) – passiv (nach Unfall) – Rettungswesen [Kram07]
- normale Fahrt – kritische Situation – Unfallvermeidung – Pre-Crash[22] – Unfallfolgenminderung
- unfallvermeidend – unfallfolgenmindernd [KFS07]
- Eingriffsweise der Funktion bzw. Grad der Unterstützung:
- aktiv – passiv [Kram07, KFS07]
- Information/Warnung – unterstützend – autonom – Pre-Crash [Neu05]
- normale Fahrt – Warnsysteme – Assistenzsysteme – automatische Sicherheitssysteme [Kram07]
- warnend – assistierend – intervenierend [Kram07]
- Command / Coordination / Execution [Spie08]
- informierend – warnend – unterstützend – eingreifend [Spie08]
- informierend – unterstützend – eingreifend [Quelle: PReVENT-Projekt[23]]
- durch den Fahrer überstimmbare Systeme – nicht überstimmbare Systeme [Bast06]
- Ebene / Hierarchie:
- Navigation – Bahnführung – Stabilisierung [Bast01]
- Organisation – Lenkung – Stabilisierung [Kram07]
- Planung – Führung – Stabilisierung [Kom08]
- Navigation – Manöver – Stabilisierung [Schw07]
- Reaktionszeiten: > 10 sec – 1 - 10 sec, < 1 sec [Schw07]
- Dimension der Kraftfahrzeugführung bzw. Fahraufgaben [Kram07]:
- Längsachse: Längsdynamik, Wanken – Querachse: Querdynamik, Nicken – Vertikalachse: Hubbewegung, Gieren)

---

[22] d. h. nicht mehr abwendbarer Unfall
[23] www.prevent-ip.org

- X-Achse: Komfort, Sicherheit – Y-Achse: Navigation (informativ), Lenkung (langsame Reaktion), Eingriff & Stabilisierung (schnelle Reaktion)
- primär (Spurhaltung, Geschwindigkeitsregelung) – sekundär (Festlegung und Einhaltung einer Wunschgeschwindigkeit, Erkennen und Ausweichen vor Hindernissen, Auswahl einer Fahrstrecke)
- Fahrzeugbereich:
- Domänen: Drivetrain, Brake System, Steering System, Suspension System, Passive Safety System [Neu05]
- Informationssysteme, Kommunikationssysteme, Kooperationssysteme, Assistenzsysteme [Kram07]
- Navigationssystem, Mustererkennungssystem, Sicherheitszonensystem, Integrations- und Kontrollsystem. [Kram07]
- Fahrer-Fahrzeug – Fahrer-Fahrumgebung – Fahrzeug-Fahrumgebung – Fahrer-Fahrer – Fahrzeug-Fahrzeug [Kram07]
- Anzahl und Komplexität der beteiligten Funktionen und Komponenten (Steuergeräte, Sensoren, Aktoren)
- Sensorik:
- fahrzeugautonom – infrastrukturgestützte Informationen
- interne Sensoren – umfelderfassende Sensoren
- Richtung der Sensorik (vorne, Seiten, hinten, …)
- Sensortyp (Kamera {2D/3D, VIS, NIR, FIR}, Radar, Lidar, Ultraschall, …)

Sehr häufig ist die allgemeine Unterscheidung in aktive und passive Sicherheit anzutreffen. Diese können wiederum jeweils in aktive und passive Funktionen unterteilt werden. Aktive Funktionen sind dabei solche, „die sich selbsttätig in Gang setzen, wenn dies aufgrund der Auswertung entsprechender Sensorsignale angezeigt ist" [Kram07]. Beispiele sind:

- Aktive Sicherheit (vor Unfall):
- Aktive Funktion: Fahrtrichtungsstabilisierung
- Passive Funktion: Sichtverhältnisse im Fahrzeug.
- Passive Sicherheit (bei bzw. nach Unfall):
- Aktive Funktion: Airbag
- Passive Funktion: Knautschzone

Ebenso ist eine Einteilung in unfallvermeidende und unfallfolgenmindernde Assistenzfunktionen häufig.

Klassifikation von Assistenzsystemen in fünf Klassen

In dieser Arbeit wird ausgehend von den im vorhergehenden Abschnitt vorgestellten Möglichkeiten die Klassifikation von Assistenzsystemen in die fünf Klassen

- Navigationssysteme („Navi"),
- Stabilisierungssysteme („Stabilis."),
- Driver Assistance System („DAS"),
- Advanced Driver Assistance System („ADAS") sowie
- Collision Mitigation System („CMS")

verwendet, vgl. Abbildung 6. Auf der horizontalen Achse wird dabei auf der obersten Ebene in die Bereiche „vor Unfall" (also aktive Sicherheit) und „danach" (passive Sicherheit) unterteilt. Darunter kann in die Situationen einer „normalen Fahrt" bis hin zu „Pre-Crash" und die Kollisionsfolgenverminderung nach einem unausweichlichen Unfall eingeteilt werden, die Sicherheitsfunktionen werden dabei je nach Art des Eingriffs („Information" bis „Intervention") in aktive und passive unterschieden. Auf der vertikalen Achse wird in die üblichen Ebenen der Fahrzeugführung Organisation, Lenkung[24] und Stabilisierung mit ihren eher sicherheits- oder komfortorientierten Funktionsausrichtungen sowie in die Art der üblicherweise verwendeten Sensoren (intern oder umfelderfassend) eingeteilt.

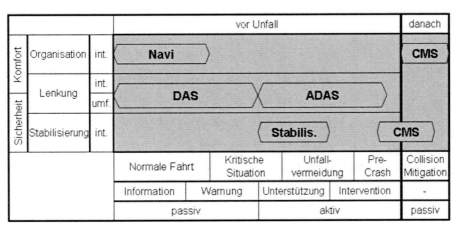

Abbildung 6: Klassifikation von Assistenzsystemen.

- **1. Klasse: „Navigationssysteme"** stellt dabei die Systeme der auf internen Daten basierenden Komfortfunktionen mit informierendem und nur selten warnendem Charakter dar. Sie werden üblicherweise nur während der normalen Fahrt genutzt und greifen nicht aktiv ins Fahrgeschehen ein. Beispiele sind Navigations- und Telematiksysteme.

---

[24] Die „Lenkungs"-Ebene beinhaltet sowohl quer als auch längs in die Fahrzeugführung eingreifende Tätigkeiten des Fahrers sowie weitere Tätigkeiten auf vergleichbarer Handlungsebene.

- **2. Klasse: „Stabilisierungssysteme"** stellt die stabilisierenden Systeme dar, die durch aktive Eingriffe auf einer niedrigen Ebene autonom aufgrund interner Sensoren die Fahrstabilität erhöhen.
- **3. Klasse: „Driver Assistance System"** (DAS, Fahrerassistenzsystem, FAS) verarbeitet Sensordaten vorwiegend aus dem Fahrzeugumfeld und informiert oder warnt den Fahrer.
- **4. Klasse: „Advanced Driver Assistance System"** (ADAS, Aktives Fahrerassistenzsystem) ist als Untergruppe der „Driver Assistance Systems" ebenfalls gekennzeichnet durch eine komplexe Sensordatenverarbeitung aus dem Fahrzeugumfeld sowie zusätzlich aktives Eingreifen in die Fahrzeuglängs- und/oder Querdynamik.
- **5. Klasse: „Collision Mitigation System"** (CMS, Unfallfolgenminderung) reagiert erst unmittelbar vor oder während einem mit hoher Wahrscheinlichkeit nicht mehr zu verhindernden Unfall, indem die Schwere des Unfalls vermindert wird bzw. Rettungsmaßnahmen vereinfacht werden.

Zu beachten ist dabei, dass anstelle der umgangssprachlich ungenauen Bezeichnung „Fahrerassistenzsystem" hier für den Überbegriff der Klassen die Bezeichnung „Assistenzsystem" verwendet wird. Nur die Elemente der Klasse „Driver Assistance Systems" werden im Folgenden auch als solche (bzw. deutsch als Fahrerassistenzsystem) bezeichnet. Alle Elemente der fünf Klassen assistieren dem Fahrer, sind daher also „Fahrer-Assistenz-Systeme". Doch im engeren und technisch korrekten Sinne sind im weiteren Verlauf der Arbeit nur die „Driver Assistance Systems" der 3. Klasse damit gemeint.

2.2.2. Definition der Begriffe

Der Begriff „Fahrerassistenzsystem" wird sehr heterogen verwendet, offizielle Standards für eine Begriffsdefinition (außer für einzelne Fahrerassistenzsysteme) existieren nicht: „At the present time, there are no EC Directives or UNECE Regulations [...] for advanced driver assistance systems in general [...]" [VSPS08]. So werden in der Verordnung 661/2009 lediglich einzelne Fahrerassistenzsysteme, wie „Spurhaltewarnsystem" oder „Notbrems-Assistenzsystem" definiert. Letzteres zeichnet sich dadurch aus, dass es „eine Gefahrensituation selbständig erkennt und das Abbremsen des Fahrzeugs veranlassen kann [...]" [EG 661/2009]. In der ECE-Regelung 46 [ECE 46] für Rückspiegel wird eine „Kamera-Monitor-Einrichtung für indirekte Sicht" definiert als „eine Einrichtung [...], bei der das Sichtfeld durch eine Kombination aus Kamera und Monitor [...] vermittelt wird". Eine Kamera wird definiert als „eine Einrichtung, bei der ein Objektiv ein Bild der Außenwelt auf die lichtempfindliche Schicht eines elektronischen Bildwandlers projiziert, der es in ein Videosignal wandelt".

Allgemein wird mit dem Begriff „Fahrerassistenzsystem" jede technische Einrichtung versehen, die einen Fahrzeuginsassen (also nicht nur den Fahrer) in einer seiner vielfältigen Betätigungen (also nicht nur die Fahraufgabe) unterstützt. Da dies keine zufriedenstellende Definition darstellt, werden zunächst einige Aspekte der üblichsten Definitionen aus der Fachliteratur vorgestellt und im Anschluss daraus eine für diese Arbeit gültige Definition abgeleitet.

Die Bundesanstalt für Straßenwesen leitet den Ausdruck Fahrerassistenzsystem „aus der Begriffsdefinition für ‚assistieren' als ‚jemandem nach dessen Regeln und Erwartungen zur Hand gehen' ab. [...] Ein Assistenzsystem ist demnach dadurch gekennzeichnet, dass es den Fahrern Informationen zur Verfügung stellt oder Fahrmanöver den Vorstellungen des Fahrers entsprechend durchführt. [...] Die Fahrer bleiben für die Fahrzeugführung voll verantwortlich und bestimmend." [Bast01]

Etwas detaillierter bezüglich der beschriebenen Aufgaben ist die Definition von [DVR06], nach der Fahrerassistenzsysteme Systeme sind, „die geeignet sind, den Fahrer in seiner Fahraufgabe hinsichtlich Wahrnehmung, Fahrplanung und Bedienung zu unterstützen – sie wirken damit bei der Navigation, der Fahrzeugführung und der Fahrzeugstabilisierung." Klaus Kompaß definiert in [DVR06]: „Fahrerassistenzsysteme unterscheiden sich von anderen Systemen, z. B. in der Stabilisierungsebene durch ihre fahrzeugumgebungs-interpretierende Umfeldsensorik."

[Schw07] liefert eine „Definition ADAS gemäß RESPONSE 3[25] Code of Practice: Unterstützung der primären Fahraufgabe, Aktive Unterstützung der Fahrzeugführung mit oder ohne Warnungen, Umfelderfassung und Interpretation, Komplexe Signalverarbeitung, Direkte Interaktion System – Fahrer." Im RESPONSE 3 Projekt werden ADAS als diejenige Untermenge der Fahrerassistenzsysteme definiert, auf die alle der oben genannten Eigenschaften zutreffen und die im Gegensatz zu normalen Fahrerassistenzsystemen aktiv handeln. Die Übersetzung von „Advanced" zu „Aktiv" erscheint daher als zielführend[26].

Nach diesen Definitionen werden die Aspekte verschiedener komplexer Umfeldsensorik, mehrerer kognitiver Ebenen, informierender und eingreifender Reaktionen sowie generell die den Fahrer unterstützende Grundfunktionalität als wichtig erachtet und es ergibt sich, aufbauend

---

[25] Gemeint ist das EU-geförderte Projekt „RESPONSE 3": http://www.prevent-ip.org/en/prevent_subprojects/horizontal_activities/response_3/
[26] Im Gegensatz zu einer weniger aussagekräftigen wörtlichen Übersetzung wie z. B. zu „fortschrifttlich" oder „erweitert".

auf Definition 2.1 für „Assistenzsysteme" in Abschnitt 2.2.1 für die Fahrerassistenzsysteme die folgende Definition:

> **Definition 2.2: Fahrerassistenzsystem (Driver Assistance System)**
> Ein Fahrerassistenzsystem ist ein Assistenzsystem, das den Fahrer durch Informationen oder Warnungen auf der Lenkungsebene unterstützt und sich vorwiegend auf Sensordaten von Fahrzeugumfeld-erfassenden Sensoren stützt.

Fahrerassistenzsysteme werden teilweise auch „Fahrerinformationssysteme" genannt. Wiederum aufbauend darauf ist die Untergruppe der Aktiven Fahrerassistenzsysteme, teils auch als „aktive Sicherheitssysteme" bezeichnet, definiert:

> **Definition 2.3: Aktives Fahrerassistenzsystem (Advanced Driver Assistance System)**
> Ein Aktives Fahrerassistenzsystem ist ein Fahrerassistenzsystem, das autonom Aktionen ausführt, die direkten Einfluss auf die dem Aktiven Fahrerassistenzsystem als Information zur Verfügung stehenden Sensormessgrößen haben, indem es z. B. aktiv in die Fahrzeuglängs- und / oder Querregelung auf der Lenkungsebene eingreift. Es stützt sich dabei auf komplexe Sensordaten von Fahrzeugumfeld-erfassenden Sensoren und eine entsprechend komplexe Signalverarbeitung.

Die bewusste Großschreibung des Adjektivs „aktiv" wird gewählt, um den Namen und die Eigenständigkeit dieser Klasse im Unterschied zu einer nur aktiven Ausprägung eines „normalen" Fahrerassistenzsystems hervorzuheben. Wie bereits in Abschnitt 2.2.1 erläutert, zählen die Navigations-, Stabilisations- und Unfallfolgenminderungssysteme nach diesen Definitionen nicht zu den *Fahrer*assistenzsystemen, wohl aber zu den Assistenzsystemen.

2.3. Beispiele für Assistenzsysteme

Nachdem in Abschnitt 2.2.1 die fünf Klassen der Assistenzsysteme aufgezeigt wurden, folgen nun einige Beispiele und Details zu den einzelnen Systemen. Zuerst erfolgt ein Überblick der Sensoren (2.3.1), die in Fahrerassistenzsystemen (2.3.2) und Aktiven Fahrerassistenzsystemen (2.3.3) genutzt werden. In Anhang A 1 werden die in dieser Arbeit nicht weiter betrachteten Navigations-, Stabilisierungs- und Collision Mitigation Systeme erläutert.

Es ist anzumerken, dass eine eineindeutige Bewertung und Zuordnung der Systeme und Funktionen in einzelne Klassen kaum möglich ist. Dies liegt zum einen an der unterschiedlichen Funktionsweise von gleich bezeichneten Systemen, und an der teilweise ähnlichen Funktionsweise unterschiedlich benannter Systeme bei verschiedenen Forschungsprojekten und Anwendern in der Industrie. Zum anderen herrschen häufig fließende Übergänge zwischen den Kriterien. Ein Versuch einer Einordnung der häufigsten Systeme in die fünf Klassen aus Abschnitt 2.2.1 wird mit Tabelle 1 aufgezeigt, in den Abschnitten 2.3.2 und 2.3.3 folgen dann Details und Begriffsklärungen, wie die aufgeführten DAS- und ADAS-Systeme verstanden werden.

Tabelle 1: Überblick und Klassifikation von Fahrerassistenzsystemen.

System	Navi	Stabilis.	DAS	ADAS	CMS
Navigationssystem	X				
Stauwarnung (TMC)	X				
Car-to-X	X		X		
Bremsassistent		X			
Notbremsassistent				X	
ABS, ESP, Anfahrhilfe, …		X			
Anhängerstabilisierung		X			
Regensensor			X		
Lichtassistent (an/aus)			X		
Fernlichtassistent				X	
Tempomat (Cruise Control)		X			
Abstandsregeltempomat (ACC)				X	
Kreuzungsassistent			X		
Autom. Parkbremse			X		
Müdigkeitswarnung			X		
Sichtweitesensor			X		
Rückfahrkamera, Top View, Side View			X		
Verkehrszeichenerkennung			X		
Einparkhilfe			X		
Einparkassistent				X	
Totwinkel- / Spurwechselwarnung			X		
Totwinkel- / Spurwechselassistent				X	
Objekt- / Fußgängererkennung			X		
Ausweichassistent				X	
Spurverlassenswarnung			X		
Spurhalteassistent				X	

System	Navi	Stabilis.	DAS	ADAS	CMS
Nachtsicht			X		
Nachtsichtass. (Objektmarkierung)			X		
Nachtsichtass. (Objektbeleuchtung)				X	
Türassistent				X	
Stauassistent				X	
Airbag					X
Pre-Crash					X
Notruf					X

2.3.1. Überblick über die Sensorik: Radar, Kamera, Lidar

Umfelderfassende Assistenzsysteme nutzen im Gegensatz zu den in Anhang A 1 gezeigten internen Sensoren die Wahrnehmung der Umwelt in der Fahrzeug-Umgebung. Fahrerassistenzsysteme arbeiten dabei üblicherweise nach einem Schichtenmodell: Dies beinhaltet nach [Hil07] zuerst die Umgebungserfassung, darauf aufbauend eine Situationsanalyse und aufgrund der daraus gewonnenen Erkenntnisse eine Entscheidung und ggfs. folgend die Ansteuerung der Fahrzeug-Regelung bzw. einer Mensch-Maschine-Schnittstelle. Die Perzeption für die Umgebungserfassung benötigt eine Sensordatenaufbereitung (Ortskalibrierung, Zeitsynchronisation), so dass eine Objektbildung (Objektdetektion und Objektbildung, Objektzuordnung und Objektverfolgung, Objektattributierung und Objektklassifikation) stattfinden kann. [Inv05]

Einen Überblick über verschiedene Annahmen zu den Reichweiten und typischen Einsatzorten am Fahrzeug von Kamera- und Radar-Sensoren gibt Abbildung 7. Eine Gegenüberstellung der Sensortechnologien Radar, Lidar, Kamera und deren Eignung für verschiedene Anwendungsgebiete bzw. Assistenzfunktionen findet sich in [Inv05, Fle08, Reif10], vgl. Abbildung 8. Kameras haben zwar eine große Sichtweite („500 m"), können aber dennoch üblicherweise nur in einem Bereich um 50 m [CDF07], jedenfalls „≤ 80 m", eingesetzt werden. Sie haben den Vorteil hoher lateraler Auflösung, dafür sind Entfernungsmessungen schwer möglich. Genau andersherum ist die Einschätzung bei Radarsystemen, weswegen Kameras und Radar häufig im Rahmen einer Sensorfusion gemeinsam genutzt werden um sowohl die Entfernung als auch die Ausmaße von Objekten zu detektieren. [Fle08].

Es folgen technische Details zu Mono-, Stereo- und Infrarotkameras. Radar, Lidar sowie Ultraschall werden in Anhang A 2 erläutert, da sie für diese Arbeit keine direkte Relevanz besitzen.

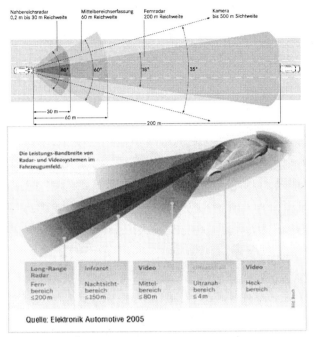

Abbildung 7: Überblick und Reichweiten von Fahrerassistenzsystem-Sensoren [Quellen: http://media.daimler.com, http://www.ftronik.de/files/glossar_sensoren3.jpg]

Distance Sensor Application	Sense Area			Distance Sensor Technology							
X = sense areas s = secondary uses P = Primary uses	Front	Side	Rear	Long range radar	UWB radar	Multibeam radar	Laser radar	Camera Vision	Ultrasonic	Far IR (warm body)	Near IR (illumination)
Short Range Applications											
- Blind spot detection		X	X		s	P	s	P			
- Lane departure warning	X	s						P			s
- Forward collision warning [a,b]	X					P	s	P		s	s
- Pre-safing [a]	X	X	s		P	P	P				
- Back-up obstacle detection		s	X		s			P	P		
- Parking assist	s	X	X		s		s	P	P		
- Stop-and-go/low speed ACC	X	s			P		P	P			
Long Range Applications											
- Adaptive cruise control	X	s		P			P	s			
- Forward collision warning [a,c]	X			P			P	s		s	s
- Night vision	X	s								P	P

Sense areas and application uses are based on published literature and the judgment of the author.
[a] Also utilizes vehicle dynamics sensor inputs (braking, deceleration, etc.)
[b] Various types of short-range radars, sometimes together with camera vision, detect rapid closing rates of slower-speed vehicles with respect to nearby slow or stopped vehicles or pedestrians ahead.
[c] Various types of long-range radars detect rapid closing rates of faster-speed vehicles with respect to more distant slow or stopped vehicles ahead.

Abbildung 8: Überblick über Abstandsensoren [Fle08].

Mono-Kameras

Die Bildsensoren von Mono-Kameras arbeiten entweder nach der CCD[27]- oder der CMOS[28]-Technologie. Was umgangssprachlich als „CMOS-Sensor" bezeichnet wird, ist eigentlich ein „Active Pixel Sensor", der in CMOS-Technologie gefertigt wurde. Beide nutzen den „inneren fotoelektrischen Effekt", um aus Licht eine elektrische Ladung, und daraus wiederum eine von der Lichtstärke abhängige Spannung zu erzeugen [Lit01]. Durch den Pixeln[29] vorgelagerte Farbfilter (wie z. B. der Bayer-Mosaic Filter) können farbempfindliche Sensoren entwickelt werden. Abbildung 9 zeigt einen Farb-CMOS-Bildsensor speziell für den Einsatz in Fahrerassistenzsystemen, der vom Fraunhofer-Institut für Mikroelektrische Schaltungen und Systeme (IMS) vorgestellt wurde.

Abbildung 9: CMOS-Bildsensor[30].

Die „CMOS-Technologie mit nichtlinearer Luminanzkonversion wird in Zukunft einen sehr großen Helligkeits-Dynamikbereich abdecken und damit herkömmlichen CCD-Sensoren weit überlegen sein" [Kno05]. Dies ist der Grund, weshalb in der Automobilindustrie heute hauptsächlich CMOS-Kameras eingesetzt werden [Rem10, LCXL08]. Beispiele für derartige Kameras sind in Abbildung 10 dargestellt.

Abbildung 10: Kamera-Module von TRW[31], Omrom [Cos07], und Bosch [Kno05].

---

[27] Charge-Coupled Device
[28] Complementary Metal Oxide Semiconductor
[29] von engl. „picture elements", Bildpunkte
[30] http://www.atzonline.de 02.10.2009
[31] [http://www.atzonline.de/Aktuell/Nachrichten/1/9055/TRW-stellt-vorausschauende-Kollisionswarnung-vor.html

Die dabei in Anwendungen im Automotive Bereich genutzten Auflösungen liegen aus Kosten- und Robustheitsgründen deutlich unter dem technisch machbaren Maximum. Üblich sind Auflösungen im VGA- oder XGA-Bereich[32] zwischen 640 x 480 und 1024x768 Pixel und 25 oder 30 aufgenommene Bilder pro Sekunde (frames per second, fps). Der Dynamikbereich liegt bei 10 bis 12 bit bzw. 70 – 80 dB bei linearer und bis zu 120 dB bei nichtlinearer Quantisierung [HR06, SG07], der horizontale Öffnungswinkel der Kameras liegt (je nach Anwendung) meist zwischen 40° und 60°, einige Rundumkameras haben auch Öffnungswinkel > 180°. [Chr08, KKKS07, Lor07, Inv05, HC07, Ros08, CDF07]

In [Med10] werden moderne Fahrzeuge mit bis zu 14 Kameras zur Innenraum- und Umfeldüberwachung gezeigt. Diese können durch sog. „panomorphe" Linsen der Firma ImmerVision auf 5 spezielle Kameras mit Öffnungswinkeln größer 180° reduziert werden.

[KKKS07] bescheinigen das „enorme Potenzial der Videosensierung" für „Funktionssteigerungen bei gleichzeitiger Kosten- und Baugrößenreduzierung", auch wenn „mehrere Funktionen gleichzeitig auf einer Kamera laufen". Es wird dann von der „Multipurpose-Kamera" (MPC) gesprochen. Objekte wie Fußgänger können durch ihre Bewegung anhand einer „Bildflussanalyse" bereits sehr schnell (rund 120 ms) erkannt werden. Einen aktuellen Überblick über Verfahren zur Fußgängererkennung bietet [GLSG10].

Die übliche „target processing time" auf einem Digitalen Signalprozessor (DSP), z. B. für Fahrspur- und Fahrzeugerkennung liegt bei rund 40 ms [CDF07, WLS+06]. Die Schnittstellen zwischen Kamera und dem Steuergerät, das die Daten dann verarbeitet, sind vielfältig: neben diskreten analogen Leitungen werden häufig Verfahren wie LVDS[33] [Tei07], APIX[34] oder ADTF[35] [KB10] genutzt.

Stereo-Kameras

Was als „Stereo-Kamerasystem" bezeichnet wird, verwendet üblicherweise zwei normale Mono-Kameras um daraus ähnlich dem menschlichen Sehen eine räumliche, also „3-dimensionale" (3D) Vorstellung der Umgebung zu errechnen. Dabei ist nicht nur für Fahrerassistenzsysteme die Objekterkennung schwierig: selbst „das Gehirn arbeitet sehr hart daran, sich seine eigene Realität zu rekonstruieren" [And08]. Dementsprechend aufwändig sind die in Fahrzeugen verbauten bildauswertenden Algorithmen der 3D-Rekonstruktion, beispielsweise zur Verkehrs-

---

[32] VGA: Video Graphics Array, XGA: Extended Graphics Array
[33] Low Voltage Differential Signaling
[34] APIX („Automotive PIXel link") der Fa. INOVA Semiconductors GmbH, München, stellt eine robuste serielle Verbindung für Videodaten mit 1 Gbit/s her.
[35] Automotive Data and Time-triggered Framework

teilnehmererkennung [DAI09]. Stereo-Kameras liefern dabei sog. „Stixel" (zusammengesetzt aus „Stereo-Pixel"), d. h. aus den Stereobildern errechnete über der Straße „erhabene Objekte"[36] [Zie10, BFP09].

Einige Ansätze zur Objekterkennung und Situationsanalyse nutzen aber auch „4D-Sehen" [NF07] (inkl. zeitlicher Aspekte) oder gar „6D-Sehen" [FRG07] (Positions- und Richtungsinformation aller Objekte), beispielsweise zur Kollisionsvermeidung.

Einen anderen Ansatz gehen PMD (Photomischdetektor) Kameras. Hier werden Laufzeitunterschiede einer modulierten Lichtquelle genutzt, um auf die Entfernung zu Objekten rückzuschließen und dadurch 3D-Informationen zu erhalten, vgl. Abbildung 11. Die Auflösung beträgt dabei jedoch nur 204 x 204 Pixel. [RSP09, Jes07, GSB+07, SVN+07]

Abbildung 11: PMD-Kamera und daruas farbcodiertes Entfernungsbild [Quelle: PMDTechnologies GmbH[37], RSP09]

Infrarot-Kameras

Infrarot-Kameras werden vor allem in Nachtsicht-Assistenten eingesetzt, die dem Fahrer nachts eine bessere Sicht ermöglichen sollen. Dabei gibt es zwei verschiedene Ansätze, die sich durch den verwendeten Wellenlängenbereich des Infrarot-Lichts unterscheiden (vgl. Abbildung 12):

Abbildung 12: Anzeigen von NIR-(links) und FIR (rechts) Infrarotsystemen [KKKS07].

---

[36] Visualisierungen dazu liefert das Magazin "High Tech Report" der Daimler AG in der Ausgabe 01/2009 (Beitrag „Erkennungsdienst für Gefahren" von Rolf Andreas Zell).
[37] http://www.pmdtec.com

Far-Infrared (Fern-Infrarot, FIR) Sensoren detektieren und verarbeiten Wärmestrahlung im Wellenlängebereich zwischen 7 und 14 µm. Da Windschutzscheibenglas diese Wellenlängen nicht durchlässt, muss die Kamera im Außenbereich des Fahrzeugs verbaut werden. Aktuell verfügbare Kameras besitzen „bolometrische Sensoren"[38] mit rund 320 x 240 Bildpunkten. FIR-Licht ist für den Menschen unsichtbar, der Sensor ist passiv, d. h. nicht-strahlend. Das Bild zeigt die (für den Fahrer ungewohnte) Darstellung der von Hitzequellen emittierten Wärmestrahlung (insb. von Personen, Tieren oder Fahrzeugen). Near-Infrared (Nah-Infrarot, NIR) ist ebenfalls unsichtbar, der Sensor zeigt aktiv angestrahlte Objekte im Wellenlängenbereich von ca. 0,78-1 µm. NIR-Sensoren sind günstiger und das Bild ist unabhängig von Objekttemperaturen und intuitiver verständlich. [KKKS07, Fle08]

„Durch den Entfall der Lichtquelle des NIR-Systems bestehen FIR-Systeme aus weniger Bauteilen. FIR-Systeme haben eine Reichweite von etwa 300 m, NIR im Schnitt 150 m" [RD05].

Einen Überblick über Nachtsichtsysteme bietet z. B. i-car.com[39].

2.3.2. Fahrerassistenzsysteme

Nachdem in Abschnitt 2.2.1 Assistenzsysteme klassifiziert und in 2.2.2 definiert wurden, folgen nun aktuelle Anwendungen für Assistenzsysteme der Klasse „DAS" (Fahrerassistenzsysteme). Eine Unterteilung der DAS-Systeme ist, wie in Abschnitt 2.3.1 vorgestellt, möglich nach verwendeter Sensorik. Daher werden im Folgenden Monokamera-, Stereokamera-, Infrarotkamera-basierte Systeme sowie sonstige Beispiele betrachtet. Die Systeme, die primär mit Kameras als umfelderfassenden Sensoren arbeiten werden als „kamera-basiert" bezeichnet. Eine zusätzliche Verwendung weiterer Sensoren (Radar, fahrzeuginterne Sensorik, ...) ist damit nicht ausgeschlossen. Die vorgestellten Fahrerassistenzsysteme informieren oder warnen den Fahrer, greifen jedoch nicht aktiv in die Fahrzeugsteuerung oder -stabilisierung ein.

Monokamera-basierte Fahrerassistenzsysteme

Eine der ersten Anwendungen stellte die *Spurverlassenswarnung* dar. Dabei werden von einer am Rückspiegel angebrachten und nach vorne und leicht nach unten geneigten Kamera die Fahrspurmarkierungen auf der Fahrbahn üblicherweise durch charakteristische Kontrastunterschiede zur Farbe des Asphalts erkannt und der Fahrer gewarnt, wenn das Fahrzeug die errechnete Position innerhalb der Fahrspur verlässt. Abbildung 13 zeigt die Anwendung in einem LKW von MAN für einen ab 60 km/h aktivierten akustisch warnenden Fahrspurassistenten.

---

[38] Ein Bolometer ist ein Strahlungssensor für z. B. schwache UV- oder IR-Strahlung.
[39] http://www.i-car.com/html_pages/technical_information/advantage/advantage_online_archives/2006/051506.shtml

Abbildung 13: MAN „Lane Guard System": Einbauort der Kamera an der Windschutzscheibe und Darstellung des Erkennungsprinzips [Quelle: MAN, www.man-mn.com].

Je nach Leistungsfähigkeit der Systeme können verschiedene Markierungsarten (durchgehend oder unterbrochen, Doppelstriche, verschiedene Farben, verschiedene landestypische Standards) oder sogar Fahrspurbegrenzungen ohne Markierung detektiert werden [VBSD07]. General Motors entwickelt ein System, das auf der Straße erkannte Objekte oder Fahrspurmarkierungen mit einem Laser auf einer Projektionsfläche in der Windschutzscheibe markiert, so dass es aus der Perspektive des Fahrers deckungsgleich aussieht, um damit die erkannten Objekte hervorzuheben [Hei10].

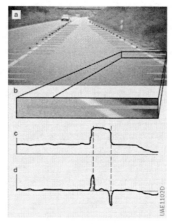

Abbildung 14: Prinzip der Fahrspurerkennung: a) Kamerabild mit Suchlinien; b) Detailausschnitt; c) Luminanzsignal (hoher Pegel bei heller Fahrspurmarkierung); d) Hochpassfilterung des Luminanzsignals (Spitzen an den Hell-dunkelÜbergängen) [Reif10]

Eine weitere Verwendung von Monokameras findet sich bei der *Verkehrszeichenerkennung*. Üblicherweise werden nur Geschwindigkeitsbeschränkungen erkannt, einige Forschungsergebnisse deuten aber bereits eine generelle Verkehrszeichnerkennung an [RLL10]. Verschiedene Varianten (vgl. Abbildung 15) müssen auch unter ungünstigen Umweltbedingungen (Licht, Witterung, vgl. Abbildung 16) zuverlässig erkannt werden [NZG+07].

Dies ist nach [KKKS07] „mittlerweise bis zu Geschwindigkeiten von 160 km/h und auch bei Regen und mäßiger Gischt möglich". Das Daimler-System „Speed Limit Assist" soll zukünftig auch Infos zu Stop-Schildern, Vorfahrtzeichen und zu erwartenden Ampelphasenwechseln geben [DAI09]. Derzeit sind diese Systeme passiv, einen aktiven Assistenten zur „Intelligent Speed Adaptation" schlagen jedoch [PHCV+09] als äußerst erfolgversprechend vor.

Abbildung 15: Ländervarianten von Geschwindigkeitsbeschränkungen: Deutschland (neu und alt), Schweiz, Spanien (neu und alt), Korea, USA.

Abbildung 16: Verkehrszeichenerkennung unter verschiedenen Umweltbedingungen. Die Verkehrszeichen in den ersten 5 Bildern wurden korrekt erkannt, im letzten Bild zurückgewiesen [NZG+07].

Kameras werden parallel zur Verkehrszeichenerkennung auch dazu genutzt, um zu überwachen, ob der Fahrer das entsprechende Zeichen durch seine Blickrichtung gesehen haben kann [FLGZ05]. Ins Fahrzeug gerichtete Kameras erlauben auch *Mimik- und Müdigkeitsanalysen*, die Fahrer-Verifikation, eine Fahrtüchtigkeitsanalyse, situationsangepasstes Warnungsmanagement, Emotionsanalyse, sowie eine gezieltere Airbagauslösung [CW07].

Auch *Totwinkel- bzw. Spurwechselwarnungen* werden mit Kameras realisiert. Dabei überwachen beispielsweise in die Außenspiegel integrierte Kameras den Bereich des toten Winkels neben und hinter dem Fahrzeug. Übliche Reichweiten sind dabei mit ca. 10 - 20 m jedoch geringer als bei radarbasierten Systemen. Das Volvo-System von SMR (vgl. Abbildung 17) nutzt dabei Kameras mit 25 fps.

Abbildung 17: Totwinkelwarnung mit Kameras in den Außenspiegeln von SMR[40].

Rückfahrkameras werden zur Unterstützung des Fahrers beim Manövrieren und insb. Einparken eingesetzt. Einfache Varianten zeigen nur das Bild des am Heck des Fahrzeugs von einer Weitwinkelkamera erfassten Umgebungsbereichs an. Zusätzlich können farbige Markierungen Hilfslinien zur Einschätzung des Abstandes und die Fahrspur bei Ist- oder Soll-Lenkwinkel darstellen [Koc06]. Die dabei eingesetzten Kameras bieten meist Farbbilder und häufig eine Entzerrung, um dem Anwender eine intuitive Erfassung der Situation zu ermöglichen.

Ein weiterer Anwendungsbereich von Monokameras für Fahrerassistenzsysteme ist die *Objekt- oder Fußgängererkennung* [HHL09, Höy05]. Dies ist durch die Verschiedenartigkeit aller möglichen im Sichtfeld auftauchenden Objekte und Fußgänger und die resultierende Sicherheitskritikalität äußerst anspruchsvoll. „Das optische Erkennen von Fußgängern ist besonders problematisch. Es kann durch Verkettung von Bildinformationen wie Form oder Silhouette, Oberflächentextur, Bewegung und Erkennen des typischen Gangmusters des Fußgängers realisiert werden" [KFS07]. Auch Fahrzeuge können (neben weiteren Objektklassen wie z. B. Straße, Gras oder Bäume/Büsche) erkannt und segmentiert werden [HMSW10]. [PLN09] nutzt neben Kamera- auch Lidar-Sensorik zur fusionierten Fußgängererkennung.

Schließlich gibt es Ansätze, *Umweltbedingungen* wie Sichtweite (z. B. Nebel, Dunkelheit) und Straßenbedingungen (z. B. trocken, naß, verschneit) kamerabasiert zu schätzen, um den Fahrer zu warnen und zum Anpassen der Fahrzeuggeschwindigkeit zu bewegen [KD07].

Stereokamera-basierte Fahrerassistenzsysteme

Dreidimensionale Informationen über den Sichtbereich können durch die Anordnung von zwei identischen Monokameras und der Ausnutzung des Prinzips des stereoskopischen Sehens gewonnen werden. Dabei nehmen zwei seitlich nebeneinander angeordnete Kameras Bilder mit versetzten Perspektiven auf. Indem die Positionsabweichung eines Objektes zwischen beiden Bildern erkannt wird, lässt sich dessen Entfernung berechnen. Daimler stellte im Rahmen der

---

[40] Samvardhana Motherson Reflectec, siehe http://www.smr-automotive.com/blind-spot-detection.html

Abschlusspräsentation zur „Forschungsinitiative AKTIV" Konzepte zu Kreuzungsassistenz und Fußgängererkennung mittels Stereokameras vor[41].

Einen technisch anderen Ansatz nutzen die PMD-Kameras, die unter anderen zur Fahrspurerkennung, -verfolgung und Objektdetektion (vgl. Abbildung 18) eingesetzt werden [Jes07, GSB+07, SVN+07].

Abbildung 18: Ergebnis einer 2D/3D-Fusion: 2D-Videobild (links) und Fusionsergebnis mit einer PMD-Kamera (rechts) [Jes07].

Stereokamera-basierte Assistenzsysteme sind verhältnismäßig neu, daher werden sie meist in Anwendungen der aktiven Fahrerassistenzsystemen der ADAS-Klasse (Abschnitt 2.3.3) eingesetzt.

Infrarot-basierte Fahrerassistenzsysteme

Kameras, die im FIR- oder NIR-Bereich empfindlich sind, werden als Sensoren für Nachtsichtassistenten eingesetzt. Frühere Systeme zeigten nur das Kamerabild direkt an, moderne Systeme markieren beispielsweise erkannte Personen, um den Fahrer zusätzlich zu informieren und ggfs. zu warnen. Gerade FIR-Sensoren bieten sich dabei zur Erkennung der über ihre Wärmestrahlung hier deutlicher und auf weitere Entfernung[42] sichtbaren Personen und Fahrzeuge an [TBMF04]. Bei gängigen Kamera-Auflösungen ist ein Fußgänger in 100 m Entfernung ca. 12 Pixel groß und kann damit sicher detektiert werden. 24° Öffnungswinkel haben sich für die Fußgänger- und Fahrradfahrererkennung als ausreichend erwiesen [Tei07]. „Bei Geschwindigkeiten unter 80 km/h ermöglicht der große horizontale Öffnungswinkel der Kamera [des BMW FIR-Systems, vgl. Abbildung 19] von 36°, nicht nur die Straße sondern auch ihre Randbereiche und die Umgebung (Kinder, Wildwechsel) zu erkennen" [RD05].

---

[41] Pressemitteilung „Im Fokus: Unfallbrennpunkt Innenstadt" der Daimler AG vom 23.06.2010
[42] Personen wurden in einer Studie bei FIR durchschnittlich in einer Distanz von 165 m erkannt, bei NIR in 59 m [TBMF04].

Kapitel 2 - Grundlagen

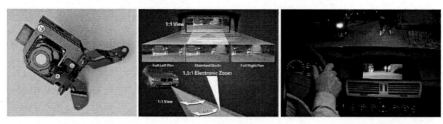

Abbildung 19: BMW FIR-Nachtsichtsystem: Kameramodul, Funktionsprinzip mit elektronischem Zoom und schwenkbarem Displayausschnitt, Anzeige [RD05].

Rundumsicht-Systeme

Rundumsicht-Systeme, Top View, Side View oder *Kreuzungsassistenten* nutzen mehrere Kameras, um dem Fahrer ein Bild von der Fahrzeugumgebung zu vermitteln. Je nach Assistenzfunktion sind die Kameras dabei an anderen Stellen am Fahrzeug verbaut und nutzen andere Blickwinkel. Volkswagen bietet im Touareg Rundumsicht über die Funktion „Area View" mit speziellen Sichtweisen für Gelände, Querverkehr an Kreuzungen oder Anhängerunterstützung [KK10]. „TopView" von Hella nutzt 4 Kameras [Kla07], das bei BMW integrierte „Surround View" nutzt 3 Kameras (vgl. Abbildung 20) und der Mercedes-Benz Omnibus CapaCity nutzt 2 Kameras (Abbildung 21). Ein von BMW in Zusammenarbeit mit der TU München entwickelter „Tür-Assistent"[43] gibt eine haptische Rückmeldung, falls beim Öffnen einer Fahrzeugtür ein Objekt im Weg ist [SDF+09].

Abbildung 20: Spiegelkamera eines 5er BMW (2009) und Umfelderfassung mit 3 Kameras (BMW „Surround View"[44]).

---

[43] http://www.heise.de/autos/artikel/CAR-TUM-Doktoranden-der-TU-Muenchen-forschen-am-BMW-der-Zukunft-738531.html. Pressemitteilung der TU München: „Intelligente Autotür warnt vor Gefahren", www.innovations-report.de, 06.04.2009.
[44] http://www.bmw.de/de/de/newvehicles/5series/sedan/2010/showroom/safety/camera.html (Onlineressource vom 02.01.2010)

Abbildung 21: Umfelderfassende Kameras am Heck des Mercedes-Benz „CapaCity" und Anzeige der Kamerabilder über dem Fahrerarbeitsplatz [Quelle: http://rycon.wordpress.com].

Omnibusse können bereits herstellerseitig oder als Nachrüstlösung (vgl. Abbildung 22) mit Umfeld- bzw. Rückfahrkameras und *Videoüberwachungsanlagen* zur Beobachtung der Einstiegsbereiche oder des Fahrgastraums ausgestattet sein. Je nach System werden die Bilder dem Fahrer angezeigt, zusätzlich gespeichert oder live (permanent oder nur bei Bedarf) an eine Überwachungszentrale übertragen.

Abbildung 22: 4 am Dach eines Omnibus angebrachte Kameras als Nachrüstlösung (MITO Corporation „AirCam"[45]).

Die genannten Systeme dienen dem Fahrer nur zur Information, interagieren jedoch nicht autonom.

Fahrerassistenzsysteme mit sonstigen Sensortypen

Neben den in den vorangehenden Abschnitten beschriebenen kamerabasierten Fahrerassistenzsystemen gibt es noch andere Funktionen mit weiteren Sensoren. Ein *Sichtweitesensor* kann die Rückstreuung durch Nebel mit einem Lasersystem messen [Inv05]. Passive auf Radar und Lidar basierende Funktionen bieten beispielsweise eine Positionsbestimmung relativ zur Fahrzeugumgebung und Warnung bei der Gefahr eines Auffahrunfalls. [StSt07] stellt ein 2D-Lasersensor-basiertes *Navigationssystem* für Nutzfahrzeuge vor. Der Continental „Notbremsassis-

---

[45] MITO AirCam Surround View System, http://www.mitocorp.com/backup-camera-sanyo-aircam.html

tentent-City"[46] nutzt Lidar, um einen Bereich bis zu 10 m vor dem Fahrzeug zu überwachen, den Fahrer vor möglichen Auffahrunfällen zu warnen und die benötigte Bremsenergie optimal zu berechnen. [JP08] nutzt eine Kamera-Radar-Datenfusion zur *Objektklassifikation*, in [CDF07] wird die Fusion von Video, Laserscanner und V2I (Vehicle-2-Infrastructure) als *Kreuzungsassistent* vorgestellt. Generell kann V2I (oder Car-to-X[47]) durch spontane Funkverbindungen Informationen über die Fahrzeugumgebung erlangen und somit als weiterer „Sensor" betrachtet werden. Auch für Totwinkelwarnungen, d. h. die Anzeige von und ggfs. Warnung vor Fahrzeugen im vom Fahrer schwer einsehbaren sog. toten Winkel können Radarsensoren mit unterschiedlichsten Reichweiten genutzt werden.

Weitere Fahrerassistenzsysteme sind Regensensoren, die über eine optoelektronische Messung der Reflexion Regen auf der Windschutzscheibe detektieren und daraus die benötige Scheibenwischereinstellung berechnen. Wie Regensensoren sind auch Lichtsensoren meist am Fuß des Rückspiegels angebracht. Sie aktivieren bei Dämmerung und Dunkelheit selbständig die Fahrzeugbeleuchtung. Automatische Parkbremsen aktivieren die Feststellbremse auf Anforderung des Fahrers oder bei einem erkannten Halten des Fahrzeugs. Aufgrund ihrer einfachen Sensorik werden diese Systeme in Tabelle 1 in die Kategorie der Fahrerassistenzsysteme eingruppiert.

Eine Müdigkeitswarnung wie der Daimler „Attention Assist" kann den Fahrer durch die Analyse bestimmter Indikatoren wie bspw. dem Lenkverhalten vor ungewöhnlichem und auf Unaufmerksamkeit bzw. auf Müdigkeit hinweisendem Fahrverhalten warnen.

Einparkhilfen nutzen die in Anhang A 2 beschriebenen Ultraschallsensoren um dem Fahrer den Abstand zu Objekten in der Fahrzeugumgebung akustisch oder optisch anzuzeigen.

2.3.3. Aktive Fahrerassistenzsysteme

Unter Systemen der Klasse ADAS, also Aktiven Fahrerassistenzsystemen nach der Definition 2.3 aus Abschnitt 2.2.2, werden im Gegensatz zu den in 2.3.2 vorgestellten Assistenzsystemen solche elektronischen Helfer verstanden, die autonom aktiv ins Fahrgeschehen eingreifen. Das heißt, dass üblicherweise ein Eingriff in die Längs- oder Querregelung des Fahrzeugs erfolgt. Sensoren dafür sind umfelderfassend, also nicht nur fahrzeugintern, meist Kameras oder Radar.

> „Unter der Autonomie versteht man im Sinne der Fahrerassistenz die Fähigkeit eines Systems oder Systemverbunds, sich ohne Eingreifen des Fahrers selbstständig richtig zu verhalten. Dabei wird eine erwartungskonforme und nachvollziehbare Handlung erwar-

---

[46] Continental AG: „Früheres und schnelleres Bremsen verhindert teure Auffahrunfälle". Pressemitteilung vom 08.09.2008, www.conti-online.com.
[47] Auch Car-2-X, wie z. B. Car-to-Car oder Car-to-Infrastructure

tet. Vollautonomes Fahren würde bedeuten, dass das Fahrzeug ohne menschliche Führung sich selbstständig im Verkehr bewegen könnte. In der Abschwächung einer Teilautonomie behält der Fahrer noch einzelne Fahraufgaben, kann sich aber aus den be-betroffenen autonomen durchgeführten Teilaufgaben weitgehend zurückziehen. Je nach Ausprägung bleibt dem Fahrer höchstens noch die Aufgabe der Überwachung und des Eingreifens in vom System nicht beherrschten Situationen." [Kom08]

Einen historischen wie technischen Überblick über kamerabasierte Fahrerassistenzsysteme bietet [Dick05], aktuelle Systeme werden in [Zeit10d] erklärt. Nachdem die Forschung an autonomen Fahrzeugen durch das PROMETHEUS-Forschungsprogramm[48] anlief bzw. stark beschleunigt wurde, boten insb. die Wettbewerbe der DARPA[49], „Grand Challenge" und „Urban Challenge", großen Anreiz zu Forschungsaktivitäten, mit zum Teil beeindruckenden Ergebnissen [Sti07].

„Ein autonomes Auto zu bauen, das beständig auf der rechten Autobahnspur fährt", ist dabei nach [Stie08] „relativ einfach". Jedoch übernehmen aktuell kommerziell verfügbare Systeme durch die Komplexität realer Verkehrssituationen und aufgrund rechtlicher Rahmenbedingungen[50] die Fahrzeugführung nicht voll autonom. Die Fusion von Radar- mit Videodaten ist dabei bei derartigen Systemen üblich, um auch bei hohen Geschwindigkeiten eine vollständige Längs- und Querführung zu ermöglichen (vgl. Abbildung 23). „Eine autonome Fahrzeugführung [ist damit] im Prinzip denkbar" [Kno05].

Einzelne Teilaspekte der Fahreraufgabe, die durchaus bereits (teil-) autonom beherrschbar sind, werden in den folgenden Abschnitten vorgestellt, grob unterteilt in kamerabasierte Systeme und sonstige.

Abbildung 23: Mit Kamera- und Radarsensoren wird der komplette Straßenraum überwacht [Beh07].

---

[48] "PROgraMme for a European Traffic of Highest Efficiency and Unprecedented Safety" der Europäischen Gemeinschaft, 1987-1995
[49] Defense Advanced Research Projects Agency, Behörde der USA für militärische Forschungsprojekte
[50] Nach dem Wiener Weltabkommen von 1968: „Every driver shall at all times be able to control his vehicle or to guide his animals".

Kamerabasierte Aktive Fahrerassistenzsysteme

Eine grobe Einteilung der Aktiven Fahrerassistenzsysteme kann zwischen längs- und querregelnden Systemen unterscheiden. Daneben gibt es noch ADAS die in beide Dimensionen eingreifen und solche, die beispielsweise über die Steuerung der Scheinwerfer nur auf die Fahrzeugumgebung einwirken.

Bereits im Serieneinsatz ist der kamerabasierte „Aktive Spurhalte-Assistent" (vgl. Abbildung 24) zur *Querführung des Fahrzeugs* von Daimler, der bei unbeabsichtigtem Überfahren einer Linie gezielt die gegenüberliegenden Räder durch das ESP abbremst und das Fahrzeug damit in die Spur zurück leitet. Das System nutzt Radar und Kamera für eine Sensordatenfusion. Es wertet „zudem auch die Aktivitäten des Fahrers aus und kann auf diese Weise ermitteln, ob das Fahrzeug absichtlich oder unabsichtlich die erkannte Fahrspur verlässt."[51] Auch Honda stellte 2008 einen aktiven Spurhalteassistenten (Lane Keeping Assistant System, LKAS) vor[52], der automatisch in die Fahrspur zurück lenkt.

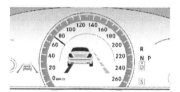

Abbildung 24: Warnung des Spurhalteassistenten [Quelle: media.daimler.com, Meldung vom 01.06.2010].

Kamerabasierte ADAS mit Funktionen zur *Längsführung des Fahrzeugs* beinhalten erweiterte Abstandsregeltempomaten. Diese erlauben eine Regelung in allen Bereichen der Fahrzeuggeschwindigkeit. Volvo[53], TRW[54] und Delphi [Beh07] nutzen Kamera- und Radardaten um ihre Objekt-/ Fußgängererkennungs- und Notbremsfunktionen zu realisieren (siehe Abbildung 25).

---

[51] Daimler AG: Neue Fahrer-Assistenzsysteme - Premiere: Aktiver Totwinkel-Assistent und Aktiver Spurhalte-Assistent mit Bremseingriff. Pressemitteilung vom 01.06.2010, media.daimler.com.
[52] „Aktive Fahrerassistenzsysteme: ‚Geisterhand' lenkt den Pkw in die Fahrspurmitte zurück", Elektronik automotive, www.elektroniknet.de, 30. Juni 2008.
[53] heise Autos, „Volvo testet neue Fahrerassistenzsysteme", 13. Oktober 2009.
[54] „Notbremse für das Auto", Elektronik automotive, 06 / 2008.

Abbildung 25: Entwicklung eines automatischen Notbrems-Systems bei BMW [Quelle: Heise Verlag [55]]

Im Forschungsfahrzeug „F800"[56] der Daimler AG wird neben Radarsensoren auch die Stereo-Kamera verwendet, um im Kolonnenverkehr automatisch dem vorausfahrenden Fahrzeug zu folgen. Im Gegensatz zu Abbildung 7 wird jedoch nur von 50 m effektiver Sichtweite der Kamera ausgegangen. Der „Staufolgefahrassistent" stellt dabei ein System[57] dar, das „bis zu einer Geschwindigkeit von ca. 40 km/h *sowohl die Längs- als auch die Querführung*" übernimmt. Es „ist in der Lage, dem Vordermann auch in Kurven zu folgen" und stellt damit den ersten Schritt zu einem auch bei höheren Geschwindigkeiten in zwei Dimensionen aktiv agierenden Assistenzsystem dar. Auch die „Baustellenassistenten" von Daimler (Abbildung 26) oder Continental[58] nutzen Bilder von Stereo- bzw. Mono-Kameras, letztere fusioniert mit Radarsensordaten. Hierbei wird ebenfalls die Querregelung des Fahrzeugs in engen Fahrgassen übernommen.

Das Proreta[59]-Projekt stellt ein Fahrerassistenzsystem für Notbremsen und Notausweichen mit Laserscanner und Kamera [BDS07] vor. Im Projekt Proreta 2[60] wird ein System zu Vermeidung von Unfällen bei Überholmanövern vorgestellt. Es nutzt ebenfalls Video- und Radarsensoren und bricht gefährliche Überholmanöver selbständig durch Abbremsen und Zurücklenken ab [HMSW10].

---

[55] http://www.heise.de/autos/artikel/Bildungsinitiative-fuer-Autos-467059.html
[56] http://www.spiegel.de/auto/aktuell/0,1518,679025,00.html
[57] Serienreife voraussichtlich ab 2013 in der neuen S-Klasse (W222) [Quelle: http://blog.mercedes-benz-passion.com/2010/02/f-800-style-distronic-plus-staufolgefahrassistent/]
[58] Heise Autos: Conti entwickelt einen "Baustellenassistent". 24.06.2010, http://www.heise.de/autos/artikel/Conti-entwickelt-einen-Baustellenassistent-1029586.html
[59] PRORETA ist eine interdisziplinäre Forschungskooperation zwischen der Technischen Universität Darmstadt und der Continental AG. Ziel der Forschungskooperation ist es, ein Fahrerassistenzsystem zu entwickeln, welches den Autofahrer vor Verkehrsunfällen bewahrt. Quelle: http://www.proreta.de/
[60] ATZ online: Continental und TU Darmstadt zeigen Prototyp eines Überhol-Assistenten. http://www.atzonline.de/Aktuell/Nachrichten/1/10669/, 09.10.2009.

Kapitel 2 - Grundlagen

Abbildung 26: Daimler Baustellenassistent [Quelle: Heise Verlag[61]].

Der kamera- und radarbasierte Ausweich-Assistent von Continental (siehe Abbildung 27) unterstützt den Fahrer dabei, „an einem Hindernis vorbeizulenken. [...] Die Entscheidung, mit einer Vollbremsung vor dem Hindernis zum Stehen zu kommen oder daran vorbeizulenken, bleibt immer dem Fahrer überlassen. Er erhält vom Fahrerassistenzsystem eine Warnung, dass er sich auf eine gefährliche Situation zu bewegt. [...] Entscheidet sich der Fahrer zum Ausweichen, errechnet das System in wenigen Millisekunden, wie der optimale Ausweichvorgang, die sogenannte Trajektorie der Fahrbewegung, aussehen könnte." Dabei kann das System den Fahrer „durch eine leichte Kraft im Lenkrad unterstützen."[62]

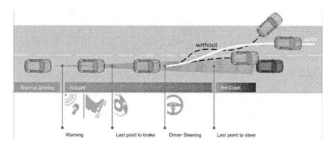

Abbildung 27: Funktionsweise des Continental Ausweich-Assistenten. Schwarz: Ausweich-Manöver ohne, weiß: Ausweich-Manöver mit Assistent [Quelle: Continental AG].

Der Daimler Ausweichassistent (Abbildung 28) dagegen entscheidet beim Erkennen der Kollisionsgefahr mit einem Fußgänger, ob eine aktive Notbremsung zur Vermeidung des Unfalls ausreicht, oder ob das Fahrzeug quer zur Spur aktiv ausweichen muss [Zie10]. „In eindrucksvoller Behändigkeit [weicht] die schwere Limousine der Attrappe aus. [...] Die Fehlerquote beim Detektieren menschlichen Lebens am Straßenrand beträgt im derzeitigen Versuchsbetrieb noch etwa fünf Prozent. Das Ziel, sie auf null zu senken, hält Daimler-Forscher Hans-Georg Metzler allerdings für erreichbar." [Wüs09]

---

[61] Heise Autos: Mercedes zeigt zukünftige Fahrerassistenzsysteme. 03.07.2007, http://www.heise.de/autos/artikel/Mercedes-zeigt-zukuenftige-Fahrerassistenzsysteme-456715.html
[62] Continental AG: Continental's Emergency Steer Assist helps drivers when there's no time left for braking. Pressemitteilung, http:www.conti-online.com, 14.06.2010.

Abbildung 28: Daimler Ausweich-Assistent: Stereokamera und Anzeige im Prototypen-Fahrzeug, Ausweich- und Bremsmanöver [Wüs09].

[KWHA10] stellen einen im Rahmen des BMBF-Projekts „Smart Senior" konzipierten Nothalteassistenten zum autonomen Anhalten insb. für medizinische Notfälle bei älteren Fahrern vor. Das System sucht mithilfe diverser Sensoren selbständig einen sicheren Weg auf die Standspur und lenkt das Fahrzeug dorthin (siehe Abbildung 29).

Abbildung 29: Prinzip des BMW Nothalteassistent [WH10].

Eine weitere Variante aktiver Fahrerassistenzsysteme stellen Einparkhilfen dar. Volkswagen demonstrierte[63] bereits 2008 den „Park Assist Vision", der mit Hilfe von vier Kameras sowie der Ultraschallsensoren des Fahrzeugs automatisch parallel und quer zur Fahrbahn einparkt. Eine Kamera verwendet BMW für einen vollautomatischen Garagenparkassistenten[64], der dafür einen Reflektor an der Rückwand der Garage voraussetzt.

Es gibt diverse Varianten von Fernlichtassistenten, die automatisches und ggfs. stufenloses[65] Auf- bzw. Abblenden oder über den vertikalen Leuchtwinkel einen Streckentopographieausgleich und über den horizontalen Winkel eine prädiktive Kurvenausleuchtung übernehmen. Auch einzelne Bereiche im Sichtfeld können besonders angestrahlt werden, um Objekte zu markieren oder gar nicht anzuleuchten, um Blendungen zu vermeiden [AFP10]. Der Daimler „Nachtsicht-Assistent"-Plus[66] detektiert mit Stereo- und IR-Kameras Fußgänger auf der Straße und leuchtet sie gezielt mit einem „Spotlight" an.

---

[63] Vorstellung auf der Hannover Messe im April 2008. Berichte z. B. in den VDI nachrichten, 25. April 2008, Nr. 17
[64] Hanser Automotive, „Vollautomatisches System zum Einparken in Garagen", 7.8.2006.
[65] Bspw. „BeamAtic Plus" von Valeo.
[66] Daimler AG: Neue Spotlight-Funktion für den Aktiven Nachtsicht-Assistenten PLUS: Mehr Sicherheit für Fußgänger, Pressemitteilung vom 08.12.2010.

Daimler verwendet Lidar-Sensoren im Forschungsfahrzeug F700, um ein exaktes Höhenprofil der Fahrbahnoberfläche vor dem Fahrzeug zu gewinnen und damit über die Stoßdämpfer des aktiven Fahrwerks einen deutlich höheren Fahrkomfort zu erreichen. Für das „PREVIEW" genannte vorausschauende System soll nach internen Informationen[67] und ersten Presseberichten (Abbildung 30) Lidar jedoch durch die ohnehin bereits im Fahrzeug verbaute Stereokamera ersetzt werden.

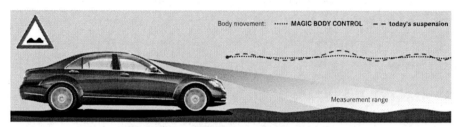

Abbildung 30: Skizze zur Funktionsweise von „Magic Body Control", der Serienanwendung von „PREVIEW" [Quelle: http://www.caranddriver.com, September 2010].

Ansätze zum gänzlich autonomen Fahren wurden (neben wissenschaftlichen Wettbewerben wie der bereits weiter oben erwähnten DARPA Grand Challenge 2004 und 2005 sowie der DARPA Urban Challenge 2007 [Hei10c]) 2010 sowohl von Google als auch von den Universitäten Berlin und Braunschweig in Form der Testfahrzeuge „MadeInGermany" [Hei10c] und „Leonie" vorgestellt. Leonie basiert wie der Vorgänger „Stanley" von Volkswagen auf Radar-, Lidar- und Kamerasensoren, von den Google-Testfahrzeugen wird dies ebenfalls berichtet [Hei10b, Hei10d, Heit10, Zeit10f, Thru10, SZ10, Stie10]. Beide Ansätze scheinen derzeit jedoch nur in vorher definierten und mit speziell erarbeiteten Daten versehenen Umgebungen zu funktionieren.

Nicht-kamerabasierte Aktive Fahrerassistenzsysteme

Nach dem Überblick über ADAS, die sich (unter anderem) auf Kameras als Sensoren stützen im vorherigen Abschnitt, folgen nun einige Beispiele solcher Systeme, die keine Kameras nutzen.

Aktive Eingriffe in die Längsregelung gibt es beispielsweise bereits beim radarbasierten ACC [SBB+07]. Auch BMW nutzt nach [PSE07] für die aktive Geschwindigkeitsregelung mit Stop&Go-Funktion im BMW 5er und 6er einen Long-Range- und zwei Short-Range-Radarsensoren. Ultraschallsensoren werden bei BMW auch für einen Seitenaufprallschutz genutzt, bei dem das Fahrzeug bei drohenden Kollisionen im Lateralbereich ausweicht bzw. zurücklenkt [Zeit10c]. [Sku06] stellt ein PreCrash-System mit Laserscanner und mehreren Radaren

---

[67] Daimler AG: RD INSIDE, interne Publikation, Dezember 2009.

vor. BMW setzt u. a. autonom lenkende Systeme zum Einparken ein, Sensoren nutzen dabei Ultraschall [Neu05].

2.3.4. Umfelderfassende Assistenzsysteme in anderen Domänen

Nicht nur die Automobilbranche entlastet ihre Kunden durch komfort- oder sicherheitssteigernde Systeme. Zwei beispielhaft vorgestellte weitere Domänen, in denen Fahrer (bzw. Piloten) durch Assistenzsysteme unterstützt werden, sind die Luftfahrt- und Landmaschinenbranchen. Auch wenn hier durch das Fachpersonal im Gegensatz zum PKW die Nutzung häufig durch Spezialisten erfolgt und die Entwicklungsaufwände und Kundenerwartungen schwer mit denen der Automobilbranche zu vergleichen sind, so sind doch einige Gemeinsamkeiten zu erkennen.

Assistenzsysteme in der Luftfahrtindustrie

Die Luftfahrtbranche verwendet zwar vielfältige Sicherheitssysteme, autonome Aktionen werden jedoch nur zurückhaltend und mit äußerst hohem Absicherungsaufwand verwendet. Moderne Autopiloten, die ein Flugzeug sogar autonom starten oder landen könnten, verwenden als Sensoren Gyroskope (inertiales Navigationssystem), Funkfeuer oder GPS[68]. Kamerasysteme werden üblicherweise nur zur Anzeige verwendet, um den Piloten einen Überblick über die Umgebung des Flugzeuges zu verschaffen. So werden im Airbus A380 Bilder vom Leitwerk und unter dem Flugzeugrumpf ins Cockpit übertragen (Abbildung 31 links). Auch das In-Seat-Entertainment kann durch die Anzeige der Kamerabilder einen Komfortgewinn für die Passagiere darstellen (Abbildung 31 rechts).

Abbildung 31: Kamerasystem im Cockpit des Airbus A380 und Anzeige im Entertainment-System [Quelle links: Süddeutsche Zeitung[69], rechts: http://www.reflektion.info/2436_280307_1_380-prov_cam-1000.jpg]

---

[68] Global Positioning System
[69] http://www.sueddeutsche.de/automobil/75/327937/bilder/?img=3.0, http://www.sueddeutsche.de/automobil/75/327937/bilder/?img=8.0

Auch die militärische Luftfahrt bedient sich kamerabasierter Systeme, beispielsweise zur Ziel-Findung und -Verfolgung durch Kampfflugzeuge bzw. -hubschrauber[70], Drohnen oder Lenkflugkörper[71]. Bereits 1989 wurde Sensordatenfusion zur automatischen Zielerkennung für Waffensysteme vorgeschlagen [BS89]. Die Erkennung von Tankflugzeugen samt automatischer Betankung bei autonomen Drohnen [CNF09] oder die Lage- und Positionserkennung einer unbemannten Drohne durch GPS und Kamera [SLKK08] sind weitere Anwendungsfälle von Kamerasystemen. Ins (Head-Up-) Display eines Flugzeugs eingeblendete 3D-Landschaften mit „Landmarks" werden ebenfalls verwendet [MS94]. Jedoch sind diese Anwendungen bzgl. Funktion und Entwicklungsprozess derart weit von der Automobilbranche entfernt, dass sie hier nicht weiter betrachtet werden.

In Flughäfen werden Kamerasysteme eingesetzt um bspw. verdächtige Personen oder abgestelltes Gepäck automatisiert erkennen zu können oder um besondere Bereiche, wie z. B. das Vorfeld oder Hangars, zu überwachen. Auch zur Unterstützung des Piloten beim Andocken am Flughafen-Gate werden sog. „Visual Docking Guidance Systems" teilweise kamerabasiert verwendet, siehe Abbildung 32. Eine Erkennung der Flugzeug-Position durch Datenfusion von GPS und der Auswertung eines aktuellen Bildes der Landebahnlichter bei Nachtlandungen wird in [CMS97] vorgestellt. Automatische, kamerabasierte Zutrittskontrollsysteme (z. B. Iris-Scanner) werden nicht nur in der Luftfahrtindustrie eingesetzt.

Abbildung 32: Andock-Assistenzsystem „Aircraft Situation Monitoring and Positioning Segment"[72].

---

[70] z. B. Eurocopter Tiger mit IR- und CCD-Kameras, [Schr98, HRH+03]
[71] z. B. AGM-65 Maverick mit CCD-Kamera
[72] Link, Norbert: Automatisierungsprojekte – Software-Planung und -Definition in der Automatisierung. Vorlesungsskript HS Karlsruhe, März 2006, http://www.iwi.hs-karlsruhe.de/~lino0001/skripte/Automatisierungsprojekte/FolienPPT/VorlesungAuto2_1.ppt (Onlineressource 19.03.2010).

Assistenzsysteme in der Landmaschinenindustrie

Eine weitere verwandte Branche ist die Landmaschinenindustrie, also für Traktoren, Mähdrescher etc. Einen Überblick über Arbeiten zum maschinellen Sehen für Führungssysteme in dieser Domäne, wie z. B. [BRZ03], bietet [LLW08]. Auch bspw. die US Patente[73] 5911669, 6721453 und 6336051 beschreiben derartige Fahrerassistenzsysteme. Gleich ist den Ansätzen, dass durch Kameras die Umgebung erfasst, erkannt und daraus eine Fahrzeugreaktion (das Halten der optimalen Spur im Feld) abgeleitet wird.

Die Firma Claas KGaA mbH in Harsewinkel (Nordrhein-Westfalen) entwickelte derartige Fahrerassistenzsysteme in der Landtechnik bereits zur Serienreife (siehe Abbildung 33). Während das Produkt „Tele Cam"[74] dem Fahrer ein Bild des hinter seinem Rücken stattfindenden Beladevorgangs anzeigt, was zu einer Steigerung von Komfort und Sicherheit führt, lenkt der „Cam Pilot"[75] den Traktor automatisch mit einer Genauigkeit von wenigen Zentimetern durch Pflanzenreihen. Sensor ist hier ein 3D-Kamerasystem.

Abbildung 33: Assistenzsysteme „Tele Cam" und „Cam Pilot" der Fa. Claas [Quelle: Claas KGaA mbH[76]].

Autonome kamerabasierte Systeme in weiteren Branchen

Im Bereich der Serviceroboter gibt es kombinierte Stereokamerasysteme mit 2D-Laserscanner [UZG+07] oder sog. „Omnicams"[77] in Haushaltsrobotern [HS07].

Die Raumfahrtbranche nutzt kamerabasierte Systeme in autonomen Raumsonden beispielsweise zur Erkennung von Sternenkonstellationen zur Fluglagen- und Positionsbestimmung mit einer CCD-Kamera [Lieb92] oder zur Rendezvous-Erkennung z. B. auf Asteroiden [MHN99].

---

[73] US Patent 5911669: "Vision-based crop line tracking for harvesters", US Patent 6721453: "Method and apparatus for processing an image of an agricultural field", US Patent 6336051: "Agricultural harvester with robotic control"
[74] http://www.claas.de/countries/generator/cl-pw/de/products/feldhaecksler/jaguar/technik/kabine/
[75] http://www.claas.de/countries/generator/cl-pw/de/products/traktor/lenksysteme/cam_pilot/
[76] Claas KGaA mbH: Produktpräsentationen online. http://www.claas.com
[77] Weitwinkel-Kameras, häufig mit 360°-Rundumblick

Autonome Segelboote[78] führen regelmäßige Weltmeisterschaften[79] durch. Eine Erkennung von Objekten in der Schiffs-Umgebung kann hier mittels Kameras durchgeführt werden [SJHC10].

Autonome Kleinfahrzeuge auf speziellen Fahrbahnen und mit eingeschränkter Geschwindigkeit werden bereits im individuellen Personennahverkehr eingesetzt[80].

2.3.5. Trends im Bereich der Fahrerassistenzsysteme

In den Unterkapiteln 2.3.2 und 2.3.3 wurden aktuelle und sich in der Entwicklung befindliche Fahrerassistenzsysteme vorgestellt. Nun werden einige Aussagen und Ansichten über Aussichten und Trends in diesem Bereich zusammengefasst, um eine Einschätzung für die Relevanz des Themas in der Zukunft zu ermöglichen.

Als „Mega-Trend" wird in [Rem10] „teilautonomes Fahren und vorausschauendes Fahren" bezeichnet. [EuE08] sieht dabei insb. das Thema Fußgängersicherheit im Fokus und prognostiziert zusätzlich eine Zunahme der Nutzerakzeptanz von FAS. Nach Ansicht von BMW „halten aktive Fahrerassistenzsysteme [...] vermehrt Einzug in das Fahrzeug", der autonome Eingriff ins Fahrgeschehen wird dabei anvisiert [WRRZ07]. Auch der VDI sieht die Zukunft des Autos mit einer Zunahme aktiver Fahrerassistenzsysteme, „die in das Lenk- und Bremsgeschehen eingreifen. Das Fernziel ist das autonome Auto" [VDI08]. „Fahrerassistenzsysteme können immer mehr Unfälle vermeiden. [...] Insgesamt werden im Laufe der Zeit noch mehr aktive Sicherheitssysteme in die Fahrzeuge kommen"[81] sagt Prof. Rolf Isermann.

Bis 2013 wird die Anzahl der mit FAS ausgestatteten Fahrzeuge jährlich um rund 27 % ansteigen und sich dann auf ca. 63 Mio. Einheiten belaufen. Im Jahr 2010 lag die Zahl der Fahrzeuge mit Fahrerassistenzsystemen bei ca. 20 Mio. Stück und etwa ebenso vielen verbauten Kameras. [StrA05, StrA07, iSup07]

Nach [Kla07] „ist ein Trend zu kamerabasierten System zu erkennen, zumal den Kamerasensoren im Auto in den kommenden fünf Jahren ein jährliches Wachstum von etwa 61 Prozent vorhergesagt wird." Die kamerabasierten Systeme spielen also „eine sehr wichtige Rolle", die Stereokamera ist gar „das Maß aller Dinge": Dr. Ziegler, bei der Daimler-Forschung für Fahrerassistenzsysteme verantwortlich, nennt „Laserscanner gegenüber Kameras derzeit chancenlos" [Zie10]. Einen Trend hin zu Sensordatenfusion von Kamera mit Radar und deren Vorteile beschreibt [Cos07]. Ein derartiges Kollisionsvermeidungssystem mit mehrstufiger autonomer

---

[78] http://www.roboat.at/technologie/
[79] World Robotic Sailing Championship / International Robotics Sailing Conference, http://www.sailbot.ca/
[80] Z. B. Cybercars: http://www.cybercars.org/presentation.html, Onlineressource vom 15.09.2009.
[81] VDE Verband der Elektrotechnik Elektronik Informationstechnik e.V.: VDE dialog, Zeitschrift für VDE Mitglieder. Nr. 4, Juli/August 2009.

Bremsmöglichkeit kann „einen wesentlichen Beitrag zur Verkehrssicherheit leisten [...] Insbesondere Auffahrunfälle lassen sich zum Großteil vermeiden" [Hil07].

Daimler-Vorstand Dr. Thomas Weber prognostiziert: „Unsere Fahrzeuge müssen jede Bewegung jedes Verkehrsteilnehmers bemerken und den Fahrer dann im Falle drohender Gefahr bereits frühzeitig warnen. Wenn nötig müssen die Sicherheitssysteme dann autonom eingreifen" [DAI09]. Auch nach Ansicht von Ekkehard Brühning [DVR06] kann „etwa ein Drittel aller Unfälle [...] nur durch den aktiven Eingriff eines Fahrerassistenzsystems verhindert werden. [...] Das größte Sicherheitspotenzial entfalten Fahrerassistenzsysteme, wenn diese aktiv eingreifen." Jedoch ist auch er sich der Probleme bewusst: „Eingreifende Fahrerassistenzsysteme sind äußerst komplex und stellen hohe Anforderungen an die Zuverlässigkeit."

Grundlagen für die Serienentwicklung von Fahrerassistenzsystemen, die autonom in die longitudinale und laterale Fahrzeugführung eingreifen und damit „zukünftig das Fahren sicherer, umweltschonender und bequemer machen", wurden im Juni 2011 als Ergebnis des EU-geförderten Forschungsprojekts HAVEit[82] vorgestellt. Doch „von der Technik her braucht es noch etwa 20 Jahre"[83] bis zu einem vollständig autonomen Fahrzeug, sagt Prof. Christoph Stiller. Und „der Chefentwickler für Assistenzsysteme [bei Daimler, Hans-Georg Metzler] sieht noch ein anderes Problem; es hat weniger mit Ingenieurwissenschaft zu tun als mit Psychologie: ‚Ein Lenkeingriff ohne Zutun des Fahrers ist eine heikle Maßnahme. So weit sind wir noch nie gegangen.' Es ist eine Ursorge der Entwickler von Assistenzfunktionen, der Kunde könne nicht dankbar, sondern verärgert sein, wenn Technik ihn zu seinem Wohle bevormundet."[84] So wird bspw. von einem Fußgängererkennungs-System erwartet, dass „wenn beispielsweise ein Kind auf die Straße läuft [...] das System so sicher und gut funktionieren [muss], dass es die Bremsung autonom einleitet" [Stie08]. Derartige ADAS müssen also „mindestens die Zuverlässigkeit und Sicherheit herkömmlicher mechanischer Systeme aufweisen." Sie müssen zudem „fehlertolerant sein, um auch im Fehlerzustand alle geforderten Funktionen zu gewährleisten" [DVR06].

Zusammenfassend ist eine Befürwortung der Zunahme aktiver Fahrerassistenzsysteme durch die Fachleute deutlich erkennbar, die positive Einschätzung der Vorteile gerade kamerabasierter Systeme wird häufig erwähnt. Studien und Statistiken sehen einen eindeutigen Zuwachs vorher. Unabhängig von rechtlichen und psychologischen Fragestellungen werden jedoch

---

[82] „Highly automated vehicles for intelligent transport", http://www.haveit-eu.org
[83] VDE Verband der Elektrotechnik Elektronik Informationstechnik e.V.: VDE dialog, Zeitschrift für VDE Mitglieder. Nr. 4, Juli/August 2009.
[84] Christian Wüst: Segensreicher Schlenker. Spiegel Online, http://www.spiegel.de/spiegel/0,1518,639803,00.html, 03.08.2009.

durchwegs auch die sicherheitskritischen Aspekte derartiger in komplexen Situationen agierender Systeme betrachtet.

2.4. Testen von Automobilelektronik

Nach der Klassifikation von Assistenzsystemen in Abschnitt 2.2 und einem Überblick über den aktuellen Stand der verschiedenen Systeme in Abschnitt 2.3 folgt nun, aufbauend auf den Grundlagen der Automobilelektronik in Abschnitt 2.1, ein Überblick über Methoden des Testens. Dazu werden zuerst übliche Vorgehensmodelle (Abschnitt 2.4.1), Grundlagen des Software-Engineering und Definitionen von Software-Qualität (2.4.2) sowie Testprozesse (2.4.3) speziell für die Automobilbranche vorgestellt. Danach folgt ein Überblick über Testverfahren (2.4.4) und im Detail eine Vorstellung des Hardware-in-the-Loop-Testens (2.4.5). Zum Abschluss werden übliche Testfallinhalte und –beschreibungen erläutert (2.4.6).

Durch dieses Verständnis wird die Basis geschaffen, um eine Methodik für die funktionale Absicherung der in den vorangehenden Abschnitten beschriebenen neuartigen kamerabasierten Aktiven Fahrerassistenzsysteme zu erforschen, was Ziel dieser Arbeit ist.

2.4.1. Vorgehensmodelle in der E/E-Entwicklung

Vorgehens- oder Prozessmodelle sollen der Entwicklung einen festen Rahmen geben. Sie beschreiben u. a. die Reihenfolge des Arbeitsablaufs (Stufen oder Phasen), die durchzuführenden Aktivitäten, Teilprodukte sowie anzuwendende Standards und Richtlinien. Im Laufe der Zeit entstanden bspw. das Wasserfallmodell, das V-Modell, das Prototypenmodell, das evolutionäre/inkrementelle Modell, das objektorientierte Modell, das nebenläufige Modell und das Spiralmodell. [Balz98]

Überblick

Das Wasserfallmodell als „Ahnherr aller Prozessmodelle" [Lud06] beschreibt eine linear aufeinander folgende Abfolge an Phasen des Entwicklungsprozesses. Der Name stammt von der Darstellung als Kaskade, in der eine Phase immer in die nächste übergeht bzw. „fließt".

Das V-Modell stellt eine Erweiterung des Wasserfallmodells um Qualitätssicherungs-Aspekte dar (vgl. [Hof08] Kap. 9.1.2). Der Name stammt von der Anordnung in Form eines „V", wobei die horizontale Achse den zeitlichen Verlauf des Projektvorgangs darstellt, und die vertikale Achse den Detaillierungs- bzw. Abstraktionsgrad.

Das W-Modell[85] erweitert das V-Modell, hier werden die Testaktivitäten parallel zu den anderen Entwicklungsaktivitäten durchgeführt. Einen Überblick bieten [SRWL06, Bäro08]. Ein weiteres Prozessmodell ist das Spiralmodell, es stellt „eine Verfeinerung des Wasserfallmodells für große Projekte der öffentlichen Hand" [Schä10] dar.

Neben den sequenziellen (Wasserfall-, V-Modell) und evolutionären (Spiralmodell) Prozessmodellen gibt es als dritte Grundform das iterative Vorgehen. Dabei „werden alle Aktivitäten des Projektzyklus – in unterschiedlicher Intensität – in jeder Iteration ausgeführt" [Schä10]. Beim Extreme Programming als einem Teil der Agilen Softwareentwicklung steht das Testen im Mittelpunkt der Entwicklung, als Spezifikation dienen hier die Testfälle [SRWL06]. In der Automobilbranche ist es jedoch nicht verbreitet.

Das V-Modell

Aufgrund der weiten Verbreitung und damit großen Bedeutung des V-Modells in der Automobilbranche wird dieses Vorgehensmodell im Folgenden detaillierter vorgestellt. Es muss jedoch angemerkt werden dass es nicht „das" V-Modell gibt, sondern es nur allgemeine Vorgehensweisen zur Durchführung von Projekten zur Erzeugung von Produkten der Informationstechnologie beschreibt und projektspezifisch eingesetzt werden muss. Es wurde erstmal 1986 erwähnt, inzw. existieren mehrere Varianten, wie das V-Modell 92, V-Modell 97 und V-Modell XT [Bäro08]. In Abbildung 156 und Abbildung 157 in Anhang A 4 werden zwei Beispiele für typische Ausprägungen des V-Modells in der Automobilindustrie gezeigt.

In Abbildung 34 kann die typische Form des Vorgehensmodells und die Anordnung der Prozessphasen gesehen werden. Nach einer Erhebung der Anforderungen bzw. dem Erstellen der Systemspezifikation auf einem hohen Abstraktionsniveau wird diese weiter detailliert bis schließlich einzelne Komponenten (Hardware oder Software) beschrieben sind und implementiert bzw. programmiert werden können. Daraufhin folgen in umgekehrter Reihenfolge Modul-, Komponenten- und Integrationstests bis hin zu System- und Abnahmetests auf oberster Ebene. Da die allgemeine Form des V-Modells für beliebige Projektgrößen anwendbar ist, kann es bei größeren Systemen jeweils in Subsysteme mit jeweils eigenem V-Modell untergliedert werden.

---

[85] Von A. Spillner: http://www.informatik.hs-bremen.de/spillner/ForschungSpillnerWmo.pdf

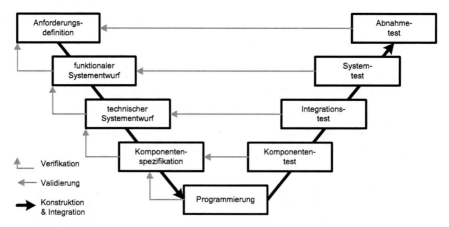

Abbildung 34: V-Modell nach [SL04].

Das Besondere am V-Modell im Vergleich zu seinem Vorgänger, dem Wasserfallmodell, ist die rechte Seite (oder auch der rechte Ast) mit Elementen der Qualitätssicherung bzw. dem Testen. Dieser analytischen Qualitätssicherung geht die konstruktive Qualitätssicherung voraus, also „geeignete standardisierte Methoden zur Software-Entwicklung" [Lig93]. Auf diese wird im Rahmen dieser Arbeit jedoch nicht weiter eingegangen.

Beim Testen wird dabei unterschieden zwischen Validierung und Verifikation, eine häufig vorgefundene Unterscheidung kann wie folgt beschrieben werden:

- „Validierung dient zur Prüfung, ob das System die vom Anwender geforderten Anforderungen erfüllt" [Rum05[86]]. „Untersucht wird, ob das Produkt im Kontext der beabsichtigten Produktnutzung sinnvoll" [SL04] bzw. „angemessen" [ISO/FDIS 26262] ist.

- Verifikation dient dagegen „zum Nachweis, dass das implementierte System die formale Spezifikation erfüllt, also korrekt ist" [Rum05[87]]. Sie ist „im Gegensatz zur Validierung auf eine einzelne Entwicklungsphase bezogen und soll die Korrektheit und Vollständigkeit eines Phasenergebnisses relativ zu seiner direkten Spezifikation (Phaseneingangsdokumente) nachweisen" [SL04].

Ein Objekt kann also bezüglich seiner Spezifikation korrekt verifiziert werden. Wenn es jedoch gleichzeitig seinen ursprünglich beabsichtigten Zweck nicht erfüllt, wird es eine validierende Prüfung nicht bestehen. Während verifizierende Prüfmethoden in den folgenden Abschnitten detailliert beschrieben werden, kann der „Nachweis der Existenz validierender Methoden […]

---

[86] Zitat nach [Rum05] aus: B. Boehm. Software Engineering Economics. Prentice Hall, Englewood Cliffs, 1981.
[87] Zitat nach [Rum05] aus: B. Boehm. Software Engineering Economics. Prentice Hall, Englewood Cliffs, 1981.

philosophisch diskutiert werden." In der industriellen Praxis werden die spezifikationsbasierten Methoden der Verifikation auch für die Validierung eingesetzt. [Bäro08]

Rollen

In einem Entwicklungsprojekt gibt es verschiedene Personen, die unterschiedliche Rollen inne haben und durch entsprechend bestimmte Aufgaben, Kompetenzen und Verantwortungen verkörpern. Häufig gibt es die Rolle des Projektleiters, der koordinierende Aufgaben übernimmt und häufig die Gesamtverantwortung trägt. In der Industrie entspricht dies auch häufig dem Komponentenverantwortlichen als Vermittler zwischen den Zulieferern eines Systems und den verschiedenen an der Entwicklung beteiligten Abteilungen. Des Weiteren gibt es die Rolle des Systemspezifizierers, der die Anforderungen an das System definiert und in einer Systemspezifikation niederschreibt. Ein Software Architekt designt die Softwarestruktur, ein Implementierer setzt sie in Code um.

Im Bereich der Tests gibt es dann den Teststrategen für die Konzeption sowie den mit koordinierenden Aufgaben betrauten Testmanager sowie Testspezifizierer (häufig auch als Testdesigner bezeichnet) und Testimplementierer, die Testfälle entwerfen und programmieren. Test-Operatoren führen die Tests dann schließlich auf dem Testsystem aus. Test-Implementierer und -Operatoren sind teils auch in der Rolle des „Testers" vereint.

2.4.2. Software-Qualität und Software-Engineering

Nachdem im vorigen Abschnitt das V-Modell als übliches Modell für Entwicklungs- und Testvorgehen in der Automobilbranche vorgestellt wurde, folgt nun eine Eingrenzung des gewünschten Zieles, nämlich die möglichst hohe[88] Qualität der Systeme, Steuergeräte und darin eingebetteten Software (SW).

Software-Qualität

Maßstäbe und Metriken für die Qualität von Software können kaum einheitlich, verbindlich, quantitativ und qualitativ genannt werden, da es immer eine „Ziel-Qualität" gibt, die abhängig vom Produkt und dessen Einsatzbereich ist. Eine Bewertung der Qualität kann bspw. durch Merkmale wie die Anzahl gefundener Fehler, die „Mean Time Between Failures" (MTBF), die Wahrscheinlichkeit der Systemverfügbarkeit oder durch die (geschätzte) verbleibende Kritikalität der Sicherheit des Systems abgeleitet werden. Interne Merkmale (wie z. B. Wartungsfreund-

---

[88] [Lig02] merkt an, dass es nicht die „beste", sondern nur die „richtige" oder „gewünschte" SW-Qualität geben kann.

lichkeit, Komplexität oder Verständlichkeit) können schwer oder gar nicht objektiv gemessen werden [Som01].

Neben der Vermeidung von Fehlern führt die gezielte Fehlersuche (also der Test) zu einer Erhöhung der Software-Qualität. SW-Qualität kann insb. auch durch die (messbare) Einhaltung von Normen, Vorgehensmodellen und Prozessen und nicht offiziell standardisierter aber gängiger „best practices" indirekt verbessert werden.

Nach [Som01] gibt es vier „wesentliche Merkmale guter Software": Wartbarkeit, Zuverlässigkeit, Effizienz sowie Benutzerfreundlichkeit. Die ISO-Norm 9126 [ISO/IEC 9126-1][89] definiert detaillierter: „Software-Qualität ist die Gesamtheit der Merkmale und Merkmalswerte eines Software-Produkts, die sich auf dessen Eignung beziehen, festgelegte Erfordernisse zu erfüllen." Im Einzelnen werden die folgenden Qualitätsmerkmale aufgezählt:

- Funktionalität (Functionality, Capability),
- Laufzeit (Performance),
- Zuverlässigkeit (Reliability),
- Benutzbarkeit (Usability),
- Wartbarkeit (Maintainability),
- Transparenz (Transparency),
- Übertragbarkeit,
- Testbarkeit (Testability).

Den aktuellen Stand der Forschung zu Softwarequalitätsmodellen, aufbauend u. a. auf die ISO-Norm 9126 [ISO/IEC 9126-1], stellt [WBDK+10] vor. In [BM10] wird detailliert das Testen der Qualitätskriterien nach ISO 9126 beschrieben.

Software im Fahrzeug wird immer dargestellt als Embedded Software, also eingebettet in ein Hardware-System. Daraus ergibt sich die teils hohe Sicherheitskritikalität. Absolute Sicherheit kann dabei nicht realistisch erwartet werden, es bleibt immer die Frage nach dem „annehmbaren Restrisiko" [Lig02]. Doch das Testen eingebetteter Software unterscheidet sich von dem „normaler" Software gerade durch die „Wichtigkeit quantitativer Sicherheits- und Zuverlässigkeitsbewertungen". Dies macht spezielle Test-Techniken notwendig, die formale Techniken mit dynamischen Tests kombinieren. Beispielsweise in der Norm DIN EN 50128[90] finden sich bereits entsprechende Vorschriften. [Lig05]. Diese Norm stellt – neben der entstehenden ISO 26262 (siehe auch Anhang A 1) – eine Implementierung des Standards IEC 61508 dar.

---

[89] Zitiert nach [Hof08]
[90] „Bahnanwendungen – Software für Eisenbahnsteuerungs- und Überwachungssysteme"

Software-Engineering

Ein Weg diese Vorgaben und das Ziel hoher SW-Qualität zu erfüllen, ist das Anwenden von Software-Engineering als eigenständige technische Disziplin, die sich mit allen Aspekten der Softwareherstellung, also neben den technischen Aspekten auch mit der Projektverwaltung und der Erforschung und Entwicklung von Theorien, Methoden, Prozessen, Techniken und Werkzeugen befasst [IEEE 610, Som01, Lig05b]. Embedded Software als meist unverzichtbarer Produktbestandteil und das damit verbundene und dafür nötige Software-Engineering besitzen eine „beachtliche wirtschaftliche Bedeutung". Das Software-Engineering für eingebettete Systeme ist zwischen dem „'klassischen' Software-Engineering und System-Engineering angesiedelt". Neben den nötigen Prozessen, der Software-Konstruktion und der Qualitätssicherung kommen dabei noch weitere Aspekte, wie bspw. Sicherheitsanforderung, hinzu. [Lig05b]

Gerade in der Automobilbranche leidet das SW-Engineering nach [FFLS08] an einer Gleichsetzung der Systeme mit der sich darin befindlichen Software durch die Autoren von Lastenheften. Das führt dazu, dass das Testen der Software zu grob ausfällt, wenn es gegen zu abstrakte (System-) Anforderungen spezifiziert wird.

2.4.3. Testprozesse

Prozesse strukturieren und beschreiben Vorgehensweisen. Spezifische Testprozesse beschreiben daher empfohlene und notwendige Phasen des Testens mit definiertem Ablauf und (Zwischen-)Ergebnissen der einzelnen Phasen. Dadurch sind Eingangs- und Ausgangsgrößen (häufig Dokumente) und Meilensteine vorgegeben.

Beispiele für Elemente von Testprozessen

Für Validierung und Verifikation muss bei großen komplexen Systemen „unter Umständen die Hälfte des Entwicklungsbudgets [...] ausgegeben werden", weshalb eine frühzeitige, sorgfältige und effiziente Planung der entsprechenden Aktivitäten erforderlich ist [Som01]. Alle Aktivitäten des Testprozesses müssen daher quantitativ und objektiv nachvollziehbar sein. Dafür bietet sich CMMI (Capability Maturity Model Integration) oder die Familie der DIN ISO 9000-Normen an, „in denen quantitative Angaben zu Planung und Steuerung gefordert werden". Metriken für die Messung können u. a. testfallbasiert, testobjektbasiert oder fehlerbasiert sein [SRWL06].

[SRWL06] beschreibt die zum Testen benötigten Einzelaktivitäten des Testprozesses als Testplanung und Steuerung, Testanalyse und Testdesign, Testrealisierung und Testdurchführung, Testauswertung und Bericht, Abschluss der Testaktivitäten. [Som01] sieht für den Ablauf von

Fehlertests jeweils einen Testfallentwurf, die Testdatenerstellung, die Ausführung des Testprogramms und die Ergebnisanalyse vor. Des Weiteren werden Integrationstests mit Schnittstellen- und Belastungstests vorgestellt. [SBS09] beschreibt als Kernelemente des Systemtestmanagements die Punkte Testplanung, Testdesign, Komponententest, Integrationstest, System- und Abnahmetest, Regressionstest.

Einen Überblick über Testprozesse im Sinne von Teststufen oder -phasen bietet [Per03]. Es werden dabei elf Arbeits-„Schritte"[91] aus acht „Bereichen"[92] aufgezeigt. Hier werden auch explizite Checklisten für Prozeduren an die Hand gegeben, also Methoden und Vorgehen z. B. zum Erstellen eines Testplans oder eines Testergebnis-Berichts. Im Detail werden Inhalte von „Software Verification and Validation Plans" auch in der IEEE-Norm 1012 beschrieben [IEEE 1012].

Die Norm IEEE 1008 [IEEE 1008] gibt für den Software Unit Test die folgenden drei Phasen vor:

1) Perform test planning phase

- a) Plan the general approach, resources, and schedule
- b) Determine features to be tested
- c) Refine the general plan

2) Acquire test set phase

- a) Design the set of tests
- b) Implement the refined plan and design

3) Measure test unit phase

- a) Execute the test procedures
- b) Check for termination
- c) Evaluate the test effort and unit

Gemeinsam ist den Vorgaben, dass ein Test „immer ein Test gegen etwas" [SBS09] ist. Üblicherweise gegen die der Teststufe (also der Ebene im V-Modell) entsprechenden Spezifikationen, die dann die Ausgangsbasis für den Testprozess darstellen. Häufig sind diese Spezifikationen im „Industriestandard" DOORS[93] hinterlegt [Rem10]. Eine „gute", d. h. vollständige und eindeutige Spezifikation ist daher unverzichtbare Grundlage jedes darauf fußen-

---

[91] Beurteilung des Entwicklungsplans und –status, Entwicklung des Testplans, Testen der Software-Anforderungen, Testen des Softwaredesigns, Testen in der Programmierphase, Ausführung und Aufzeichnung der Ergebnisse, Akzeptanztest, Bericht der Testergebnisse, Testen der Softwareinstallation, Testen der Softwareänderungen, Evaluierung der Testeffizienz

[92] Benutzerzufriedenheit, Unterstützung der Testbefähigung durch das Management, Planung, Schulung, Verwendung festgelegter Prozesse, Tools bzw. Hilfsmittel, Effizienz, Qualitätskontrolle

[93] Dynamic Object Oriented Requirements System von IBM

den Testprozesses. Darauf aufbauend wird eine Teststrategie entwickelt, die nach [Per03] zwei Komponenten enthalten muss:

1. Testfaktor: Das Risiko oder Problem, das bei der Teststrategie berücksichtigt werden muss. Durch die Strategie werden die beim Testen eines bestimmten Anwendungssystems zu berücksichtigenden Faktoren vorgegeben.

2. Testphase: Die Phase des Lebenszyklus, in der Testen erfolgt.

Testfaktoren sind dabei ähnlich den Qualitätskriterien der ISO 9126, Testphasen sind hier als Teststufen entlang des V-Modells zu verstehen. Je nach Abstraktionsebene und Entwicklungsprodukt wird auf unterschiedlichen Teststufen getestet, die sich durch charakteristische Testziele, -methoden und -werkzeuge auszeichnen. „Es wird zwischen den Stufen Komponenten-, Integrations-, System- und Abnahmetest unterschieden" [SRWL06]. Nach diesen vorbereitenden und definierenden Phasen folgt üblicherweise der Testfallentwurf, die Programmierung der Testfälle und daraufhin deren Durchführung und Auswertung.

[Hag08] beschreibt Testprozesse, insb. auf Prozessnormen wie ISO/IEC 15 504-5 (SPICE) und IEC TR 61 508 aufbauende, wie „automotive SPICE" und ISO 26 262.

PROVEtech:TP5

Gemeinsam ist allen genannten Prozessmodellen (in unterschiedlichen Ausprägungen) die Aktivität des Testens. Diese wiederum wird in Testprozessen beschrieben. Einen Überblick über Testprozesse von Automobilsteuergeräten bietet auch [Bäro08]. Darin wird ausgehend von vorhandenen (Test-) Prozessen wie CMMI, Automotive SPICE, TPI oder der Norm IEC 61508 beschrieben wie ein speziell für konkrete und projektnahe Entwicklungsaufgaben im Bereich der Automobilelektronik angepasstes Prozessmodell aussehen kann, das sich individuell bezüglich Zielvorgaben und Projektumfang umsetzen lässt. Das Ergebnis wird unter dem Namen „PROVEtech:TP5"der MBtech Group als „Testprozess in fünf Phasen" vorgestellt, siehe Abbildung 35. Es ist hierarchisch aufgebaut und bietet detaillierte Definitionen und Merkmale für Tätigkeiten und Arbeitsprodukte und wird im Prozess- und Projekt-Umfeld dieser Arbeit häufig eingesetzt. Aufgrund der Relevanz für diese Arbeit und der dargestellten Gemeinsamkeiten und Vorteile im Vergleich mit anderen Modellen wird es im Folgenden kurz vorgestellt. [Bäro08, SH07]

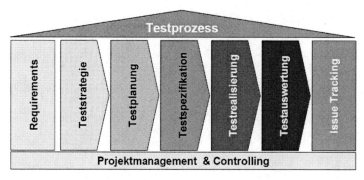

Abbildung 35: PROVEtech:TP5 [SH07].

Die folgende Beschreibung von TP5 ist komplett von [SH07] übernommen: „Das Testprozessmodell PROVEtech:TP5 umfasst die sieben Säulen Requirements, Teststrategie, Testplanung, Testspezifikation, Testrealisierung, Testauswertung und Issue Tracking, die im Folgenden näher erläutert werden. Die Schnittstellen zwischen Entwicklungsprozess und Testprozess bilden die beiden äußeren Säulen Requirements und Issue Tracking.

Requirements

Während der Phase Requirements wird festgelegt, welche Dokumente die Testbasis für die folgenden Aktivitäten bilden und ob die Testbasis eine ausreichende Qualität für die Verwendung im Testprozess hat. Die Überprüfung der Anforderungen auf Testbarkeit führt bereits hier zu einer Qualitätssteigerung.

Teststrategie

Die Erstellung einer Teststrategie orientiert sich an den Arbeitsergebnissen der Phase Requirements. In einer zentralen Testübersicht werden die Testthemen mit einer Testfallkategorisierung eingeordnet und Kriterien für die Festlegung der Testintensität definiert. Anschließend wird auf Basis einer Risikobewertung die Teststrategie für das Testprojekt definiert.

Testplanung

Auf Basis der definierten Teststrategie erfolgt die weitere, detaillierte Planung der Testaktivitäten. Es wird festgelegt, wann die einzelnen Testthemen zu behandeln sind und welches Equipment notwendig ist, um das Testprojekt zeitgerecht zu beenden. Außerdem werden für das konkrete Projekt die Rollen und Aufgaben den jeweiligen Personen zugeordnet. Ergebnis dieser Phase ist der detaillierte Testplan. Dieses zentrale Dokument enthält auch die Arbeitsergebnisse der anderen Phasen und stellt so die Durchgängigkeit im Testprozess sicher.

Testspezifikation

Basierend auf den Ergebnissen der vorangegangen Phasen wird die Testspezifikation erstellt. Dies wird methodisch durch Verwendung von Testspezifikationstechniken (formale und informelle) unterstützt. Ergebnis dieser Phase ist eine Beschreibung der durchzuführenden Testfälle auf einer Ebene, die noch unabhängig von dem zu verwendenden Test-Equipment ist. In Workshops werden diese Ergebnisse mit den Funktionsentwicklern abgestimmt.

Testrealisierung

Anhand der Testspezifikation lassen sich nun die ausführbaren Testfälle implementieren. Anschließend werden die Testfälle für die Verwendung im Testprojekt freigegeben und ausgeführt.

Testauswertung

Die Ergebnisse der Testausführung werden in einem separaten Schritt ausgewertet. Die Ergebnisse der Testausführung werden analysiert und Testberichte erstellt, die neben den detaillierten Ergebnissen auch Zusammenfassungen enthalten.

Issue Tracking

Die Phase Issue Tracking stellt wieder den Bezug zur Funktionsentwicklung her. Auf Basis der Testberichte wird in enger Abstimmung mit dem Entwickler geklärt, inwieweit ein erfasster Fehler auf einen realen Fehler im Steuergerät hinweist. Die befundeten, tatsächlichen Fehler werden in ein Fehlerverfolgungssystem (Issue Tracking) eingepflegt und den Entwicklern als Testergebnis übergeben." [SH07]

Ein detaillierter Überblick über die Merkmale für Ergebnisse von 17 Prozessen der fünf Phasen von PROVEtech:TP5 wird in Anhang A 5 gegeben.

2.4.4. Überblick und Einordnung des Testens

Nachdem Testprozesse „nur" das Vorgehen, jedoch keine inhaltlichen Aussagen über „das Testen" beschreiben, folgt nun eine Einordnung verschiedener Testarten und -methoden.

Ausgehend von der oben gezeigten Menge an Software in derzeitigen Fahrzeugen und der Aussage „Es gibt keine hundertprozentig fehlerfreie Software"[94] [Stie08] wird klar, dass mit besseren Vorgehensmodellen und Entwicklungsprozessen zwar bereits bei der Programmierung der Software viel zur Optimierung der Qualität beigetragen werden kann, dass dies aber

---

[94] Ähnlich bei [SL04]: „Ein fehlerfreies Softwaresystem gibt es derzeit nicht […]."

durch ausgiebige Test-Aktivitäten validiert und verifiziert werden muss. „Testen ist eine stichprobenbasierte Prüftechnik" [Lin08] zur „analytische[n] Qualitätssicherung von Programmen" [Lig90, Lig93] und stellt den Prozess dar, „ein Programm mit der Absicht auszuführen, Fehler zu finden" [Mye01]. [SL04] ergänzen: „Die Randbedingungen für die Ausführung des Tests müssen festgelegt sein. Ein Vergleich zwischen Soll- und Istverhalten des Testobjekts dient zur Bestimmung, ob das Testobjekt die geforderten Eigenschaften erfüllt" Ein Test kann nach [Lien89] aber auch durch „mathematisch-statistische Prüfverfahren" erfolgen. Die Anwendung von Test-, Analyse- und Verifikationsverfahren dient im Wesentlichen zur Überprüfung der für die Produktnutzung wichtigsten Qualitätseigenschaften funktionale Korrektheit und Robustheit [Lig93, Lig90[95]]. In Abbildung 36 wird ein Überblick über häufige Begriffe zum Testen mit ihren Zusammenhängen grafisch dargestellt, um die Komplexität des Themas zu verdeutlichen.

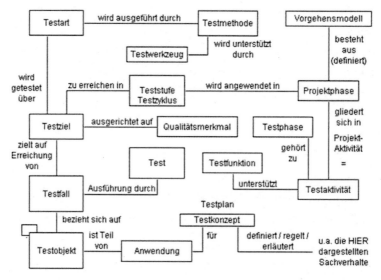

Abbildung 36: Testen – Begriffe und ihr Zusammenhang nach Spillner[96]

Die ISO 26262 definiert das Testen als den „process of planning, preparing and executing or exercising a system or system component to verify that it satisfies specified requirements, to detect errors, and to create confidence in the system behaviour". Auch das IEEE Glossary on Software Engineering Terminology (zitiert nach [Hof08]) definiert den Test als "An activity in which a system or component is executed under specified conditions, the results are observed or recorded, and an evaluation is made of some aspect of the system or component."

---

[95] Zitat [Lig90] nach [Rum05]
[96] Quelle der Abbildung: http://de.wikipedia.org/wiki/Softwaretest

Arten des Testens

In Rahmen der Automobilentwicklung gibt es viele Arten des Testens für viele verschiedene Aspekte und Betrachtungsweisen vieler verschiedener Systeme und Subsysteme eines Fahrzeugs. So wurden beispielsweise während der Gesamtfahrzeug-Erprobung der neuen Mercedes-Benz E-Klasse[97] besondere Schwerpunkte auf die Bereiche Fahrwerksabstimmung, Integration Powertrain, Thermische Absicherung, E/E-Absicherung und Karosserie-Integration gelegt; Diese wurden bei „digitalen Versuchsfreigaben" und Dauererprobungsfahrten auf Testgeländen und auf realen Straßen der ganzen Welt untersucht [FLHE+09]. Die Testfahrten mit Experten aus der Entwicklung z. B. im Rahmen der sog. Sommer- und Wintererprobung dienen neben der „kunden-nahen Fahrerprobung (KNFE)" in Alltagssituationen durch Mitarbeiter des Konzerns dazu, wichtige Informationen über die Zuverlässigkeit des Gesamtsystems, aber auch über psychologische Aspekte und subjektive Eindrücke zu erhalten. Davor gibt es für alle einzelnen Komponenten spezifische Tests, wie u. a. EMV[98]-Versuche, „Rüttel-Schüttel"-Tests zur Vibrationsbeständigkeit und funktionale Tests, die gezielt alle Funktionen der Komponente prüfen. Betrachtet man ein V-Modell, so finden sich hier die Qualitätssicherungs- bzw. Testmaßnahmen auf der rechten Seite auf den verschiedenen Abstraktionsniveaus. Reine Funktionstests erfolgen dabei üblicherweise auf der unteren bis mittleren Ebene, darüber folgen Integrationstests und danach (Gesamt-) Systemtests. Während beim klassischen Steuergerätetest einzelne Steuergeräte oder kleine Steuergeräteverbünde untersucht werden, zeigt [SBS09], dass auch Systemtests notwendig sind, da „ein System viel mehr ist als die Summe seiner Bestandteile". Danach steht der Systemtest „erst am Anfang seiner Entwicklung". Die verschiedenen Aktivitäten und Ansätze des Testens lassen sich nach mehreren Kriterien klassifizieren, die hier im Folgenden kurz vorgestellt werden.

Klassifikationsmöglichkeiten des Testens

Nach [Lig90, Lig93] ist zwischen dem Test einzelner Module und darauf folgend dem Test ihrer Integration zu einem Modulsystem zu unterscheiden. Der Modultest kann in Methoden für

- Statische Analysen,
- Symbolisch testende Verfahren,
- Verfikationsverfahren und
- Dynamisch testende Verfahren

---

[97] Baureihe 212
[98] Elektromagnetische Verträglichkeit

unterteilt werden. Während die ersten drei dieser Verfahren entweder formale Korrektheitsbeweise, die symbolische Ausführung des Programms in einer künstlichen Umgebung, oder Analysen ganz ohne Ausführung des Programms (z. B. durch sog. „Code-Reviews") anwenden, liefert der dynamische Test im Idealfall[99] repräsentative, fehlersensitive, redundanzarme und ökonomische Testergebnisse aus der Programmausführung mit Stichproben [Lig93]. Dynamisches Testen zielt dabei auf die Prüfung der korrekten Funktion, kann aufgrund des Stichprobencharakters die vollständige Korrektheit aber nicht garantieren [Lig02]. Die Problematik besteht hier darin, Testdaten für die Stichproben zu liefern, die Testergebnisse mit diesen Attributen wahrscheinlich werden lassen. Klassifikationen der Testverfahren können daher aufgrund der Bildung und Beurteilung der Testdaten erstellt werden:

Es existieren bspw. Klassifikationen [SRWL06] nach

- vorhandenem bzw. benötigtem Wissen über die innere Struktur des System under Test (SuT): Whitebox-, Greybox- oder Blackbox-Test;
- Testreferenz: es wird funktionsorientiert „gegen" die funktionale Spezifikation, strukturorientiert gegen die Implementierung oder diversifizierend gegen andere Programmversionen getestet.
- Fehlererwartung: fehlerorientierte Testverfahren.

[BM10] unterscheiden weiter zwischen

- spezifikationsorientierten Testverfahren (z. B. Äquivalenzklassenbildung, Grenzwertanalyse, Ursache-Wirkungs-Graph, Paarweises Testen, Klassifikationsbaumverfahren, ...) und
- strukturorientierten Testverfahren (z. B. Anweisungs, Entscheidungs-, Bedingungs-, Pfadtests).
- Daneben gibt es noch „fehlerbasiertes Testen", bei dem gezielt bestimmte Fehlertypen gesucht werden.

Eine wichtige Klasse stellen dabei die Testverfahren dar, „die eine Aufteilung des Eingabebereichs eines Programms in Äquivalenzklassen vornehmen", die sog. Äquivalenzklassenbildner. „Die funktionale Äquivalenzklassenbildung versucht die Komplexität eines Testproblems durch fortgesetztes Zerlegen so weit zu reduzieren, dass schließlich eine sehr einfache Wahl von Testfällen möglich wird" [Lig02]. In Kombination mit Grenzwertanalysen ergeben sich damit Testfälle, die sowohl die Normal- als auch Fehlerfälle einer Funktion abdecken.

---

[99] Nach [Lig90] führt der dynamische Test „aufgrund seines Stichprobencharakters nur zu unvollständigen Aussagen bezüglich der Korrektheit eines Programms".

Neben den genannten Klassifikationen und Verfahren existieren einige Sonderfälle, Kombinationen und Überschneidungen. Aus den genannten „Basisverfahren" können auch „höhere Testverfahren" zusammengesetzt werden. [Lig93]

Im Bereich der funktionalen Steuergerätetests wird häufig von Black-Box-Tests ausgegangen, da die innere Struktur des Programms a priori nicht immer bekannt ist und zur Prüfung auf Erfüllung der funktionalen Anforderung auch nicht benötigt wird. Häufig verwendet der Tester jedoch ein sog. „mentales Modell" oder „Bild" des SuT, also seine Vorstellung der Funktionsweise. Zusammen mit seiner Erfahrung und seinem Expertenwissen kann er dann z. B. Äquivalenzklassen aufstellen, um Testfälle mit hoher Fehleraufdeckungswahrscheinlichkeit zu erstellen [Lig02, Ipek11]. Erfahrungsbasiertes Testen ist zwar in der Praxis weit verbreitet und wird von vielen Anwendern als erfolgreich eingeschätzt, es ist damit „jedoch schwieriger, einen bestimmten Überdeckungsgrad zu erreichen" [BM10].

Die manuelle dynamische Fehlersuche wird bei komplexen Systemen zunehmend fehleranfällig, aufwändig und unvollständig, und damit nicht ausreichend für eine Sicherheits- und Zuverlässigkeitsaussage: Beträchtliches Fachwissen, Systemverständnis und Überblick ist notwendig um viele Fehlerzustände und Zusammenhänge zu prüfen; Daher sollten formale und statistische Techniken wie Modelle auf Basis von Zustandsautomaten und Fehlerbaumanalysen angewandt werden, um die Aussagekraft der Ergebnisse zu erhöhen [Lig07]. Ein Beispiel für die Erzeugung von Test-Sequenzen, also eine Abfolge von Übergängen zwischen Statuszuständen, zeigen [RHPL08].

Modellbasiertes Testen (siehe Abbildung 37), parallel zur modellbasierten Software-Entwicklung ein Trend der letzten Jahre [LT09], setzt gültige und (für das Testziel) ausreichend vollständige Modelle des SuT und seiner Umgebung voraus. Zur Umgebung kann dabei auch der Anwender des Systems zählen. Häufig entstehen Teile dieser Modelle schon entwicklungsbegleitend und können dann fürs Testen wiederverwendet werden, andere Modelle müssen extra neu erstellt und verifiziert werden. Aus den Einzel-Modellen wird dann ein gesamtes System- bzw. Test-Modell erstellt. Es kann sich dabei um zeit- und wert-diskrete oder -kontinuierliche, sequentielle oder parallele, deterministische oder stochastische und viele weitere Modellarten und Mischformen daraus handeln. Die Erstellung von Testfällen aus diesem Test-Modell erfolgt automatisiert, bspw. durch Ansätze der model-coverage, weight-coverage, requirements-coverage, mandatory oder stochastic coverage. Gerade bei vielfältig parametrierbaren Systemen ergeben sich enorme Kombinationsmöglichkeiten der Parameter und damit eine enorme Anzahl der möglichen Zustände. Eine „sinnvolle" Reduzierung und Auswahl kann z. B. durch die paarweise Überdeckung von Parameterwerten, Äquivalenzklassen, und die Einteilung der Parameter in disjunkte Subsets geschehen. [GW07, BBBE+07, BK08, Esch09, Bau09]

In [HM09] wird ein Ansatz für die modellbasierte Ableitung von HiL-Testfällen speziell für eine AUTOSAR Software-Architektur vorgestellt, [CFGK05] beschreiben die Situation modellbasierter Entwicklung und modellbasierten Testens bei DaimlerChrysler.

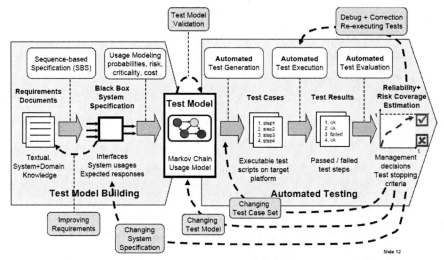

Abbildung 37: Der Prozess des modellbasierten statistischen Testens [Esch09].

Blackbox-Steuergerätetest

Beim „Blackbox-, datengetriebenen oder Ein-/Ausgabe-Testen [...] betrachtet der Tester das Programm als Blackbox. D. h., der Tester ist nicht an dem internen Verhalten und an der Struktur des Programms interessiert, sondern daran, Umstände zu entdecken, bei denen sich das Programm nicht gemäß den Spezifikationen verhält" [Mye01]. Nach [Hof08] gilt sogar: „Der Begriff des Black-Box-Tests subsummiert alle Testkonstruktionsverfahren, die einzelne Testfälle aus der Spezifikation ableiten. Insbesondere wird für die Testfallkonstruktion nicht auf die innere Code-Struktur zurückgegriffen." „Beobachtet wird das Verhalten des Testobjekts von außen (PoO – Point of Observation liegt außerhalb des Testobjekts). Es ist keine Steuerung des Ablaufs des Testobjekts außer durch die entsprechende Wahl der Eingabetestdaten möglich (auch der PoC – Point of Control liegt außerhalb des Testobjekts)" [SL04]. Dagegen kann mit dem „Whitebox- oder logischorientierten Testen, [...] die interne Struktur des Programms" untersucht werden [Mye01].

Abhängig von der betrachteten Ebene im Entwicklungsprozess und der gewünschten Art bzw. Klasse des Testens müssen unterschiedene Test-Technologien eingesetzt werden. Häufig wird dabei zwischen dem Test-Equipment und den verwendeten Tools unterschieden. Das Test-Equipment stellt die Hardware dar, unter den Tools werden Software-Werkzeuge verstanden. [SRWL06] beschreibt beispielsweise die sog. CAST (Computer Aided Software Testing) Werkzeuge. Dabei entlasten die Werkzeuge für dynamische Tests den Tester, indem sie die Testdurchführung automatisieren, das Testobjekt mit Testdaten versorgen, dessen Reaktion aufnehmen, mit den Sollreaktionen vergleichen und den Testlauf protokollieren. In der Praxis gängige Test-Werkzeuge sind beispielsweise dSPACE ControlDesk, ETAS LABCAR oder die MBtech PROVEtech-Toolsuite. Derartige „Werkzeuge können [...] neue Aktivitäten in einem bestehenden Prozess erst ermöglichen, indem sie neue oder zusätzliche technologische oder organisatorische Möglichkeiten schaffen" [SRWL06].

Sowohl die Software als auch die Hardware ist abhängig von der verwendeten Test-Technologie. [Har08] ordnet Test-Technologien nach Form des Testobjektes (Software / System) und Form der Umgebung bzw. der äußeren Logik des Testobjektes (Nachbildung bzw. simuliert / real), vgl. Abbildung 38. Damit ergeben sich die Test-Technologien Software-in-the-Loop (SiL), Rapid Prototyping, Hardware-in-the-Loop (HiL) sowie der Onboard Test im Fahrzeug.

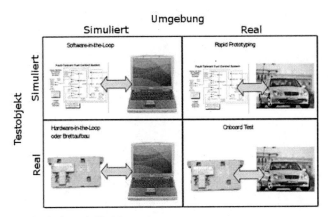

Abbildung 38: Test-Technologien nach [Har08].

SiL kann bereits in sehr frühen Entwicklungsphasen eingesetzt werden. Davor existiert noch eine weitere Stufe des Testens, Model-in-the-Loop (MiL), das bereits Modelle der Software untersucht. Auch neben der HiL-Technologie existieren mit Driver-in-the-Loop (DiL) und Vehicle-in-the-Loop (ViL) ähnliche Ansätze. Für den funktionalen Blackbox-Steuergerätetest ist jedoch die HiL-Technologie am relevantesten, weshalb sie im folgenden Abschnitt detailliert beschrieben wird. Einen Vergleich von realem Fahrversuch mit HiL-Tests stellen [MLA08] vor.

2.4.5. Hardware-in-the-Loop Tests

Gerade für das Testen von Echtzeit- und eingebetteten Systemen kann es also „notwendig werden, Simulatoren und Emulatoren zu entwickeln und zu testen, die während des Testprozesses eingesetzt werden" [BM10]. Sie dienen dazu, „die Reaktionen einer Software- oder einer Hardwarekomponente zu simulieren, die über eine Schnittstelle mit der zu entwickelnden oder zu testenden Software verbunden ist" [BM10]. Nach [BM10] werden Simulatoren auch dann verwendet, wenn die reale Umgebung nicht zur Verfügung steht oder ihr Einsatz zu gefährlich wäre. „Die Hardware-in-the-Loop (HiL) Simulation bietet genau diese Möglichkeiten: Automatisiertes Testen von Steuergeräte-Hard- und -Software im Zusammenspiel mit anderen Komponenten in ausreichend genau simulierter Umgebung" [KLPO03].

Beim HiL-Test wird also die vom Testobjekt bzw. System-under-Test (SuT) verwendete Umgebung weitgehend simuliert. Abbildung 39 stellt die abstrakte Darstellung eines derartigen Simulationssystems als Regelkreis dar. Damit ist es insb. möglich, komplexe Abläufe automatisch durchzuführen [Lig02]. Nach [Hut08] stellt ein Simulationsmodell dabei eine „vereinfachte Darstellung eines speziellen Ausschnitts des Wirklichkeit" dar, es muss „das Verhalten des Originalsystems nachbilden". Die erforderliche Modellgüte ist abhängig von der Integrationsstufe im V-Modell, insb. der funktionale Komponententest und der Steuergeräteverbundtest erfordern qualitativ hochwertige Modelle der relevanten Regelstrecken. [SBS09] beschreibt jedoch dass andererseits beim Testen eingebetteter Systeme die gesamte Umgebungssimulation aufwändiger als die eigentliche Funktionssoftware sein kann. Trotzdem sei dies im Allgemeinen billiger, als das Testen mit der realen Umgebung bzw. realen Geräten.

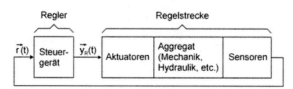

Abbildung 39: Klassische Darstellung eines Simulationssystems. [Quelle: http://www.validate-stuttgart.de/was-ist-validate/].

Das SuT steht im Zentrum des (automatisierten) Tests und interagiert mit dem Testbett (häufig auch Testequipment genannt) über interne und/oder externe Zugangspunkte, also Schnittstellen, vgl. auch Abbildung 40. Zusammen mit einer Systemsteuerung (also ein Bediensystem) ergeben Testobjekt und Testbett das Testsystem. Im Falle eines HiL-Testsystems besteht das Testbett aus einem Kabelsatz zum SuT, Fehler- und Komponentensimulation (Lastsimulation und Signalkonditionierung), einer Ein-/Ausgabe-Schicht zum Echtzeitsystem als Automationskern, und daran anschließend einer Schnittstelle zur Systemsteuerung [Fuc11]. Der Begriff HiL ist historisch „eng gefasst und beinhaltet zwingend das Schließen einer Regelschleife durch Streckenmodelle im Testsystem" [Har08]. Damit entsteht die „closed loop" die den X-in-the-Loop-Tests ihre Namen gibt.

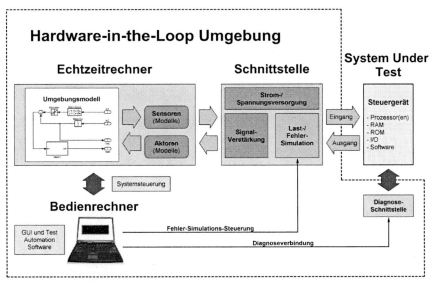

Abbildung 40: Vereinfachte Darstellung eines HiL-Testsystems [DAMoll11].

Die Schnittstellen sind je nach SuT unterschiedlich, weswegen hier die Hardware meist individuell angepasst werden muss. Eine in der Automobil-Elektronik häufig anzutreffende Schnittstelle stellt der CAN-Bus dar, oft auch weitere Bussysteme wie LIN oder MOST. Daneben gibt es vielfältige diskrete analoge und digitale Leitungen. Auch die Modelle – Komponentenmodelle für Sensoren, Aktoren und andere Steuergeräte, aber auch der Regelstrecke – müssen für jedes SuT angepasst werden, da die jeweilige erwartete Umgebung stark unterschiedlich sein kann. Für die Komponentensimulation ist auch eine Lastsimulation, z. B. in Form von Widerständen zur Darstellung eines Stromflusses, nötig. Viele Modelle können jedoch auch mehrfach wiederverwendet werden. Die sog. Restbus-Simulation übernimmt dabei die wichtige Aufgabe, den Datenverkehr der Steuergeräte, die nicht physikalisch vorhanden sind, auf den Busleitungen zu simulieren. Realistische Modelle des Regelkreises beinhalten – je nach SuT – sogar eine Fahrermodellierung mit Risikoverhalten und Emotionen [Rei08]. Weiterhin muss sich das Testequipment um die Simulation elektrischer Fehler wie Kurzschlüsse, Unterbrechungen oder falsch angeschlossene Leitungen kümmern, um deren Auswirkungen auf das SuT untersuchen zu können. Auch die Diagnoseschnittstellen des SuT, zum Auslesen von Fehlerspeichern und Protokollen oder zum Bedaten mit Parametern oder Softwareänderungen, sind vom Testequipment zu bedienen. Eine komplette Modellumgebung für HiL- und Fahrsimulator-Anwendungen stellt [Bau03] vor.

Eine Herausforderung stellt die Tatsache dar, dass es sich bei Steuergeräten um eingebettete Software handelt, die „in Echtzeit" getestet werden muss. Die Anführungszeichen zeigen, dass dieser Begriff sehr individuell betrachtet werden muss und von SuT zu SuT unterschiedlich sein kann. Er sagt aus, dass das SuT innerhalb eines gewissen Zeitrahmens (also Mindest- und Maximaldauer) eine Reaktion der Umgebung auf seine Aktionen erwartet. Übliche Automotive-Testsysteme ermöglichen Echtzeitreaktionen innerhalb von 1 ms, d. h. mit 1000 Hz Simulationstakt. Besonders zeitkritische Systeme, wie bspw. Motor- oder Airbagsteuergeräte, werden auch mit 10–50 µs Periodendauer simuliert [Har08]. Insb. bei technischen Steuerungssystemen spricht man von „harten Echtzeitanforderungen", d. h. verspätete Systemreaktionen würden zu kritischen Situationen führen.

Abschließend bleibt ein letzter Aspekt hinzuzufügen: „Many industries routinely use automated testing [...]. Because their overall test costs [...] are dominated by the recurring costs, it is an obvious savings to invest in such automation" [BFH08]. Diese Einsicht, gewonnen beim Testen autonomer Raumsonden, gilt sicherlich auch in der Automobilbranche. Damit kann der HiL-Test als adäquate und unumstrittene Technologie zum Testen von Fahrzeug-Steuergeräten bezeichnet werden. Neben dem reinen Softwaretest bietet er die Prüfung der (Software-) Reaktionen auf Hardware-Fehler und auf korrektes Netzwerk- und Diagnoseverhalten des SuT und ist damit in den entwicklungsbegleitenden Testprozessen in der Automobilindustrie auf vielen Ebenen etabliert und aufgrund des Mehrwerts, den er bietet, nicht mehr daraus wegzudenken.

Hier werden die Vorteile des HiL-Testens nochmals im Überblick aufgezählt:

- Frühzeitiger Einsatz im Entwicklungsprozess
- Hoher Realitätsgrad möglich, führt zu großer Testtiefe
- Automatisierbarkeit der Testdurchführung, führt zu 24/7-Einsatz des Testsystems und damit zu großer Testbreite sowie zu Kosteneffizienz
- Reproduzierbarkeit und Beeinflussbarkeit aller Faktoren
- Sichere Testdurchführung im Labor

2.4.6. Testfälle

Nachdem in den vorigen Abschnitten sowohl ein Überblick über Testprozesse sowie über verschiedene Testarten und speziell HiL-Tests gegeben wurde, ist noch eine Beschreibung der einzelnen Testfälle notwendig. Ein Testfall kann manuell erstellt oder automatisch hergeleitet werden und enthält alle notwendigen Angaben für die Durchführung des entsprechenden Tests. Mit Hilfe eines Testorakels zur Vorhersage der Sollwerte wird durch eine entscheidende Instanz das Ergebnis des Tests als bestanden oder nicht bestanden eingestuft [SL04]. Während es das Ziel der Softwareentwicklung ist, keine Fehler zu machen, ist es das Ziel des Testens, Fehler zu finden. Mit Funktionstests versucht man demnach „Unstimmigkeiten zwischen dem Programm und seiner externen Spezifikation aufzudecken" [Mye01]. [SRWL06] präzisiert dabei den im deutschen meist ungenau verwendeten Begriff „Fehler" (häufig[100] auch als „Auffälligkeit" oder „Unstimmigkeit" benannt) in die Fehlhandlung (engl. *error*) des Programmierers, die ggfs. zu einem Fehlerzustand (*fault*) im ausgeführten Programm führt, welcher wiederum zu einer von außen bemerkbaren Fehlerwirkung (*failure*) führen kann.

Bestandteile von Testfällen

Die Norm IEEE 829 [IEEE 829] definiert beispielsweise als Inhalte des Testplans u. a. die Testziele, Testobjekte, Testressourcen und Testendekriterien [SBS09]. Ein Testfall besteht aus einer Test-Spezifikation, die sich nach [IEEE 829] aus Testdesign-, Testfall- und Testablauf-Spezifikation zusammensetzt sowie Meta-Informationen (wie Versionen und Autoren sowie relevante zugehörige Dokumente) und Informationen zu den Ergebnissen bisher durchgeführter Tests beinhaltet. Abbildung 41 zeigt die Zusammenhänge zwischen einzelnen Dokumenten des Softwaretests.

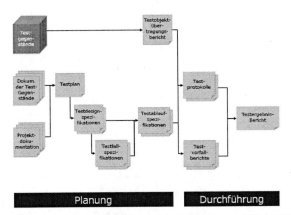

Abbildung 41: Zusammenhang der Schritte und Dokumente beim Softwaretest, nach IEEE 829[101].

Für die Struktur der eigentlichen Testfall-Spezifikation definiert IEEE 829:

- a) Test case specification identifier;

---

[100] Dies kann aus Höflichkeit und Respekt z. B. gegenüber dem Programmierer des SuT oder aufgrund noch unzureichend fundierter Faktenlage oder fehlender Klassifizierung seitens eines Entscheiders geschehen.
[101] Quelle der Abbildung: http://de.wikipedia.org/wiki/Softwaretest, Wikipedia-User „Mussklprozz".

- b) Test items;
- c) Input specifications;
- d) Output specifications;
- e) Environmental needs;
- f) Special procedural requirements;
- g) Intercase dependencies.

Zur für diese Arbeit insb. interessanten „Input Specification" gibt die IEEE 829 vor: „Specify each input required to execute the test case. Some of the inputs will be specified by value (with tolerances where appropriate), while others, such as constant tables or transaction files, will be specified by name. Identify all appropriate databases, files, terminal messages, memory resident areas, and values passed by the operating system. Specify all required relationships between inputs (e.g., timing)."

Eine genaue Beschreibung der Vorbedingungen zum Ausführen des Tests sowie der Nachbedingungen zum Wiederherstellen einer Ausgangssituation gehören zu einer vollständigen Testfall-Spezifikation. Häufig enthalten Testfälle mehrere sequenzielle Eingangs- und Ausgangsgrößen, dann wird von einzelnen klar abgrenzbaren Testschritten oder Test-Steps gesprochen. Für jeden dieser Schritte ist die Beschreibung der erwarteten Werte oder des Resultats bzw. der Reaktion des SuT aufgrund einer vorhergehenden Aktion „ein notwendiger Bestandteil" [Mye01]. „Der Tester leitet [dieses] Solldatum aus dem Eingabedatum auf Grundlage der Spezifikation des Testobjekts ab" [SL04]. Das führt zu der Aussage: „Kein Test ohne Anforderung", und andererseits: „Zu jeder Anforderung mindestens ein Test" [Sax08].

Neben den genannten Tests mit diskreten Schritten kann Time Partition Testing (TPT) zwar kontinuierliche Werte darstellen, siehe Abbildung 42 [Leh03, BK06]. Es ist jedoch für den kontinuierlichen Übergang zwischen Zuständen nicht direkt prädestiniert. Einen Ansatz, TPT mit TTCN-3[102] zu verbinden zeigt [SBG06].

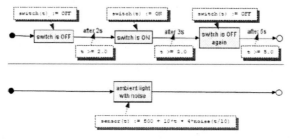

Abbildung 42: Beispiel für einen Scheinwerfer-Testfall in TPT-Notation [BK06].

---

[102] Testing and Test Control Notation, Programmiersprache für Tests kommunikationsbasierter Systeme

Testmetriken und Testendekriterium

Nach [Schn07] gibt es zwei Kriterien für „gute" Black Box Tests: die Minimalforderung, dass jede spezifizierte Anforderung „durch mindestens einen Testfall abgedeckt werden" muss. Und das Effizienzprinzip, das fordert, „möglichst wenige Testfälle zu erstellen".

Häufig stellt sich dabei die Frage nach der Testabdeckung, d. h. wie viel Prozent des Systems mit den vorhandenen Testfällen getestet werden können. Diese Frage nach einer eindeutigen Metrik ist sehr schwierig zu beantworten, da selbst bei einer (theoretisch) vollständigen und eineindeutigen Systemspezifikation nicht unbedingt alle möglichen Testfälle erkannt und umgesetzt werden. Oder die Summe aller möglichen Testfälle ist außerordentlich hoch, so dass eine Durchführung mit den zur Verfügung stehenden Ressourcen unmöglich oder wirtschaftlich nicht sinnvoll erscheint. Es ist erstrebenswert, die Zuverlässigkeit einer getroffenen Aussage zur Testabdeckung und damit zum Zustand des SuT, insb. bzgl. dessen Sicherheit, einschätzen zu können. Um dafür auf mehr als das „Bauchgefühl" aufgrund der Erfahrung des Testers zurückgreifen zu können, schlagen [SM10] die folgende Metrik vor.

Das „NSPLF-Schema" dient für Systemtests zu Aussagen eines komplexen Softwaresystems (in diesem Fall die Elektronik-Architektur einer Omnibus-Generation) bzgl. der Testabdeckung der einzelnen Komponenten des Gesamtsystems. Je nach Komponente und deren individuellem Testziel kann eine der fünf vorgestellten Stufen als ausreichend angesehen werden. Grundlage der Metrik ist ein SuT, das eine oder mehrere Funktionen (wie bspw. das Blinken im System Außenlicht) mit jeweils einem oder mehreren „Features" beinhaltet (siehe Abbildung 43). Diese wiederum müssen Anforderungen erfüllen und sind von Bedingungen abhängig. Ein Feature kann hier beispielsweise das Richtungsblinken mit seinen Anforderungen an das Aktivieren, Deaktivieren und Tipp-Blinken sein. Für das Aktivieren existieren beispielsweise die Anforderungen dass es a) innerhalb einer gewissen Zeit und b) mit einem bestimmten Intervall blinken muss. Bedingungen dafür sind neben der Blinkerhebelposition die Stromversorgung des Fahrzeugs sowie eine bestimmte Zündschlossstellung.

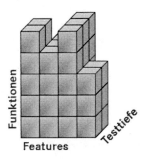

Abbildung 43: Testfälle für Features, Funktionen und Testtiefe [SM10].

Je nach gewünschter Testtiefe werden nun für die Features und Funktionen ein oder mehrere Testfälle entwickelt. Dadurch kann sich für jede betrachtete Komponente eine Einschätzung zur Testabdeckung nach den folgenden fünf Stufen der Testabdeckung ergeben:

- „N": none (keine): es wird nur sporadisch oder implizit getestet
- „S": sparsely (spärlich): zu jedem Feature existiert mindestens ein Testfall
- „P": partly (teilweise): zu jeder Anforderung für eine Funktion existiert mindestens ein Testfall
- „L": largely (weitestgehend): zu jeder Bedingung existiert ein Testfall
- „F": fully (vollständig): zusätzlich zu den systematischen Ansätzen auf der Grundlage von Dokumenten werden Testfälle aus Erfahrung spezifiziert

Die Anfangsbuchstaben der Stufen ergeben dabei den Namen des NSPLF-Schemas. Durch eine gezielte Vorgabe dieser Stufen für ein System kann diese dann vom Test-Designer eindeutig durch eine ableitbare Anzahl von Testfällen angestrebt und nachweisbar erreicht werden. Auch wenn nach wie vor das persönliche Geschick und die Erfahrung des Testers eine Rolle spielt, ist somit zumindest eine für alle am Testprozess beteiligten Personen und Rollen nachvollziehbare Metrik geschaffen. Wenn die in der Teststrategie festgelegte Stufe nach einer wie der oben genannten Metrik erreicht ist und alle Testfälle erfolgreich, d. h. ohne „Auffälligkeiten" durchgeführt wurden, kann dies als Erreichung des Testziels und damit als Testendekriterium angesehen werden.

In der Praxis ergeben sich jedoch durch unzureichend genaue Spezifikationen einige Spielräume, weshalb anstelle der oben beschriebenen „bewertenden Tests" häufig „analysierende Tests" durchgeführt werden. Das bedeutet, dass das Ergebnis des Tests und damit das Verhalten des SuT vom für das SuT verantwortlichen System-Spezifikateur analysiert wird und erst aufgrund der dabei gewonnenen Erkenntnisse über das tatsächliche Systemverhalten dessen detailliertes Sollverhalten im Nachhinein festgelegt und spezifiziert wird. Diese von den Vorgehens- und Prozessmodellen nicht empfohlene Vorgehensweise ist in der industriellen Praxis aufgrund der komplexen (Kommunikations- und Prozess-) Strukturen zwischen Zulieferern, OEMs und Systemverantwortlichen häufig anzutreffen. Eine Auswirkung dieser analysierenden Tests ist das große Interesse des Systemverantwortlichen an der sog. „bending knee region" des SuT. Damit ist die Region im n-dimensionalen Raum der Eingabewerte gemeint, in der die Leistung des SuT abfällt. Häufig kann bspw. durch die Variation eines Parameters über seinen Wertebereich eine Region dieses Wertebereichs lokalisiert werden, in der es plötzlich zu einer starken Häufung von Fehlern und damit nicht bestandener Testfälle kommt. Im Rahmen der System-Analyse wird dann gezielt in dieser aufgrund ihrer Form eines angewinkelten Knies sogenannten „bending knee"-Region (siehe Abbildung 44) weitergetestet, um das genaue Verhalten des SuT gerade im kritischen Bereich herauszufinden.

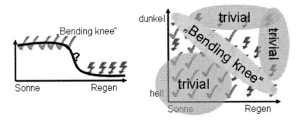

Abbildung 44: Beispiele für Bending-Knee-Regionen.

Die Abbildung zeigt zwei Ausprägungen von Bending-Knee-Regionen bei ein- und zweidimensionalen Parameterkonstellationen am Beispiel eines kamerabasierten Fahrerassistenzsystems. Eingezeichnet sind die Regionen in denen die Erstellung einer Prognose des Systemverhaltens aufgrund besonders guter oder besonders schlechter Sichtbedingungen als „trivial" eingestuft wird. Der im eindimensionalen Fall deutlich als „Knie" erkennbare Bereich ist dabei der in dem eine exakte Prognose über das Verhalten des Systems selbst für Experten schwierig ist und eine genaue Systemanalyse dementsprechend wichtig wird um abschließende Aussagen über die Qualität des SuT treffen zu können.

Szenario-basiertes Testen

Testfälle basieren, wie in Abschnitt 2.4.4 beschrieben, häufig auf „mentalen Modellen" des Test-Spezifizierers, also dessen Vorstellung vom SuT. Häufig geht damit auch eine Vorstellung der üblichen Nutzung des SuT einher, womit klassische Anwendungsfälle bzw. Use-Cases (und auch Misuse-Cases) definiert werden können[103]. Basierend auf diesen Use-Cases können dann Testfälle mit den typischen Abläufen der Nutzung des SuT erstellt werden, siehe Abbildung 45.

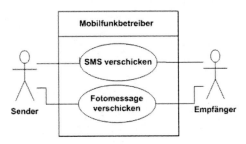

Abbildung 45: Beispiel für einen Use Case im Bereich der Mobilkommunikation [Quelle: http://de.wikipedia.org/wiki/Anwendungsfall, User „Gubaer"].

---

[103] Häufig modelliert durch UML-Anwendungsfalldiagramme

Auch Ansätze des „scenario-based testing" sind meist für reine Softwareprojekte zugeschnitten und verstehen unter „Szenario" nichts anderes als einen Use-Case, häufig stellen sie aber auch darüber hinaus gehend komplexere und detailliertere Abläufe dar. [TSYP03] stellen eine formale Szenario-Beschreibung vor, die in einer Baumstruktur aus „atomic scenarios, sub-scenarios, and complex scenarios" angeordnet ist. Die Szenarios werden jeweils mit Informationen zu Eingabe- und erwarteten Ausgabeobjekten und -werten, Vor- und Nachbedingungen, aufgerufenen Methoden sowie Datenobjekten versehen.

Szenarios als Basis für Testfälle werden u. a. von [RKPR05, XLL05, Sun08, BNM08] vorgeschlagen. „Scenario-based testing is a software testing activity that uses scenario tests, or simply scenarios, which are based on a hypothetical story to help a person think through a complex problem or system. They can be as simple as a diagram for a testing environment or they could be a description written in prose. These tests are usually different from test cases in that test cases are single steps and scenarios cover a number of steps" [BNM08]. Der dabei vorgeschlagene Durchlauf bestimmter Aktivitäten eines vollständigen (UML-) Aktivitätsdiagramms der zu testenden Software, um einzelne Szenarien zu erstellen, bedingt jedoch zum einen eine Software, die (nach außen sichtbar) in einzelne Schritte unterteilt abläuft und zum zweiten ein vollständiges Modell dieser Abläufe.

2.5. 3D-Grafik

Nach dem Testen von Automobilelektronik beschäftigt sich dieser Abschnitt nun mit den für das Konzept dieser Arbeit relevanten Grundlagen von 3D-Grafik. Dabei handelt es sich um Computergrafik, also die computergestützte Erzeugung von Bildern aus Computermodellen von Objekten und Szenen einer Datenbasis [FDFH97]. Diese müssen aus ihrer „dreidimensionalen Welt wieder auf den begrenzten zweidimensionalen Bildschirm transformiert werden" [Zep04].

Dieser Vorgang wird auch als „Rendern" bzw. „Rendering" bezeichnet und wird nach einer Definition des Begriffes Fotorealismus (Abschnitt 2.5.1) anhand der Computergrafik-Pipeline (2.5.2) erklärt. In weiteren Abschnitten werden Grundlagen von Spiele- und Grafik-Engines zur Erzeugung von 3D-Grafik (2.5.3) sowie zum Vorgehen der Bildverarbeitung (2.5.4) vorgestellt.

2.5.1. Fotorealismus

Nach [Zep04] ist es dabei das Ziel der Computergrafik, „fotorealistische Bilder zu erzeugen, d. h. Bilder, die der Realität optimal entsprechen". Eine Definition des Begriffs „Fotorealismus" findet sich auch in [DASchü10]: Unter Fotorealismus wird danach in dieser Arbeit der „Physical Realism" verstanden, der „beim Betrachter (im vorliegenden Fall das DuT[104]) dieselbe visuelle Stimulation wie die reale Szene" erzeugt. Das genaue Maß des Grades an Fotorealismus ist dabei schwer zu bestimmen. Bereits abstrakte und idealisierte Computergrafiken ähneln der Realität mehr als beispielsweise ein Bild mit zufälligem (weißen) Rauschen (vgl. Abbildung 46). Auch muss darauf geachtet werden, dass nur gleiche bzw. ähnliche Objekte und Szenen verglichen werden da bspw. die Computergrafik eines Autos einem realen Baum nicht ähnlich sieht. [DASchü10]

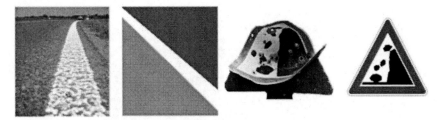

Abbildung 46: Beispiele für reale und computergenerierte Bilder [DASchü10].

3D-Grafik wird in der Automobilentwicklung derzeit vornehmlich in „Virtual Reality Centern"[105] für Baubarkeitsuntersuchungen und Produkt-Visualisierungen genutzt.

2.5.2. Computergrafik-Pipeline

Die einzelnen Verarbeitungsschritte und Zwischenergebnisse des Rendering werden üblicherweise mit dem Modell einer „Computergrafik-Pipeline" dargestellt [BB06, EH07]. Ein Beispiel wird in Abbildung 47 vorgestellt. Hier wird grob unterteilt in die drei Stufen der Grafik-Anwendung, die auf der CPU[106] des Computers läuft sowie der Geometrie-Verarbeitung und der Rasterung, die auf der GPU[107] laufen.

---

[104] DuT: Device under Test, Testobjekt
[105] heise online: DaimlerChrysler eröffnet Virtual-Reality-Center, http://www.heise.de/newsticker/meldung/DaimlerChrysler-eroeffnet-Virtual-Reality-Center-17266.html, 18.04.2000.
[106] CPU: Central Processing Unit, Hauptprozessor
[107] GPU: Graphics Processing Unit, Grafikprozessor der Grafikkarte

Kapitel 2 - Grundlagen

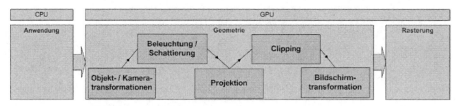

Abbildung 47: Einzelschritte einer Computergrafik-Pipeline [DASchü10].

[DB06] beschreibt die Elemente der Datenbasis einer Grafikanwendung als unterteilbar in sichtbare und unsichtbare Bestandteile. Sichtbar „sind zum Beispiel das statische Grundgelände, statische, fest auf dem Untergrund platzierte Features (Bäume, Häuser etc.), schaltbare Features (etwa Ampeln, Lampen), dynamische 3D-Modelle (Fahrzeuge, Flugzeuge, Schiffe, Personen), Effekte (Feuer, Rauch). Die nicht sichtbaren Bestandteile dienen der Steuerung [eines] Simulators" (vgl. Abbildung 48).

Abbildung 48: Editor und Darstellung des Szenarios für einen Fahrsimulator [DB06].

3D-Modelle werden häufig abhängig von der möglichen Nähe des Betrachters mit unterschiedlichen Detaillierungsgraden modelliert und dann zur realistischen Nachbildung texturiert. „Um die Sichtsystemkapazität optimal auszulasten, wird die Darstellung des Modells mit zunehmender Entfernung stufenweise vereinfacht" [DB06]. Dieses Verfahren wird als „Level of Detail (LOD)" bezeichnet. Die Komplexität, insb. die Anzahl an Polygonen eines 3D-Objekts, hat maßgeblichen Einfluss auf die Performance der späteren Anzeige des Modells. Einen Überblick über 3D-Modellierung zeigt Abbildung 49: eine Kugel wird in Form eines NURBS-Modells[108] als mathematisch definierte Fläche und als praktisch verwendbares Polygon-Modell repräsentiert. Zur realistischeren Modellierung der Oberfläche kann Bump Mapping, also eine durch Texturierung erzeugte Reliefdarstellung oder Displacement Mapping, also die tatsächliche Detaillierung der Objektoberfläche, genutzt werden.

---

[108] NURBS: non-Uniform Rational B-Spline, nicht-uniformer rationaler B-Spline

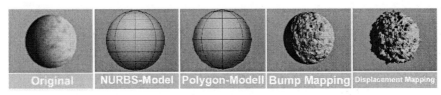

Abbildung 49: Oberflächenmodellierung von 3D-Modellen [Quelle chromesphere.com [109]].

Befehle zur Grafikverarbeitung kommen von der Anwendung über eine API[110] in die GPU. Dazu werden von der API 3D-Daten (sog. „Batches" von Vertices[111]) und Renderaufrufe (Draw Calls) übergeben. Batches und Draw Calls haben großen Einfluss auf die Performance der Grafikberechnung [BAWagn11]. Innerhalb der Geometrie-Verarbeitung fallen die Schritte der Transformationen von Objekt- und Welt-Koordinatensystemen in Kamera-Koordinatensysteme an. In einem nächsten Schritt erfolgt die Beleuchtung bzw. Schattierung der Objekte gemäß Material- und Oberflächeneigenschaften sowie in der Szene positionierter Lichtquellen. Beleuchtungsmodelle[112] und Schattierungstechniken[113] sind nötig, um Intensität und Farbe eines später auf dem Bildschirm dargestellten Pixels zu ermitteln. Im Schritt der Projektion wird das Sichtvolumen festgelegt und entsprechende perspektivische Verzerrungen werden berücksichtigt. Die gewonnenen Koordinaten werden daraufhin im Schritt des Clippings in Bildkoordinaten umgerechnet. Dabei geschieht der „logische Übergang von dreidimensionalen auf zweidimensionale Koordinaten" und das Culling[114], also die Sichtbarkeitsprüfung von Punkten und das Verwerfen unsichtbarer Elemente (vgl. Abbildung 50), findet statt. Außerdem werden alle Punkte außerhalb des Sichtfensters in der Bildebene verworfen. Der letzte Schritt dieser Stufe führt die Transformation in das Bildschirm-Koordinatensystem aus, woraufhin nur noch die Stufe der Rasterung folgt, in der ein diskretes zweidimensionales Pixelbild entsteht. [BB06]

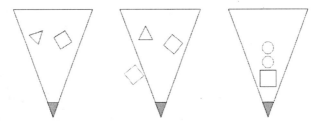

Abbildung 50: Back Face Culling, View Frustrum Culling, Occlusion Culling. Die rot markierten Flächen werden in der Bildberechnung nicht berücksichtigt [BAWagn11].

---

[109] http://www.chromesphere.com/Tutorials/Vue6/Optics-Basic.html
[110] Application Programming Interface, Schnittstelle als Programmbibliothek. Üblich sind OpenGL und DirectX.
[111] Vertex: Knotenpunkt eines 3D-Modells
[112] engl. häufig auch: Illumination Model, Lighting Model, Reflection Model
[113] engl.: shading model
[114] Culling von engl. „wegschneiden". Meist unterteilt in Frustum Culling, Backface Culling, Frontface Culling und Occlusion Culling.

Gerade die Beleuchtung und Schattierung ist äußerst wichtig, um einen dreidimensionalen und realistischen Eindruck beim Betrachter hervorzurufen [NFH07]. Die Farbwerte auf der üblicherweise durch Triangulierung in kleine Dreiecke aufgeteilten Oberfläche eines Objektes werden dabei mittels Schattierungsverfahren berechnet [Zep04]. Es stehen für Beleuchtung und Schattierung jeweils viele Verfahren zur Verfügung, die durch unterschiedliche Qualitätsstufen und damit einhergehende Berechnungs-Aufwände charakterisiert sind. Zur Übersichtlichkeit und aufgrund der häufig als Überbegriff verwendeten Begriffe „Shading" und „Shader" lässt sich folgende Zuordnung erwähnen: „(3D-) Punkte werden beleuchtet, (2D-) Pixel werden schattiert" [BB06].

Grafikkarten [LH07] beinhalten eine weitgehende Hardwareunterstützung der Grafikpipeline durch Hardware-Shader, bei aktuellen Modellen[115] existieren beispielsweise 512 sog. Streamprozessoren in 15 Clustern zur Shader-Berechnung. Um diese voll ausnutzen zu können werden auch immer neue Treiber dafür entwickelt, derzeit aktuell ist das „Shader Model 5.0".

Schließlich müssen die berechneten Bilder von der Grafikkarte an einen Monitor übergeben und dort dargestellt werden. Wichtige Aspekte dabei sind neben der Größe und Auflösung (derzeit üblicherweise[116] bis max. 1920 x 1200 Pixel bei 24" Diagonale) und der möglichen Blickwinkel ohne Farbverfälschungen die Reaktionszeit, die maximale Helligkeit und der Dynamikbereich. Die Reaktionszeit eines schnellen LCD-Monitors liegt bei wenigen Millisekunden (rund 4 ms), ist aber stark abhängig vom verwendeten Displaytyp (TN-, IPS- oder VA-Panels). Die maximale Helligkeit wird als Leuchtdichte (in Candela pro m^2) angegeben und liegt üblicherweise bei maximal 400 cd/m^2. Der Kontrast zwischen dem dunkelsten und hellsten Wert (also Dynamibereich, vgl. Abbildung 51) liegt üblicherweise bei rund 1000:1 – 1500:1. Höhere Werte (bis zu 10.000:1) werden meist nur bei einer Dimmung der Hintergrundbeleuchtung ermöglicht und können daher nicht innerhalb eines Bildes sondern nur zwischen aufeinander folgenden Frames realisiert werden. Die Farbauflösung liegt bei üblichen Monitor- und Fernsehdisplays nur bei 8 Bit pro Farbkanal und wäre damit für höhere Dynamikbereiche nicht ausreichend, da sonst in Farbverläufen sichtbare Übergänge entstünden[117]. Es muss also nach der Formel für die „just noticable differences (JND)" die Anzahl der notwendigen Graustufen errechnet werden. Für ein High Dynamic Range (HDR) Display mit 8500 cd/m^2 liegt dieser Wert bspw. bei 1139 Graustufen. [Port06, Kuh07, Port08]

---

[115] Z. B. GeForce GTX 580 der Firma Nvidia
[116] Hier wird vom Consumer-, also privaten Endanwender-Markt ausgegangen.
[117] Einen detaillierten Überblick über Farbmodelle und deren Zusammenhänge gibt [Lip09].

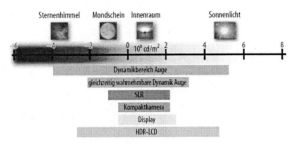

Abbildung 51: Beispiele für Dynamikumfänge [Kuh07].

2.5.3. Spiele- und Grafik-Engines

Die in Abschnitt 2.5.2 und in Abbildung 47 als Startpunkt der Computergrafik-Pipeline erwähnte Anwendung ist im Rahmen dieser Arbeit eine Game- oder Spiele-Engine zur Entwicklung und eine Graphics- oder Grafik-Engine zur Darstellung von Computergrafik. Einen Überblick über die Funktionsweise von Spiele-Engines bieten [BEWF+98, ADES05, CN05]. Computergrafik zur Erzeugung virtueller Welten und künstlich erzeugter Bilder wird allgemein in [Ebe07] beschrieben.

Nach [ZD04] nimmt eine Spiele-Engine Daten an, verwaltet und verarbeitet sie und reicht sie weiter. Es wird häufig von einem Middleware-Charakter von Spiele-Engines gesprochen, da sie eine Software-Plattform zum Kombinieren und Erstellen neuer Software-Komponenten darstellen. Dabei bietet die Spiele-Engine eine meist plattformunabhängige und von der Hardware abstrahierte integrierte Entwicklungsumgebung und nimmt dem Anwender, also dem Spiele-Entwickler, Arbeit ab die nicht produktdifferenzierend ist, d. h. keinen direkten Einfluss auf das spätere Spielgeschehen hat.

Bestandteile von Spiele-Engines[118] sind neben der 2D- oder 3D-Grafik-Engine meist Komponenten für die Audioausgabe, Physikberechnung, Spielfluss, Objekterstellung und -verwaltung, Vegetationserstellung, Künstliche Intelligenz, Szenen-Editoren, Netzwerkkommunikation, Ein-/Ausgabesteuerung, Skripting und weitere [ZD04]. 3D-Engines wiederum bieten verschiedene (und plattformabhängige) Funktionen wie Lichteffekte, Oberflächenberechnung, Shader, Partikelsysteme, Kamera- und Linseneffekte.

Bekannte Beispiele für moderne Spiele-Engines sind die CryEngine der Firma Crytek GmbH (vgl. Abbildung 52), die Unreal Engine von Epic Games und die source Engine von Valve. Auch für mobile Endgeräte werden spezielle Versionen von Game-Engines angeboten, ein Beispiel dafür ist die Unity Engine der Firma Unity Technologies, die neben Windows und Mac OS eine

---

[118] Ein Überblick und weiterführende Links finden sich z. B. bei http://www.gamemiddleware.org und Wikipedia (http://de.wikipedia.org/wiki/Spiel-Engine bzw. http://en.wikipedia.org/wiki/Game_Engine)

Entwicklung auch für die Plattformen iPhone, Android sowie Xbox, Playstation, Wii und eine Internetbrowser-Integration ermöglicht.

Abbildung 52: Beispiel-Szenen mit Echtzeit-Lichteffekten einer modernen 3D-Grafik-Engine (CryENGINE3) [Quelle: Crytek GmbH, www.crytek.com].

Die 3D-Grafik von Grafik-Engines orientiert sich gerade im Spielebereich am Menschen als Endnutzer, dementsprechend sind viele Effekte auf die menschliche Wahrnehmung hin optimiert. So werden beispielsweise häufig Blendungen des Auges durch grelles Sonnenlicht simuliert, indem der (in seiner maximalen Helligkeit stark eingeschränkte Monitor) noch einige Zeit lang nach der Blendung ein weißes oder sehr helles Bild anzeigt. Neben dieser Simulation der Adaptation des Auges werden oft auch Bewegungs- und Tiefenunschärfe berechnet. Weitere Optimierungen betreffen meist den direkten Zusammenhang zwischen Grafikqualität und der Berechnungsdauer. So kann z. B. durch das „Mip Mapping"-Verfahren beides verbessert werden, indem für verschiedene Objektgrößen verschieden große Texturen in einer speichereffizienten Darstellung bereitgehalten werden. „Ambient Occlusion" kann als schneller und realistisch wirkender Ersatz für eine physikalisch korrekte Schattenberechnung genutzt werden [SUTS10]. Einen Überblick über aktuelle Trends im Bereich der Game Engines aus Sicht des Marktführers Crytek und insb. über Eigenschaften deren CryEngines bieten [Mitt07, Wu10].

Neben den Computerspielen werden Spiele-Engines oder andere Grafik-Engines auch für professionelle Einsätze im sogenannten „serious games"-Bereich genutzt [SaSm08]. Dies bedeutet, dass Spiele-Technologie für „ernste" Anwendungen wie beispielsweise in der Visualisierung im Architektur-Umfeld, für Schulungen und Simulationen, für Produktpräsentationen oder zu Ausbildungszwecken eingesetzt wird. Ein Überblick mit detaillierter Taxonomie findet sich bei [Zyd05].

2.5.4. Bildverarbeitung

Die Bildverarbeitung stellt nach [NFH07] die „inverse Operation" zur Computergrafik dar: „Computergrafik ist die Synthese von Bildern und Bildverarbeitung ist die Analyse von Bildern." Sie befasst sich nach der Extraktion charakteristischer Merkmale mit der Erkennung von

Objekten im Bild und der abstrakten Objektbeschreibung. Für beides „benötigt man in vielen Teilen die gleichen Methoden und das gleiche Wissen" sowie „häufig die gleichen Algorithmen".

Von Kameras bzw. Bildsensoren aufgenommene Bilder können als zweidimensionale Funktionen interpretiert werden. Abhängig vom verwendeten Sensortyp und der danach eingesetzten Quantisierung und dem Farbmodell können Schwarz/Weiß-Bilder, Grautonbilder (meist in 256 Stufen) oder Farbbilder erzeugt werden. Farbe muss abhängig von den physikalischen Grundlagen betrachtet werden: Licht stellt eine elektromagnetische Welle mit einer bestimmten Frequenz $f = c / \lambda$ dar (mit der Lichtgeschwindigkeit c und der Wellenlänge λ). Für den Menschen sind Wellenlängen zwischen ca. 380 nm (blau) und 780 nm (rot) sichtbar. Angelehnt an die menschlichen Fotopigmente im Auge, die hauptsächlich für die 3 Farben rot (R), grün (G) und blau (B) empfindlich sind, wird auch in Kameras meist das RGB-Farbmodell verwendet. Daneben gibt es das CIE-Farbmodell[119], das CMY-Farbmodell[120], das HSV-Farbmodell[121] und weitere. [NFH07]

Nach [DASchü10] werden für Kameras gegenwärtig noch meist CCD-Sensoren verwendet. „Dies sind Halbleiter-Arrays, welche aus einer großen Anzahl an Fotodioden bestehen. Auftreffende Photonen des konvergenten Lichts auf solch ein Sensorelement führen zu dem Herauslösen einer Elektronenladung aus dem Valenzband in das Leitungsband des Siliziumkristalls. Die Anzahl an herausgelösten Elektronen ist proportional zur einfallenden Lichtmenge. [… Es folgt ein] Analog-/Digitalwandler, welcher das elektrische Signal abtastet, quantisiert und schließlich an einen Speicher übergibt. […] Neben der genannten CCD-Technologie zur Strahlungsaufnahme existieren noch CMOS-Bildsensoren. Vorteile dieser Technologie sind bspw. der geringere Leistungsverbrauch" [DASchü10]. Die Quantisierung erfolgt meist mit 8 bis 12 bit pro Pixel und Farbkanal (vgl. Abschnitt 2.3.1). Es wird zwischen Dreichip-Kameras, die drei Grauwertsensoren mit optischen Filtern für die drei Grundfarben (RGB) verwenden, und Einchip-Kameras unterschieden werden. Letztere verwenden einen sog. „Bayer-Mosaic Sensor" bzw. eine „Bayer-Matrix", um den einzelnen Pixeln eines Sensors die verschiedenen Farben zuzuweisen. Daraus werden dann später die drei RGB-Farben für alle Pixel interpoliert.[122]

Die einzelnen Schritte der Bildverarbeitung sind nach der Bildaufnahme durch Sensoren und Digitalisierung die Vorverarbeitung der Rohdaten, Berechnung von Merkmalen, Segmentie-

---

[119] Genormte Farben der Commission Internationale d'Eclaire
[120] Im Druckereiwesen verwendet, Grundfarben cyan (C), magenta (M), yellow (Y)
[121] In der Farbfotografie und Videotechnik verwendet, hue (H, Farbwert), saturation (S, Sättigung), value (V, Intensität)
[122] Furtner, Uwe: Farbverarbeitung mit Bayer-Mosaic Sensoren. Matrix Vision Bildverarbeitungs GmbH, Oppenweiler, http://www.matrix-vision.com/info/basics.php, 31.08.2001.

rung des Bildes, Beschreibung der Segmente, Zuordnung bzw. Synthese von Objekten, Merkmalsextraktion, Klassifikation und daraus die Ableitung einer Reaktion. So können beispielsweise Bildverbesserungen, geometrische Entzerrung und bestimmte digitale Filterung angewendet werden und danach eine Objektdetektion (wie z. B. typische Kanten von Fahrbahnmarkierungen oder Verkehrszeichen) erfolgen. [NFH07, NZG+07]

Einen detaillierten Überblick über die digitale Bildverarbeitung, insb. über die Schritte der Bildaufnahme und Vorverarbeitung, Merkmalsextraktion und Bildanalyse bietet auch [Jäh05]. Einen fahrerassistenzsystem-spezifischen Überblick über die funktionalen Stufen der Bildverarbeitung gibt Abbildung 53.

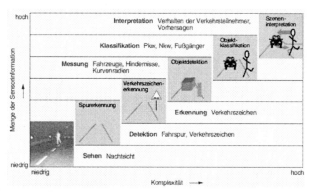

Abbildung 53: Stufen der Bildverarbeitung [Reif10].

2.6. Weitere Grundlagen

Neben den bereits in den vorhergehenden Abschnitten vorgestellten Grundlagen zu Fahrerassistenzsystemen, dem Softwaretest von Automobilelektronik und 3D-Grafik wird für das Verständnis dieser Arbeit auch ein kurzer Überblick über weitere Grundlagen zu Datenbanken (Abschnitt 2.6.1), Versuchsplanung (2.6.2) und Algorithmik (2.6.3) gegeben.

2.6.1. Datenbanken

Was umgangssprachlich als „Datenbank" bezeichnet wird, ist eigentlich ein Datenbanksystem (DBS). Dieses beinhaltet ein Datenbankmanagementsystem (DBMS) sowie die damit angelegten eigentlichen Daten in einer Datenbank (auch Datenbasis genannt). Aufgabe eines DBS ist die sichere, effiziente und eindeutige Verwaltung und Speicherung großer Datenmengen.

Das DBMS ist dabei die Verwaltungssoftware. Es legt das zugrunde liegende Datenbankmodell fest, stellt Schnittstellen der Datenbank zur Verfügung und ist u. a. verantwortlich für die Datensicherheit (Konsistenz, Zugangsschutz). Häufig werden dabei sog. Objektrelationale DBMS genutzt, die das fundamentale Konzept der Relationen (bzw. Tabellen) um objektorientierte Merkmale erweitern. Daneben gibt es noch hierarchische und netzwerkartige Datenbankmodelle. Einzelne Datensätze beinhalten mehrere Attribute (auch Merkmale oder Felder genannt), deren vorgegebene Datentypen und Wertebereiche Vorgaben für die enthaltenen Datenwerte machen. Der sog. Primärschlüssel ist das die Datensätze eindeutig identifizierende Merkmal.[123]

Neben dieser konzeptionellen (oder logischen) Ebene zur Umsetzung des Datenbankmodells gibt es in Datenbanken die interne Ebene, die sich mit der physikalischen Speicherung der Daten befasst und eine für den Anwender sichtbare externe Ebene. Das Einrichten einer Datenbank geschieht mittels einer Datendefinitionssprache (DDL), Abfragen und Modifikation von Daten geschieht mit Hilfe einer Datenmanipulationssprache (DML), die Zugriffskontrolle wird von einer Datenaufsichtssprache (DCL) verwaltet. [BAKral10]

Wichtig beim Anlegen einer Datenbank bzw. beim Erstellen eines Daten(bank)modells ist es, die „goldenen Regeln der Relationalität" nach E. F. Codd einzuhalten sowie die Normalisierung des Datenschemas, um Redundanzen und damit sog. Anomalien zu vermeiden. Die Modellierung semantischer Datenmodelle geschieht meist durch Entity-Relationship-Modelle (ERM) und Entity-Relationship (ER)-Diagramme, die Entitäten (bzw. Gegenstände, Objekte) und deren Relationen (bzw. Beziehungen) darstellen. Zur Notation werden oft UML-Klassendiagramme verwendet.[124]

In der Praxis häufig verwendete Datenbanksysteme nutzen MySQL, PostgreSQL, Oracle DB, IBM DB2 oder MS Access als DBMS [BAKral10].

2.6.2. Versuchsplanung

Methoden der statistischen Versuchsplanung, engl. Design of Experiments (DoE), werden eingesetzt, um Versuche zu planen. Das bedeutet, dass in Bereichen der Forschung und Entwicklung die Eigenschaften von Produkten analysiert und in Abhängigkeit zu den verwendeten Eingangsgrößen, Bestandteilen und Fertigungsprozessen gebracht werden müssen, um den Funktionsumfang oder die Qualität zu erhöhen und die Kosten zu senken [Klep08]. Bei Pro-

---

[123] Siehe Riekert, Wolf-Fritz: Datenbanken. Vorlesungsskript, Hochschule der Medien (HdM), Stuttgart, http://v.hdm-stuttgart.de/~riekert/lehre/, 2008.
[124] Siehe Kelz, Andreas: Relationale Datenbanken – Eine Einführung. HTML-Skript, verlinkt bei http://v.hdm-stuttgart.de/~riekert/lehre/, 1998.

dukt-Abnahmeprüfungen unterscheidet man nach [MP03] zwischen „zählenden oder attributiven" (Zählung von gut-/schlecht-Fällen) und eine Variable „messenden" Prüfungsmethoden. Daraus ergeben sich attributive Prüfpläne und Variablenprüfpläne. Dazu muss zum einen darauf geachtet werden, dass die zur Ermittlung der Zusammenhänge verwendeten Prüfungen, also die einzelnen Versuche bzw. Experimente, statistisch aussagekräftig sind.

Zum anderen müssen die einzelnen Versuche in Form eines Versuchsplans geplant, entworfen und schließlich analysiert werden [Ant03]. Dabei ist „die Reduktion oder Minimierung der Gesamtzahl an Versuchen [essentiell]" [Laz04]. Denn anstatt immer nur einen Parameter auf einmal zu variieren oder einen vollständigen Versuchsplan aufzustellen, der die ggfs. riesige Menge aller möglichen Parameterkombinationen abprüft, ist eine geschickte, effiziente und damit aussagekräftige Versuchsanordnung erstrebenswert.

Aus allen möglichen Parametern des zu betrachtenden Systems werden dabei die ausgewählt, „die nach den verfügbaren Informationen einen großen Einfluss auf das System haben" [SVH10] und als Faktoren bezeichnet. Je nach Faktor gibt es eine oder mehrere sog. Stufen, die die möglichen Parameterwerte darstellen. Diese können qualitativ (auch nominal) sein, also bspw. eine Auflistung verschiedener Arten die nicht in eine Rangfolge gebracht werden können (wie Buche, Birke, Ahorn). Oder quantitativ (auch metrisch), also mit numerischem Wert wie bspw. eine Temperatur von 0 bis 30°C. Eine bewusste Einteilung wird hier beispielsweise durch Äquivalenzklassenbildung vorgenommen, ein Beispiel dafür wäre die Reduzierung der quantitativen Angabe einer Farbe durch ihre RGB-Werte auf Kategorien wie „rot, gelb, blau". Für die Versuchsplanung wird jeder Faktor „auf mindestens zwei unterschiedlichen Stufen getestet" [SVH10]. Das zu prüfende und vorab zu definierende System besitzt neben diesen beeinflussbaren Steuergrößen noch weitere Einfluss- oder Störgrößen sowie messbare Zielgrößen oder Qualitätsmerkmale. Ein guter Versuchsplan bietet nun „eine Strategie an, bei der trotz gleichzeitiger Variation mehrerer Faktoren [...] eine eindeutige Zuordnung [der Effekte] möglich ist". Ein guter Versuchsplan muss orthogonal sein, d. h. „ die Einstellungsmuster aller Faktoren sind voneinander unabhängig", sowie ausgewogen, d. h. „für die Faktorstufen jedes beliebigen Faktors [sind] die Einstellungen der anderen Faktoren gleichmäßig aufgeteilt". [SVH10]

Anstelle der sog. „vollfaktoriellen" also vollständigen Versuchspläne mit w^n Versuchen (w = Anzahl Stufen je Faktor, n = Anzahl Faktoren) können auch teilfaktorielle Pläne (oder Screening-Pläne) mit w^{n-p} Versuchen genutzt werden. Da ein Versuchsplan als lineares Gleichungssystem gesehen werden kann, werden dabei Wechselwirkungen höherer Ordnungen vernachlässigt, mit dem Nachteil einer gewissen „Vermengung der Faktoren" [Klei07]. Die Vereinfachung auf die Annahme von Zusammenhängen 1. oder 2. Ordnung zwischen Faktoren und Ergebnis (siehe Abbildung 54) sowie eine dafür nötige Äquivalenzklassenbildung führt zu $w=2$ oder $w=3$ [Lie99].

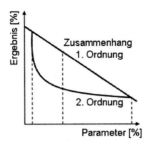

Abbildung 54: Zusammenhänge 1. und 2. Ordnung zwischen einem Parameter (bzw. Faktor) und dem Ergebnis (oder Zielgröße). Bei $w=2$ könnten unter der Annahme eines linearen Zusammenhangs falsche Rückschlüsse auf die Auswirkung des Faktors gezogen werden.

Eine weitere Vereinfachung von teilfaktoriellen Plänen stellen die sog. Plackett-Burmann-Versuchspläne dar, mit denen „recht effektiv die wesentlichen Faktoren aus einem größeren Faktorenkollektiv ausgesiebt werden" können [Klei07]. Weitere Pläne werden durch das Box-Behnken-Design (mit einem fest vorgegebenen starren Schema) sowie D-optimale Designs gebildet [Klei07]. Letztere sind jedoch stark von einem zugrunde liegenden mathematischen Modell des Systems abhängig [MYYN09]. Weitere Literatur zu Grundlagen und Anwendungen des Design of Experiments findet sich bspw. in [Cobb98, MNP99, Oehl00, KSKL03, MGH03, MLU+03].

2.6.3. Algorithmik

„Ein Algorithmus ist grob gesprochen eine wohldefinierte Rechenvorschrift, die eine Größe oder eine Menge von Größen als Eingang verwendet und eine Größe oder eine Menge von Größen als Ausgabe erzeugt. Somit ist ein Algorithmus eine Folge von Rechenschritten, die die Eingabe in die Ausgabe umwandeln. Wir können einen Algorithmus auch als Hilfsmittel[125] betrachten, um ein genau festgelegtes Rechenproblem zu lösen" [CLRS07]. In vielen weiter gefassten Definitionen wird jede eindeutige Handlungsvorschrift, wie bspw. Kochrezepte, als Algorithmus aufgefasst. Häufig genannte Eigenschaften von Algorithmen sind Determiniertheit, Determinismus, Terminiertheit, Finitheit, Effektivität sowie das Vorhandensein von Ein- und Ausgabewerten.

Neben den oben genannten Eigenschaften können Algorithmen beispielsweise auch nach ihrem Verwendungszweck klassifiziert werden, wie Sortier-, Such-, Kryptographie-, Bioinformatik-,

---

[125] Im englischen Original der Quelle (MIT Press, 3. Auflage, 2009) ist hier von einem „tool", also auch im Sinne von „Werkzeug" zu übersetzen, die Rede.

Grafik-, Kompressions-, Graphentheorie- oder Klassifikationsalgorithmen. Weitere Klassifikationen unterscheiden nach Problemstellung (Entscheidungs- oder Optimierungsalgorithmen), nach Komplexität, oder nach Verfahren (Approximation, dynamisch, genetisch, Greedy oder probabilistisch). [BAHein10]

Algorithmen der Graphentheorie (siehe dazu auch [KN09]) sind darauf spezialisiert, Graphen zu durchsuchen um sie zu analysieren oder einen bestimmten Eintrag oder Weg darin zu finden. Beispiele sind die Greedy-Algorithmen von Dijkstra oder Prim oder der A*-Suchalgorithmus. Graphen können vollständig, gerichtet sowie gewichtet sein und werden, neben der graphischen Repräsentation, als Adjazenzliste oder –matrix dargestellt. Die Auswahl eines kürzesten oder nach anderen Kriterien optimalen Weges wird häufig als sog. Problem des Handelsreisenden (und dessen Varianten) diskutiert, heuristische Annahmen können helfen, die Suche deutlich vereinfachen. [CLRS07, BAHein10]

2.7. Zusammenfassung der Grundlagen

Nach der Einleitung und Motivation in Kapitel 1 zum Testen kamerabasierter Aktiver Fahrerassistenzsysteme folgten in diesem Kapitel 2 die Grundlagen der Automobilelektronik in Abschnitt 2.1 sowie im Speziellen zu Fahrerassistenzsystemen (2.2). Nach Beispielen dazu in Abschnitt 2.3 wurde das Testen der Automobilelektronik in 2.4 vorgestellt, und auf 3D-Grafik (2.5) und weitere Grundlagen (2.6) eingegangen.

In Kapitel 3 folgt die Herleitung der Ziele und Anforderungen an die Absicherung kamerabasierter Aktiver Fahrerassistenzsysteme.

Kapitel 3 Ziele und allgemeine Anforderungen an die funktionale Absicherung kamerabasierter Aktiver Fahrerassistenzsysteme

In [Gri05] werden die Sicherheitsklassifizierung von Software-Systemen im Fahrzeug beschrieben. Danach besitzen gerade die „intervenierenden Systeme ohne Überstimmungsmöglichkeit" eine besonders hohe Sicherheitskritikalität. Nachdem moderne ADAS damit also „neue Herausforderungen in Bezug auf Produktsicherheit" [Schw07] mitbringen, der Fahrer als Nutzer jedoch einen „Perfektionsanspruch" [Olte05] hat und „Systeme, die sich zuverlässig und vorhersehbar [...] verhalten" [DVR06] erwartet, muss für ADAS im Rahmen der Software-Qualitätssicherung ein erheblicher Testaufwand getrieben werden.

Ausgehend von der in Kapitel 1 hergeleiteten Motivation und aufbauend auf die in Kapitel 2 vorgestellten Grundlagen werden daher in diesem Kapitel die Ziele für das Testen kamerabasierter Aktiver Fahrerassistenzsysteme definiert (Abschnitt 3.1). Daraus werden detaillierte, spezifische und messbare Anforderungen abgeleitet (3.2). Ausgehend von diesen Zielen und Anforderungen wird dann in Kapitel 4 der bereits existierende Stand der Technik vorgestellt und abschließend in Abschnitt 4.3 der verbleibende Handlungsbedarf und damit die Aufgabenstellung für diese Arbeit hergeleitet.

3.1. Ziele

Das allgemeine Ziel kann aufgrund der beschriebenen Zunahme und des weiter steigenden Trends kamerabasierter Aktiver Fahrerassistenzsysteme sowie der damit einhergehenden sicherheitskritischen Funktionen in der funktionalen Absicherung dieser Assistenzsysteme gesehen werden. Da sich für das funktionale Testen automobiler Steuergeräte die Hardware-in-the-Loop-Technologie mit ihren in Abschnitt 2.4 genannten Eigenschaften etabliert hat, soll auch hier ein HiL-Testsystem genutzt werden. Neben der Erstellung eines Gesamtkonzepts müssen einzelne Aspekte wie das Testsystem, dafür anwendbare Testfälle sowie die Einbettung in bereits existierende Testprozesse beschrieben, und spezielle Anwendervorgaben berücksichtigt werden. Damit können die folgenden Ziele aufgestellt werden:

Z 1   Darstellung eines durchgängigen Gesamtkonzepts zur funktionalen Absicherung kamerabasierter Aktiver Fahrerassistenzsysteme

Z 2   Erarbeitung eines HiL-Testsystems zum Testen kamerabasierter Aktiver Fahrerassistenzsysteme

Z 3   Definition eines Testfallbeschreibungsformats und einer Methode zur automatischen Testfallgenerierung

Z 4   Erarbeitung einer Methode zur Durchführung von Tests

Z 5   Einbettung in bestehende Vorgehensweisen und Testprozesse

Z 6   Berücksichtigen von Anwenderforderungen aus der industriellen Praxis

Diese Ziele Z 1 bis Z 6 werden im folgenden Abschnitt 3.2 im Detail erläutert und zu einzelnen Anforderungen an das Testen kamerabasierter Aktiver Fahrerassistenzsysteme untergliedert.

3.2. Allgemeine Anforderungen

Wenn im Rahmen der folgenden Anforderungen von „System" geschrieben wird, ist damit das durch die Ziele und Anforderungen definierte Gesamtsystem mit den damit zusammenhängenden Methoden, Techniken und Vorgehensweisen gemeint. Die genannten Ziele und Anforderungen sind entweder aus der aktuell gängigen industriellen Praxis und aus allgemein anerkannten Regeln der Technik, oder aus den genannten Quellen abgeleitet.

Z 1: Darstellung eines durchgängigen Gesamtkonzepts zur funktionalen Absicherung kamerabasierter Aktiver Fahrerassistenzsysteme

Das Ziel dieser Arbeit ist es – ggfs. auf Basis bereits bestehender Ansätze – ein in sich schlüssiges, gesamthaft betrachtetes Konzept zur Absicherung der genannten Systeme zu erarbeiten. Funktionale Absicherung bedeutet dabei eine durch Strategien und Methoden fundierte Vorgehensweise, um mit einer Werkzeugkette (tool chain) und insb. einem Testsystem Testfälle durchzuführen und auszuwerten. Nach [Lig93] muss ein Prüfverfahren einsetzbar, brauchbar und adäquat sein. Das bedeutet im vorliegenden Fall des Testens, dass ein Testsystem die Voraussetzungen der Testaufgabe erfüllen, ein nichttriviales und aussagekräftiges Ergebnis liefern, und die Komplexitätsschwerpunkte der Testaufgabe abdecken muss.

Durchgängigkeit beinhaltet eine „ganzheitliche Betrachtung" [LRRA98] und die Vermeidung „logischer Brüche" sowohl in Vorgehen und Schnittstellen als auch in deren Beschreibung. Eine Anforderung nach [SRWL06] ist bspw. das Vorhandensein einer Schnittstelle zwischen Testmanagement und Testwerkzeug, z. B. zum Abgleich der Testergebnisse mit den Anforderungen.

A 1.1 Betrachtung und ggfs. Einbindung bereits existierender Ansätze aus Wissenschaft und Praxis

A 1.2 Wissenschaftliches Vorgehen

A 1.3 Erstellung eines Gesamtkonzepts aus Methoden und Werkzeugen

A 1.4 Durchgängigkeit der Vorgehensweisen und internen Schnittstellen

A 1.5 Beschreibung der externen und internen Schnittstellen und Vorgehensweisen

A 1.6 Adäquate Verwendbarkeit des Testwerkzeugs für die Testaufgabe

Z 2: Erarbeitung eines HiL-Testsystems zum Testen kamerabasierter Aktiver Fahrerassistenzsysteme

Wie oben beschrieben soll das Werkzeug zur Durchführung der für die Absicherung notwendigen Tests ein Hardware-in-the-Loop-Testsystem sein. Nach [Dsp09] „wird der Nutzen der HiL-Simulation heute nicht mehr in Frage gestellt". Die Richtlinie 2007/46/EG definiert als „virtuelles Prüfverfahren: Computersimulation einschließlich Berechnungen, mit denen nachgewiesen wird, dass ein Fahrzeug, ein System, ein Bauteil oder eine selbständige technische Einheit den technischen Anforderungen eines Rechtsakts entspricht" [R 2007/46/EG].

[SRWL06] beschreibt die sog. CAST (Computer Aided Software Testing) Werkzeuge. Dabei entlasten die Werkzeuge für dynamische Tests den Tester, indem sie die Testdurchführung automatisieren, das Testobjekt mit Testdaten versorgen, dessen Reaktion aufnehmen, mit den Sollreaktionen vergleichen und den Testlauf protokollieren.

Nach [WRRZ07] ist „die Reproduzierbarkeit von Randbedingungen essentiell". Damit einher geht die Forderung nach Determinismus bei der Testdurchführung, sowie als weitere Anforderungen Automatisierbarkeit und Modularität, d. h. Rekonfiguration und Anbindung externer Komponenten [DNW10]. Die Testumgebung soll nach [Bock09] reproduzierbar, sicher und realistisch sein. Sicherheit ist mit einem HiL zu erwarten, für ausreichenden Realismus müssen Modelle „die aus Gerätesicht relevanten Fahrzeug-Regelstrecken während der Testdurchführung [...] adäquat" substituieren [Hut08]. Das bedeutet a) vollständige und b) hinreichend genaue Modelle. Insb. darf das Steuergerät das Modell-Verhalten nicht als unplausibel erkennen. Im vorliegenden Fall der visuellen Stimulation bzw. der interaktiven Generierung möglichst realitätsnaher Bilder bedeutet diese Realisierung einer Regelschleife in Echtzeit sehr hohe Anforderungen an die Computergrafik und einen sehr hohen Aufwand [NFH07]. Auch [CMBG07, PDFP10] nennen als Anforderungen an eine Simulationsumgebung u. a. "Physical Fidelity" und "Functional Fidelity"[126]. Das bedeutet, die Simulation muss sowohl so aussehen als auch reagieren wie die reale Welt. Die natürliche Umwelt hat aber einen „enormen Detailreichtum" und „komplexe Beleuchtungs- und Reflexionsverhältnisse", während die Kanten computergenerierter Bilder zu scharf sind und es „keine Verschmutzungen und Störungen" gibt. „Ziel der Computergrafik muss sein, dass das Ergebnis der Bildverarbeitung bei computergenerierten Bildern das gleiche ist wie bei realen Bildern" [NFH07]. Die Norm ECE 46 gibt vor: „Die Kamera sollte bei Sonnentiefstand gut funktionieren" [ECE 46].

Einige für die visuelle Simulation besondere und für den Test relevante Umgebungsbedingungen stellt die Darstellung von Faktoren dar, bei denen die Sensoren (also im Bereich des sichtbaren Lichts Video und Lidar) „verringerte Erfassungsreichweiten ähnlich derer des Fahrers" [Sti05] aufweisen und die Prozessoren der Sichtsysteme vor große Herausforderungen gestellt werden, weshalb vermehrt mit Unfällen bzw. Fehlreaktionen der ADAS-Funktion zu rechnen ist. Dazu zählen u. a. schlechte Sichtbedingungen wie Nebel oder Rauch, verschiedene Tageszeiten und Wetterbedingungen, insb. Dunkelheit, Tunnelbeleuchtungen oder Schlechtwetter[127], Regen / Nässe, blendende Sonne und mangelnde Kontraste aufgrund von Bewölkung [Sti05, NFH07, KO08, HW08b, Zeit10a]. Auch [Schw07] stellt einen „Code of Practice" für die Bewertung von ADAS vor, demnach ein Schwerpunkt auf der Auslotung der Funktionsbeherrschung an den Systemgrenzen liegen soll.

Laut [NFH07] ist es unerlässlich zu wissen, „mit welchen Algorithmen die Bildverarbeitung die erzeugten Bilder analysiert" um insb. die genutzten Merkmale möglichst gut zu reproduzieren. Im vorliegenden Anwendungsfall ist dies jedoch aufgrund des Black-Box-Charakters des SuT nicht möglich und ggfs. auch nicht erwünscht, um unvoreingenommene Testfälle zu garantieren.

Aus den genannten Aspekten lassen sich die folgenden Anforderungen an das HiL-Testsystem zum Testen kamerabasierter ADAS aufstellen:

---

[126] Anforderungen an Game Engines nach [PDFP10] u. a. Audiovisual Fidelity (Rendering, Animation, Sound) und Functional Fidelity (Scripting, Supported AI Techniques, Physics)
[127] Von engl. „adverse weather"

A 2.1		Möglichkeit der realistischen Modellierung der SuT-Umgebung
A 2.2		Editor für das Erstellen von Testfällen
A 2.3		Import realer Geoinformationsdaten für Testfälle
A 2.4		Konzeption eines HiL-Testsystems als Testwerkzeug für die Durchführung der Testfälle mit Stimulation des SuT in Echtzeit als virtuelles Prüfverfahren
A 2.5		Bedienung aller SuT-Schnittstellen mit ausreichend realistischen Daten, insb. Fotorealismus (nach Abschnitt 2.5.1) für die Kamera-Schnittstelle.
A 2.6		Eignung für beliebige kamerabasierte ADAS, insb. auch solche mit mehreren (verschiedenen) Kameras
A 2.7		Sicherstellen der Reproduzierbarkeit von Tests (insb. nur Verwendung von Pseudo-Zufall)
A 2.8		Automatisierbarkeit der Testdurchführung

Z 3: Definition eines Testfallbeschreibungsformats und einer Methode zur automatischen Testfallgenerierung

Für die Durchführung der Test auf dem oben beschriebenen Testsystem müssen die einzelnen Testfälle beschrieben werden. Die in Abschnitt 2.4.6 aufgezeigten Bestandteile „klassischer" Testfälle reichen dafür ggfs. nicht aus oder müssen angepasst werden. Die Möglichkeit der Verwendung von Daten und Informationen der realen Welt ist wünschenswert. Neben dieser formalen Beschreibung muss erarbeitet werden, wie die zur Durchführung vorgesehenen Testfälle oder Parameter dafür ausgewählt werden können, und wie die Programmierung der Testfälle auf Basis ihrer Spezifikation (teil-) automatisiert erfolgen kann. „Die Durchführung eines erschöpfenden [also vollständigen] Tests ist für reale Programme in der Regel nicht möglich, da unendlich viele unterschiedliche Eingaben existieren" [Lig93]. Die große Fülle der möglichen (Test-) Situationen in der realen Welt und der Anzahl darin möglicher Parameterkombinationen (wie z. B. von Tageszeit und Wetter) legt es also nahe, dass eine Auswahl daraus nach Gesichtspunkten der Statistik und der Versuchsplanung erfolgen muss. Die Automatisierung der Testfallgenerierung ist aufgrund des in der Praxis gezeigten großen Aufwandes der manuellen Testfallerstellung erstrebenswert und bietet neben der Zeitersparnis eine objektive Programmierung ohne die negativen Aspekte einer fehleranfälligen Erstellung von Hand.

Testfälle müssen nach denselben Prinzipien wie auch Spezifikationen erstellt werden, was u. a. beinhaltet, dass sie „zielgruppengerecht" spezifiziert werden. Dies bedeutet, verschiedene Abstraktionsebenne bzw. Detaillierungsgrade innerhalb von Testfällen bereit zu halten, so dass die verschiedenen Rollen (bspw. Testmanager, Testimplementierer) die mit diesen Testspezifikationen arbeiten die jeweils benötigten Informationen schnell und eindeutig erfassen können. Des Weiteren müssen Kritikalitäten angegeben werden, um daraus Prioritäten der Testfälle ableiten zu können. [MBtech07]

A 3.1   Konzipieren eines Formats zur Beschreibung bzw. Repräsentation von Testfällen für das unter Ziel Z 2 beschriebene Testsystem für kamerabasierte ADAS

A 3.2   Das Testfallbeschreibungsformat muss alle für den Testfall relevanten Informationen wie bspw. zu Fahrzeugumgebung, Verhalten der Verkehrsteilnehmer sowie Metadaten auf verschiedenen Abstraktionsebenen beinhalten

A 3.3   Möglichkeit der effizienten Erstellung, Speicherung und Verwaltung der Testfälle

A 3.4   Möglichkeit, Testfälle (teil-) automatisiert zu generieren, bspw. mit Vorgabe bestimmter Parameter oder realer Daten

A 3.5   Möglichkeit, Testfälle durch Parameter zu variieren; sowohl statisch im Testfallbeschreibungsformat, als auch dynamisch zur Laufzeit des ausgeführten Tests

A 3.6   eindeutige Beschreibung durchgeführter Tests (für Reproduzierbarkeit und zur Dokumentation)

A 3.7   Priorisierung der Testfälle bzw. der darin enthaltenen Situationen

A 3.8   Verwendungsmöglichkeit realer (Geo-) Daten

Z 4: Erarbeitung einer Methode zur Durchführung von Tests

Für die Verwendung des Testsystems zur Durchführung der Tests wird eine Vorgehensbeschreibung benötigt. Ein methodischer Ansatz soll daneben noch die generelle Eignung des Gesamtsystems zur Absicherung des SuT gewährleisten und damit die Funktionalität des SuT nachweisen. Denn die „[Fahrerassistenz-] Systeme sollen bei nachweisbarem Nutzenpotenzial möglichst schnell in allen neuen Fahrzeugen eingesetzt werden" [DVR06]. [BM10] beschreibt daher auch als wesentliche Aufgaben insb. beim Testen sicherheitskritischer Systeme u. a. das „Nachweisen, dass ein bestimmter Überdeckungsgrad erreicht wurde" sowie das „Erstellen einer vollständigen Testdokumentation".

Nach [Zeit10a] muss insb. schlechte Sicht wie z. B. durch Regen simuliert werden können, da sich dabei deutliche Erkennungsschwächen der Fahrerassistenzsysteme erwarten lassen. Damit kann die „Bending Knee Region" (siehe Abschnitt 2.4.6) identifiziert und detailliert getestet werden. Dafür „bedarf es neben dem HiL-System selbst auch einer durchdachten Teststrategie und –organisation. […] Eine Testautomatisierungssoftware unterstützt den Anwender bei der Testimplementierung und Testausführung" [Dsp09]. „Je komplexer das zu entwickelnde System ist, […] desto notwendiger ist es, Tests zu automatisieren" [LS08].

Schließlich muss das Vorgehen zur Durchführung der Tests noch praxisrelevanten Kriterien wie einer Anwendbarkeit in typischen Projektumgebungen genügen und für die Anwender dokumentiert werden. Somit ergeben sich die folgenden Anforderungen:

- A 4.1 Eignung zur funktionalen Absicherung kamerabasierter ADAS mit ausgeprägter Testtiefe und -breite
- A 4.2 Erstellen einer Methode zur Durchführung der Tests kamerabasierter Aktiver Fahrerassistenzsysteme
- A 4.3 Konzeption der Einbindung einer Testautomatisierungssoftware
- A 4.4 Dokumentation der notwendigen Schritte zum Durchführen der Tests
- A 4.5 Erarbeitung eines in der Praxis einsetzbaren Betreibermodells für den Testbetrieb des Systems

Z 5: Einbettung in bestehende Vorgehensweisen und Testprozesse

Da wie in Kapitel 2 gezeigt diese Arbeit nicht „auf der grünen Wiese" entsteht, sind bereits einige Teilaspekte in Wissenschaft und Praxis etabliert. Die Ergebnisse dieser Arbeit sollten wenn möglich die bereits vorhandenen Aspekte beinhalten oder zumindest beachten. Sie müssen sich in bereits bestehende Prozesse einbinden lassen und dürfen den üblichen und gewohnten Arbeitsabläufen nicht widersprechen. Soweit Schnittstellen zu bereits vorhandenen Vorgängen geschaffen werden, sind diese zu dokumentieren. Gleiches gilt für Anpassungen oder Erweiterungen bestehender Vorgehensweisen. Es muss dabei vermieden werden, Prozesse zum reinen Selbstzweck zu verwenden. Doch sind gerade bei der Absicherung sicherheitskritischer Systeme im Bereich der Funktionalen Sicherheit vielfach strukturierte und Anhand von Prozessen eindeutige und dokumentierte Vorgehensweisen vorgeschrieben.

- A 5.1 Anbindung bzw. Integration des HiL-Testsystems in bestehende HiL-Testsysteme
- A 5.2 Integration des Systems (Methoden und Werkzeuge) in bestehende Testprozesse
- A 5.3 Anwendung bestehender Vorgehensweisen aus Wissenschaft und Praxis des Steuergeräte-Tests
- A 5.4 Ggfs. anpassen oder erweitern bestehender Vorgehensweisen und Testprozesse und Dokumentation der Anpassungen und Erweiterungen

Z 6: Berücksichtigen von Anwenderforderungen aus der industriellen Praxis

Neben den durch die Ziele Z 1 bis Z 5 aufgezeigten eindeutig herleitbaren (technischen) Anforderungen gibt es weitere Ansprüche von Seiten der Anwender (also Test-Ingenieure) und weiterer „Stakeholder" wie Projektleiter, Gruppenleiter, Qualitätsbeauftragte, Einkaufsmitarbeiter etc., die alle eigene Vorstellungen und Wünsche mitbringen. Eine Erfüllung all dieser Anforderungen wie z. B. höchste Verfügbarkeit des Testsystems bei geringsten Kosten wird nicht möglich sein. Es ist daher jeweils darauf zu achten die genannten Aspekte zu berücksichtigen, zu diskutieren und sinnvolle Kompromisse aufzuzeigen.

Die Skalierbarkeit einer Lösung und damit der Einsatz in vielfältigen Testprojekten und mit jeweils angepasstem Aufwand wurde häufig als wünschenswert genannt. Auch psychologische Aspekte dürfen nicht vernachlässigt werden: auch bei Expertenwerkzeugen muss der Nutzer intuitiv, effektiv und effizient mit dem Werkzeug umgehen können, damit es seine Akzeptanz erlangt. Nur so kann sichergestellt werden dass er es überhaupt nutzt [HG10].

In [DNW10] werden als Anforderungen Nutzbarkeit (durch unterschiedliche Nutzergruppen) und Standardisierung / Offenheit / Portabilität genannt. Beispiele für offene (standardisierte) Schnittstellen sind dabei OpenDRIVE, OpenCRG, OpenFlight, OpenSceneGraph, Runtime Data Bus (RDB), Simulation Control Protocol (SCP), ADTF und für die Lichtverteilung das IES-Format.

Anforderungen an Game Engines nach [PDFP10] sind u. a. "Composability" (Import / Export Content, Developer Toolkits) und "Accessibility" (Learning Curve, Documentation and Support, Licensing, Cost). [CMBG07] nennt als Anforderungen an eine Simulationsumgebung "Ease of Development" und "Cost". Eine Analyse der direkten Kosten (z. B. einmaliger Kauf des Testsystems) und indirekten Kosten (z. B. der Betrieb des Systems) schlägt auch [SRWL06] vor. Eine allgemein „Ressourcen schonende Testumgebung" verlangt [Bock09].

Damit ergeben sich die Anforderungen:

- A 6.1 Skalierbarkeit des Systems
- A 6.2 Nutzen vorgeschriebener, gängiger, oder offener Standards, insb. bei externen Schnittstellen
- A 6.3 Importmöglichkeit für übliche Datenformate
- A 6.4 Berücksichtigung kostengünstiger Lösungen und Komponenten, insb. Nutzung von Standard-Hardwarekomponenten
- A 6.5 Intuitive Benutzerschnittstellen des Systems

| A 6.6 | Kurze Reaktionszeiten des Systems auf Benutzereingaben |
| A 6.7 | Erweiterbarkeit des Systems um weitere Komponenten |

3.3. Zusammenfassung der Ziele und Anforderungen

Nachdem aufbauend auf Grundlagen aus Kapitel 2 die Notwendigkeit der funktionalen Absicherung kamerabasierter Aktiver Fahrerassistenzsysteme als allgemeines Ziel definiert werden konnte, wurde dieses in Abschnitt 3.1 in sechs Ziele aufgegliedert. Diese konnten in Abschnitt 3.2 wiederum in einzelne Anforderungen unterteilt werden, die hergeleitet oder aus wissenschaftlichem und industriellem Fachwissen übernommen werden. Im folgenden Kapitel 4 wird der Stand der Technik beim Testen kamerabasierter ADAS vorgestellt. Dies legt den bereits erfüllten Anteil der genannten Ziele und Anforderungen fest und lässt am Ende des Kapitels eine Definition des „Deltas" der noch verbleibenden und offenen Anforderungen als Aufgabenstellung entstehen.

Kapitel 4   Stand der Technik: Testen kamerabasierter Fahrerassistenzsysteme

Aufbauend auf den in Kapitel 2 vorgestellten Grundlagen wird in diesem Kapitel der derzeitige Stand der Technik beim Testen kamerabasierter Fahrerassistenzsysteme vorgestellt. Dazu werden Ansätze aus Wissenschaft und industrieller Praxis untersucht, soweit sie mit dem Thema dieser Arbeit verwandt sind oder angrenzenden Disziplinen zugehören und mit den in Kapitel 3 genannten Zielen und Anforderungen in Zusammenhang gebracht werden können. In Abschnitt 4.1 wird ein Überblick über Testmethoden und Testsysteme, insb. über visuelle Simulationen vorgestellt, in Abschnitt 4.2 folgen dann bestehende Ansätze für Testfallbeschreibungen. Die für das Konzept dieser Arbeit in Kapitel 5 notwendige verbleibende Aufgabenstellung wird in Abschnitt 4.3 aus dem Stand der Technik abgeleitet.

4.1. Testen kamerabasierter Fahrerassistenzsysteme

Prof. Markus Maurer „kennt zum heutigen Zeitpunkt [Juli 2009] keine Entwicklungsprozesse und Testverfahren, die auch zukünftig alle Anforderungen erfüllen werden, welche bei der Entwicklung von Fahrerassistenzsystemen auftreten" [Mau09].

Diese Aussage verdeutlicht das Problem, ein allumfassendes Konzept für alle Arten des Testens verschiedenster Assistenzsysteme zu erstellen. Auch wenn der Fokus dieser Arbeit in der funktionalen Absicherung kamerabasierter Aktiver Fahrerassistenzsysteme liegt, ist diese Aufgabe nach wie vor sehr breit angelegt und beinhaltet viele Teilaspekte und Disziplinen. Die oben zitierte Annahme, dass es noch keine Lösung für die in Kapitel 3 aufgestellten Anforderungen gibt, legt es nahe, auch in benachbarten und ähnlichen Bereichen nach existierenden Ansätzen und Lösungen zu suchen. Daher wird sich dieses Kapitel nicht nur auf die funktionale Absicherung und auch nicht nur auf ADAS beschränken sondern allgemeiner Aspekte des Testens kamerabasierter Fahrerassistenzsysteme betrachten.

Zuerst folgt nun in Abschnitt 4.1.1 ein Überblick über Ansichten über Testmethoden in der Literatur. Danach werden die Methoden in Abschnitt 4.1.2 klassifiziert und detailliert beschrieben. Die für diese Arbeit relevanten Simulationsumgebungen mit 3D-Grafik werden in Abschnitt 4.1.3 genauer dargestellt.

4.1.1. Überblick

Es gibt bereits einige Normen, die sich speziell mit dem Testen von Assistenzsystemen befassen. Die Normen ISO 15622 ISO 15623, ISO 17361, ISO 17387 und ISO 22179 [ISO 15622, ISO 15623, ISO 17361, ISO 17387, ISO 22179] (und weitere[128]) geben bspw. für die Tests von Kollisionswarnern, Spurverlassenswarnern, Spurwechselassistenten und Abstandsregeltempomaten als „minimum requirement" vor, dass sie u. a. „on a flat, dry asphalt or concrete surface" stattfinden. Es wird also hier ausschließlich von realen Fahr-Tests ausgegangen. Dafür werden äußerst grundlegende Manöver als Testfälle beschrieben. Die Norm ISO 26022 [ISO 26022] definiert das Vorgehen zum Testen der menschlichen Leistungsabnahme während der primären Fahraufgabe aufgrund von weiteren Aufgaben. Dafür wird die visuelle Darstellung einer Straße entspr. Abbildung 55 gefordert.

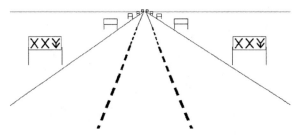

Abbildung 55: Darstellung der simulierten Straße für Spurwechseltests [ISO 26022].

Weitere standardisierte technische Regelungen zur Bewertung von Maßnahmen zum Insassen- und Fußgängerschutz stellen die Bewertungsprogramme US NCAP[129], Euro NCAP, Japan NCAP und weitere dar. Diese beachten jedoch nur das Sicherheitsniveau von Fahrzeugen bei bereits erfolgter Kollision im Rahmen von Crashtests mit realen Fahrzeugen unter Laborbedingungen, vgl. Abbildung 56. [KFS07]

---

[128] Wie bspw. die zugrunde liegende Norm ISO 15037-1: „Road vehicles — Vehicle dynamics test methods – Part 1: General conditions for passenger cars"

[129] New Car Assessment Program der amerikanischen National Highway Traffic Safety Administration

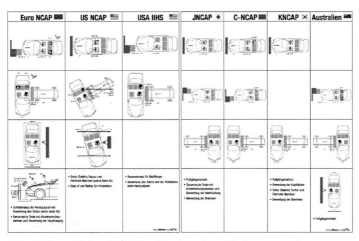

Abbildung 56: Vergleich verschiedener NCAP Tests [Quelle: carhs gmbh[130]].

Ein Blick auf das Testen von Radarsystemen [Gup08] oder – in einer gänzlich anderen Branche – von autonomen Raumsonden zeigt dagegen den Nutzen von Simulationen: „The complexity of autonomy software, and the low maturity of autonomy technology in general, lead directly to performance uncertainty: given the state of software development technology today, you just do not know what the system is going to do until you try it. […] One way (perhaps the only way) to provide confidence in an autonomous system today is to exercise the system extensively via a large number of simulated missions […]" [RP08].

Die genannte erstrebenswerte Simulation kann in die Verwendung einer reinen Simulation der Funktion oder eines Fahrsimulators unterteilt werden [Bra09]. Fahrsimulatoren können wiederum in statische, d. h. ortsfeste und dynamische, also bewegliche Aufbauten unterteilt werden [HW08]. Daneben gibt es den Feldversuch mit realen Prototypen, der entweder auf Testgeländen stattfinden kann, wie bspw. im Fall des EVITA-Versuchsfahrzeugs, das aus einem Zugfahrzeug und einem Anhänger als „dummy target" zum Simulieren von Auffahrunfällen besteht (vgl. Abbildung 70) [HW08]. Außerdem können Testfahrten auf realen Straßen inmitten des üblichen Verkehrsgeschehens durchgeführt werden [Bre09].

Nach der Beschreibung dieser Testverfahren können auch häufig genannte Test-Ziele vorgestellt werden. Dies sind grob die Hardware- und Software- bzw. Algorithmen-Evaluierung. Zur Hardware-Evaluierung können bspw. Sensortests, EMV-Tests, Netzwerktests und Integrationstests gezählt werden (vgl. Abschnitt 2.4.4). Die Algorithmen-Evaluierung wird entweder „online" durchgeführt, d. h. durch reale Testfahrten, oder „offline", also durch vorher

---

[130] http://www.carhs.de/de/training/safetywissen/ncap_tests.php

aufgenommene und mit entsprechend aufwändiger Ground-Truth-Markierungen versehenen Videos aus einer Datenbank [OWZ+08].

Gerade psychologische Aspekte zur Nutzer-Akzeptanz eines Fahrerassistenzsystems werden häufig in Fahrsimulatoren durchgeführt. Dabei können subjektive Eindrücke der Interaktion reproduzierbar und mit statistischer Relevanz über mehrere Probanden analysiert werden. [Gay05, CDF07, TVA10]

Oft genannte „virtuelle Absicherungen" [SR06] beinhalten eine in Echtzeit computergenerierte dreidimensionale grafische Darstellung der Umgebung. Beispiele sind wieder Fahrsimulatoren, aber auch sog. „Head Mounted Displays" und „Powerwalls" zur Anzeige von Konstruktions- und Produktionsdetails, vgl. Abbildung 57. [WFSN09] stellen eine „CAVE" mit drei Wänden und stereoskopischem Sehen als Fahrsimulator vor, mit dem Fokus, Bedienelemente zu testen. Einen detaillierten Überblick über den aktuellen Stand der Forschung in diesem Bereich bietet das AVILUS-Projekt[131].

Abbildung 57: Virtual Reality in der Entwicklung bei Daimler [Quelle: Daimler AG].

Ein Beispiel für die Bewertung der reinen Software-Architekturen von Fahrerassistenzsystemen, ohne auf die Funktionen einzugehen, wird in [AFPB10] vorgestellt. Dieser Ansatz der Qualitätssicherung wird im Rahmen dieser Arbeit jedoch nicht weiter verfolgt.

4.1.2. Klassifikation der Testmethoden

Nachdem im vorigen Abschnitt kurz einige Testverfahren und Testziele aufgezeigt wurden, soll daraus nun eine Klassifikation von Testmethoden abgeleitet werden. Methoden beinhalten ein Testziel, aber auch ein übliches Vorgehen. Dabei ist die Einordnung eines Testziels oder eines Testverfahrens in die im Folgenden aufgelisteten Kategorien nicht zwingend und eineindeutig, die Klassifikation kennzeichnet jedoch die typische oder übliche Methode.

---

[131] Projekt der Innovationsallianz Virtuelle Techniken, gefördert vom Bundesministerium für Bildung und Forschung (BMBF), http://www.avilus.de/

Aus den bestehenden Testzielen und –verfahren für kamerabasierte Fahrerassistenzsysteme können Kategorien für die folgenden fünf Methoden erstellt werden:

- Basis-Algorithmentest
- Videotest
- HiL-Test
- Fahrsimulator
- Testfahrt

Daneben bestehen selbstverständlich weitere Testarten, die jedoch nicht spezifisch für Kamerasysteme sind, wie Integrationstest, EMV-Tests, „Rüttel-Schüttel"-Tests etc. Auch Aspekte des Designs (z. B. von User Interfaces) und der Psychologie (z. B. zur Wahrnehmung von Warnungen) werden im Folgenden nicht besonders betrachtet.

Die genannten Testmethoden werden in den folgenden Abschnitten detailliert und Anhand von Beispielen vorgestellt, Abschnitt 4.1.3 fokussiert auf die insb. bei Algorithmen-, HiL- und Simulatortests bereits verwendeten grafischen Simulationsumgebungen. Eine Bewertung der fünf Testmethoden folgt in Abschnitt 4.3.

Basis-Algorithmentest

Unter dem Basis-Algorithmentest wird ein sehr frühes, ggfs. eng entwicklungsbegleitendes Testen verstanden. Ziel des sehr elementaren Tests ist die grundlegende Funktionsweise des verwendeten und sich eventuell noch in der Implementierung oder Optimierung befindlichen Algorithmus. Beispielsweise wird geprüft, ob die implementierte Funktion überhaupt in der Lage ist, ihre Aufgabe unter optimalen Bedingungen zu erfüllen. Häufige Testverfahren stellen MiL- und HiL-Umgebungen dar.

Abbildung 58 zeigt beispielsweise den Einsatz einer „3D-Simulation" eines kamerabasierten Spurerkennungssystems. Die Visualisierung der 3D-Grafik am Bildschirm erfolgt hier nur als Referenz, um dem Tester das Geschehen zu verdeutlichen

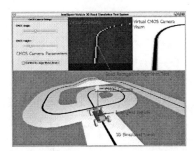

Abbildung 58: Algorithmen-Test in einer „3D Simulation Debugging Scene" (links) [LCXL08].

Einen anderen Ansatz verfolgen Visualisieren wie die in Abbildung 59. Hier wurden die markanten Elemente einer Straße aus Sicht eines Spurverlassenswarners visualisiert. Testziel ist dabei der Integrationstest, d. h. die funktionale Überprüfung der kompletten Wirkkette aller Komponenten über Kamera, Steuergerät, Bussysteme, Gateways, Anzeigen, haptische, akustische und optische Warnungen sowie Protokollierung und Diagnose. Einsatzort bzw. Testverfahren ist dabei ein Integrations-HiL-Prüfstand bei der EvoBus GmbH. Bezüglich der Spurerkennungsalgorithmen sind jedoch nur sehr grundlegende Anforderungen an den Grad des Realismus nötig, wie der Abbildung entnommen werden kann, es handelt sich daher bzgl. der Funktion des Fahrerassistenzsystems um einen Basis-Algorithmentest.

Abbildung 59: Algorithmentests [DAFend09]

In [TDB10] wird ein Simulationssystem für den in Abbildung 28 dargestellten Ausweichassistenten zum Fußgängerschutz vorgestellt. Darin werden Verkehrsszenarien im Innenstadtbereich simuliert um das Assistenzsystem zu evaluieren, ggfs. auch im closed-loop-Betrieb (MiL, SiL). Die Möglichkeit, reale Topographie- und Topologiedaten sowie aufgezeichnete reale Fahrzeugdaten zu verwenden wird als sehr wichtig eingestuft. Fokus des Systems ist die entwicklungsbegleitende Software-in-the-Loop-Simulation, die Visualisierung dient hier der nachträglichen Darstellung des Geschehens für den menschlichen Beobachter (bzw. Tester).

Videotest

Es liegt nahe, kamerabasierte Systeme durch das Vorspielen von aufgezeichneten Sensordaten, d. h. Videos, zu stimulieren. Ähnliches „data logging" wird auch bei anderen Fahrzeugsystemen betrieben, aber beispielsweise auch die Bewegungserkennung in Überwachungssystemen wird mit Beispiel-Video-Datensets getestet [PV00].

In [EKK+08] werden Erkennungsfunktionen nach realen Testfahrten visualisiert, indem einem während der Fahrt aufgezeichneten Video später im Labor 3D-Objekte überlagert werden, siehe Abbildung 60. Diese Videos können auch für die Evaluierung weiterer Anpassungen der Erkennungsalgorithmen genutzt werden. Allerdings bricht jeder Test nach einem aktiven Eingriff der Assistenzfunktion ins Fahrgeschehen zwangsweise ab, da diese Fahrzeugreaktion im Video nicht mehr vorhanden sein kann und sich somit Inkonsistenzen zwischen dem erwarteten Verhalten der Fahrzeugumgebung und der tatsächlichen Darstellung ergeben. Es ist keine Feedback-Schleife vorhanden und somit auch kein In-the-Loop-Test möglich.

Abbildung 60: Objektmarkierung in aufgezeichneten Datenströmen [EKK+08].

BMW testet aktive kamerabasierte FAS durch reale Testfahrten. Reproduzierbarkeit ist auch dabei durch die Aufzeichnung von Szenen gegeben, die Datensätze enthalten außerdem Informationen beispielsweise zu Wetter und Straßentyp der Szene. Dazu müssen „sämtliche Datenströme geloggt werden." Um den „Ground Truth" zu erhalten wird offline beispielsweise „vom Bearbeiter der Verlauf der Fahrspur im Bild markiert" um Fahrszenen-Kataloge zu erhalten. [WRRZ07]

Auch bei Bosch wurden dadurch für die Umfelderkennung „Terabytes an Daten mit Videoszenen angesammelt" [Klaus Harms in Chr08]. Voraussetzung für die nur manuell zu markierenden „Ground Truth"-Daten, also der relevanten Objekte in jedem einzelnen Frame des interessierenden Videos, sind häufig noch weitere aufgezeichnete Daten. So müssen häufig zusätzliche Kameras am Fahrzeug angebracht (und deren Videoströme später ausgewertet) werden, um einen Überblick über die tatsächliche Situation zu ermöglichen und nicht nur auf die Videodaten des zu testenden Systems angewiesen zu sein. Dies alles macht den Videotest äußerst aufwändig.

Videotests können für vielfältige Testziele eingesetzt werden, stoßen jedoch bei Aktiven Fahrerassistenzsystemen aus dem genannten Grund an ihre Grenzen.

HiL-Test

Wenn ein In-the-Loop-Test notwendig oder erwünscht ist, muss die komplette Feedbackschleife in Echtzeit verfügbar sein, d. h. das Assistenzsystem muss mit den veränderten Umgebungsdaten in Form von Videobildern stimuliert werden. Je nach Auslegung des HiL-Begriffes werden dabei z. B. auch „Hardware-and-operator-in-the-Loop"-Fahrsimulatoren mit „Virtual Reality" zur Visualisierung der Umgebung und des Fahrzeugs in der Umgebung vorgestellt [KSKK10].

Gängige und bereits verfügbare realistische Regelkreis-Elemente von HiL-Modellen stellen Fahrermodelle, Fahrzeugmodelle, Fahrwerkregelsystem-Modelle dar [Schm06]. Daneben nutzt bspw. [MSK+09] das von Audi und Vires[132] entwickelte „Virtual Test Drive" und ADTF[133] um Objekt- und Geoinformationen für vorausschauende Fahrerassistenzsysteme mit internen (GPS) Sensoren zu fusionieren. Die Systeme nutzen jedoch keine Kameras sondern Navigationsdatenbanken, Serviceprovider und Car-to-Car-Kommunikation. Die 3D-Grafik der Testsituation wird hier häufig nur zur Visualisierung berechnet und angezeigt (vgl. Abb. Abbildung 61).

Abbildung 61: Visualisierung eines HiL-Fahrdynamiktests (ABS) [SV99]

Aber auch die visuelle Stimulation für funktional tiefgehende Tests (d. h. mit realistischerer Darstellung als bei den weiter oben gezeigten Algorithmentests) wird bereits am HiL durchgeführt. Die in Abschnitt 4.1.3 detaillierter beschriebenen Werkzeuge der Firmen IPG, Oktal, TESIS und TNO sind Beispiele für entsprechende Ansätze.

Einen weiteren als HiL angesehener Ansatz stellt das „VeHIL"-System dar (Abbildung 62 und Abbildung 63). Es dient nach [PHS08, HTPB+10] als Hardware-in-the-Loop Testsystem, mit dem realen Fahrzeug stationär in einer großen Testhalle und vielen durch eine Verkehrssimulation gesteuerten „Moving Bases" als Roboter-Fahrzeugen mit relativen Positionen in der Umgebung. Damit kann beispielsweise ein Pre-Crash-System stimuliert und getestet werden.

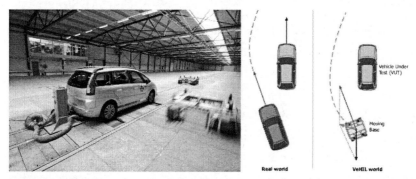

Abbildung 62: „VeHIL" mit dem Vehicle-under-Test (links) und einer Darstellung des Prinzips der relativen Bewegungen bei einem Fahrmanöver (rechts) [HTPB+10].

---

[132] Vires Simulationstechnologie GmbH, Rosenheim
[133] Automotive Data and Time Triggered Framework

Der Begriff der „Umgebungssimulation" wird hier jedoch anders verstanden als bei der im HiL-Bereich üblichen Verwendung von Simulationsmodellen für die Steuergeräteumgebung.

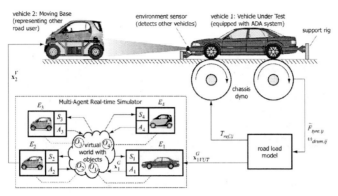

Abbildung 63: „VeHIL" mit echten (Roboter-) Fahrzeugen und Rollenprüfstand [PHS08].

Fahrsimulator

„Ein Umgebungssimulator ist ein Werkzeug, das die Umgebung um ein Testobjekt simuliert, wenn es zu teuer oder zu umständlich ist, in einer wirklichen Systemumgebung zu testen" [Mye01]. Derartige Simulationen, bei denen FAS-Funktionen anhand „synthetischer Daten evaluiert" werden, kommen auch deshalb verstärkt zum Einsatz, „da es in der Realität kaum mehr möglich ist, sämtliche möglichen Varianten zu testen" [Rem10]. Der Aufwand, mit dem die visuelle Simulation erfolgt, ist dabei deutlich unterschiedlich und abhängig vom Testziel.

Fahrsimulatoren werden für verschiedenste Anwendungen genutzt. Neben Trainingszwecken (vgl. Abbildung 64) und Technologie- oder Produktdemonstrationen oder zum reinen Entertainment werden sie u. a. in der Produktentwicklung zu Untersuchungen des Fahrerverhaltens, für Akzeptanzstudien, HMI-Tests, Visualisierung und für funktionale Tests eingesetzt. Der Fahrer im Regelkreis ist dabei jeweils ein wichtiges und zentrales Element.

Abbildung 64: Fahrsimulator der Northeastern University, Boston[134] zum Fahrertraining in Gefahrensituationen.

---

[134] http://www.coe.neu.edu/Research/velab/

Ein wichtiges Unterscheidungsmerkmal ist das zwischen stationären, das heißt nicht beweglichen, und dynamischen Simulatoren (siehe Abbildung 65 und Abbildung 66), in denen sich der Fahrer und die Fahrkabine entsprechend der simulierten Fahrzeugbewegung im Raum mitbewegen, um damit ein deutlich realistischeres Fahrgefühl beim (menschlichen) Probanden zu erzeugen.

Abbildung 65: Dynamischer Fahrsimulator der BMW Group, Zentrum für Fahrsimulation und Bediensicherheit, verwendet zum Test der Benutzerfreundlichkeit des Bedienkonzepts iDrive. [Quelle: Pressemitteilung der BMW AG vom 31.10.2008[135]].

Abbildung 66: Dynamischer Fahrsimulator der TU München[136].

Der im Rahmen des Forschungsprojekts VALIDATE am Stuttgarter FKFS-Institut entwickelte Fahrsimulator (siehe Abbildung 67) dient dazu, dass „Fahrerassistenzsysteme für eine intelligente Unterstützung zur Senkung des Kraftstoffverbrauchs entwickelt werden können. Fahrsimulatoren stellen eine kostengünstige und gefahrlose Möglichkeit dar, neue Systeme in einer virtuellen Umgebung aber mit realen Fahrern zu erproben.

Abbildung 67: FKFS-Fahrsimulator, Projekt VALIDATE. [Quelle: http://www.validate-stuttgart.de/was-ist-validate/, http://www.validate-stuttgart.de/deutsch/projekte/visualisierung/]

---

[135] http://www.pressebox.de/pressemeldungen/bmw-group/boxid-214804.html
[136] http://www.fahrzeugtechnik-muenchen.de/content/view/11/64/lang,de/

Dies gilt insbesondere für Assistenzsysteme, die auf eine indirekte Reduktion des Verbrauchs über eine Beeinflussung der Fahrweise abzielen. Dazu ist allerdings eine realistische Nachbildung von Längs- und Querbeschleunigungen notwendig, wie sie bei einer realen Fahrt auftreten und vom Fahrer über den im Innenohr befindlichen Vestibularapparat wahrgenommen werden."[137] Abbildung 68 zeigt die für diesen Simulator verwendeten Fahrbahnmodelle und deren Auswirkungen bzw. Untersuchungsbereiche.

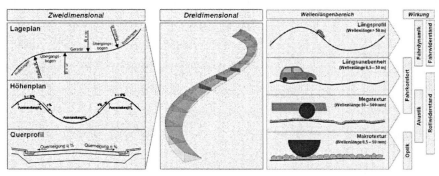

Abbildung 68: FKFS-Fahrbahnmodell, Projekt VALIDATE [Quelle: http://www.validate-stuttgart.de/deutsch/projekte/fahrbahn/].

Das DLR nutzt ein „Virtual-Reality-" und ein „Human-Machine-Interface-Labor". Damit „können neue Fahrerassistenzsysteme und -funktionen schnell und flexibel hinsichtlich Nutzbarkeit und Akzeptanz bewertet werden. Dazu verzichten beide Labore fast vollständig auf reale Hardware: Ein Sitz mit Lenkrad und Pedalerie dient zur Steuerung des virtuellen Fahrzeugs, eine Mittelkonsole mit Touchscreen kann bei Bedarf die Simulation erweitern, der übrige Innenraum des Fahrzeugs ist aber nur virtuell vorhanden."[138] Auch der in [Bra09] präsentierte Fahrsimulator „Driveassist" lässt die Akzeptanz neuer Assistenzfunktionen durch Probanden subjektiv bewerten.

Es gibt beispielsweise neben den Simulatoren für Autos auch Simulatoren für die zivile, kommerzielle oder militärische Luftfahrt, für Schiffe vom Schleppkahn bis zum Kriegsschiff oder für Schienenfahrzeuge [Sim09]. Einen Fahrsimulator für virtuelle Fahrten für Touristen in der Stadt Wuhan mit realen Geodaten und hochauflösender 3D-Grafik stellen [JHWL07] vor.

Testfahrt

Als letzte und große Kategorie der Testmethoden für kamerabasierte Aktive Fahrerassistenzsysteme bleiben die Testfahrten. Diese können – wie in Abschnitt 4.1.1 beschrieben – auf Testgeländen oder inmitten des normalen Verkehrsgeschehens stattfinden.

---

[137] http://www.validate-stuttgart.de/was-ist-validate/
[138] http://www.dlr.de/fs/Desktopdefault.aspx/tabid-1236/1690_read-3255/

Testfahrten in Testhalle, auf Testgelände und auf realen Straßen [BMW AG, Daimler AG, FISITA 2008]

Ziel der Fahrten im normalen Verkehrsumfeld ist die Durchführung absolut realer Testsituationen. Durch die schiere Menge möglicher und unvorhersagbarer Situationen in der echten Welt wird davon ausgegangen, statistisch eine ausreichende Anzahl verschiedener Tests des Systems zu durchfahren. So muss bspw. nach [HWB09] „die Fehlauslösrate [der autonomen Notbremsfunktion] durch umfangreiche Dauerlauffahrten nachgewiesen werden." Und vor der Einführung der neuen E-Klasse 2009 (Baureihe 212) wurde nach Angaben der Daimler AG[139] ein Erprobungsprogramm mit über 36 Millionen Testkilometern absolviert. Die Wahrscheinlichkeit, dabei alle in einem Fahrzeugleben möglichen Gefahrensituationen in ähnlicher Weise bereits einmal durchlaufen (und damit getestet) zu haben ist hoch. Quantitative Aussagen oder explizite Vorhersagen über das Systemverhalten sind jedoch nicht möglich.

Das übliche Vorgehen bei Testfahrten stellen die Erprobungsfahrten, also gezielte Fahrten von professionellen Fahrern und Systementwicklern dar. Dabei wird das Fahrzeug mit einem bestimmten Test-Fokus möglichst gezielt in Situationen gebracht, in denen man das Verhalten prüfen möchte. Beispiele sind Wintererprobungen in Skandinavien, Sommererprobungen in Wüstengebieten, Vibrationstests durch lange Fahrten auf speziellen Rüttelstrecken oder funktionele Tests einzelner Systeme wie Navigations- oder Fahrerassistenzsystemen. Daneben gibt es aber auch noch die sog. „Kunden-Nahe Fahr-Erprobung (KNFE)", bei der die Testfahrzeuge von Mitarbeitern der Automobilfirma in deren Alltag eingesetzt werden. Damit entstehen realistische und zufällige Beanspruchungen und Situationen, die bei der gezielten Testfahrt-Planung ggfs. nicht vorgekommen wären. So hat Volvo im Rahmen des Euro-FOT-Projekts[140] rund 100 Fahrzeuge „mit diversen Sensoren und Kameras ausgerüstet", um damit Fahrer und Fahrerassistenzsysteme in realen Alltagssituationen und insb. das Verhalten in kritischen Situationen nachträglich zu untersuchen und bewerten [Zeit10b].

[ZS08] schlagen als „Testmethodik für Bildverarbeitungssysteme" drei Schritte vor: zuerst müssen die Systemgrenzen „anhand von statischen Tests und Fahrtests in definierter Umgebung" mit den Spezifikationen abgeglichen werden. Darauf folgen „definierte Fahrtests" unter vorgegebenen Licht- und Witterungsverhältnissen. Und als letzter Schritt das „Fahren unter realisti-

---

[139] Daimler AG: Mercedes-Benz präsentiert in Genf Limousine und Coupé der neuen E-Klasse. Pressemitteilung vom 03.03.2009.
[140] FOT: Field Operational Test, http://www.eurofot-ip.eu/

schen Verkehrsbedingungen" auf „teilweise festgelegten Testrouten [...] unter verschiedenen festgelegten äußeren Testbedingungen". Über „ausreichende Strecken" wird eine statistische Relevanz der Aussagen erwartet.

Ein Beispiel für derartige Testrouten hat das Forschungsprojekt sim^{TD} aufgestellt, siehe Abbildung 69. Dabei wird mit rund 100 Versuchsfahrzeugen „die Erforschung und Erprobung der Car-to-X-Kommunikation und ihrer Anwendungen [...] in einem breit angelegten Feldversuch [...] in Deutschland erprobt."[141]

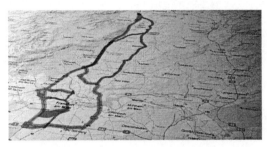

Abbildung 69: „Testfeld Deutschland" für Tests im Rahmen des sim^{TD}-Projekts. [Quelle: http://www.simtd.de].

Derartige Tests müssen zum einen „wohlüberlegt sein, denn natürlich dürfen wir auf keinen Fall Testfahrer gefährden", und im Hinblick auf eine Entwicklung nach dem V-Modell lässt sich feststellen, dass es wichtig ist, schon parallel zum Systementwurf „kritische Testszenarien anzunehmen und zu definieren, um [...] die Zahl der Testszenarien zu reduzieren, die in der Testphase mit dem Auto abgefahren werden müssen" [Chr08]. Zum anderen fordert das EU-geförderte „eVALUE"-Projekt[142] „objektive Testmethoden". Dafür werden neben Design Reviews drei Aktivitäten des „Physical Testing" vorgeschlagen: Longitudinal-, Lateral- und Stabilitätstests [Lese10].

Eine Möglichkeit für derartig definierte Testfahrten stellen spezielle Testgelände oder -hallen dar, mit Testfällen in denen reale Situationen nachgestellt werden. [Inv05] schlägt eine „komplette Aufzeichnung aller Sensormesswerte während Versuchsfahrten und eine Archivierung in Datenbanken" vor, die qualitative Funktionsvalidierung ermöglichen soll. Nach der Auswahl aus diesem „Prüfkatalog" wird der Testfall dann „auf einem Testgelände nachgestellt". Dabei ist es unerlässlich, „alle erfassten und wichtigen Objekte von Hand zu kennzeichnen (Ground Truth)". [BKVR·09] testen bspw. Lidar- und C2I (Car-to-Infrastructure-Kommunikation) auf einem Indoor-Testgelände, [DN00] testen ACC-Sensorik u. a. auch auf einem „abgesperrten Testgelände."

---

[141] http://www.simtd.de
[142] www.evalue-project.eu

Projekte der TU Darmstadt und von Audi nutzen spezielle „Dummy Targets", also Fahrzeugattrappen zum Testen von Notbrems- und Auffahrwarnsystemen, siehe Abbildung 70.

Abbildung 70: Testfahrzeug EVITA der TU Darmstadt für Notbrems- und Auffahrwarnsysteme [Quelle: Unfallforschung der Versicherer GDV[143]], Testsystem „b.rabbit" von Audi [MG09].

Continental und Autoliv testen auf ihren Testgeländen ebenfalls mit Attrappen, nutzen dabei jedoch „komplette" Fahrzeuge, wie in Abbildung 71 zu sehen ist.

Abbildung 71: Test von Assistenzsysytemen bei Continental[144], Active-Safety-Testcenter von Autoliv[145].

Daimler nutzt nach eigenen Angaben[146] als einziger[147] Fahrzeughersteller „Automated Driving", bei dem auf einem 30.000 m² großen Gelände Fahrzeuge für sicherheitskritische Testfälle mit teilweise sehr hohen Geschwindigkeiten ferngesteuert werden (siehe Abbildung 72). Dabei wird ein Robotersystem zur Bedienung von Gas-, Bremspedal und Lenkung eingesetzt. [SNS09] zeigt die hohe laterale und longitudinale Genauigkeit dieses automatisch und reproduzierbar ablaufenden Fahrmanöver-Testsystems.

---

[143] http://www.udv.de/fahrzeugsicherheit/pkw/fas/ (Onlineressource vom 02.01.2010)
[144] 03.09.2009: http://www.atzonline.de/Aktuell/Nachrichten/1/10402/
[145] 29.07.2010: http://www.testcenter.autoliv.com/wps/wcm/connect/autoliv/Home/Testing_SA_Eng/Active%20Safety
[146] Daimler AG: Autopiloten bei Mercedes-Benz. Pressemitteilung vom 07.05.2010.
[147] Volkswagen präsentierte bereits 2000 einen Roboter zum autonomen Fahren: www.heise.de/newsticker/meldung/8730

Abbildung 72: Daimler „Automated Driving" [Quelle: http://media.daimler.com 07.05.2010].

Ein sog. „Wizard of Oz Fahrzeug" zur frühzeitigen subjektiven Beurteilung von Assistenz-Funktionen nutzt Volkswagen. Darin sitzt ein 2. Fahrer hinter einer Trennwand im Kofferraum des Fahrzeugs und simuliert durch seine Aktionen eine Fahrerassistenzsystemfunktion. [KSB08]

Einen weiteren Ansatz verfolgen Crash-Tests. Bei Verfahren wie den in [KFS07] vorgestellten „Full-Scale-Tests" werden passive Fußgänger-Sicherheitssysteme in einer möglichst realistischen Nachstellung von Unfällen getestet, wobei der Fußgänger durch einen Dummy ersetzt wird (vgl. Abbildung 73). Das in der Richtlinie 2003/102/EG zum Schutz von Fußgängern beschriebene Prüfverfahren ist dagegen als reiner Komponententest konzipiert. „Hierbei werden Prüfkörper zur Beurteilung der Fahrzeugfront herangezogen, die den Kopf, den Oberschenkel und das Bein eines Menschen repräsentieren. Damit soll der typische Anprallvorgang eines Fußgängers mit dem Fahrzeugvorderwagen simuliert werden" [KFS07].

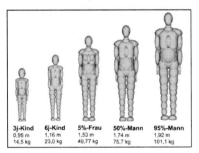

Abbildung 73: Familie der „Full Body Pedestrian Dummy" Modelle [KFS07].

4.1.3. Visuelle Simulationsumgebungen für kamerabasierte Fahrerassistenzsysteme

Nachdem im vorigen Abschnitt 4.1.2 einige Testmethoden und Beispiele aufgezeigt wurden, die visuelle Daten erzeugen und anzeigen, werden in diesem Abschnitt Details zu diesen Grafik-Erzeugungssystemen vorgestellt. Sie können entweder in Echtzeit oder nachträglich flüssig ablaufende Bilder (Video-Streams) mit hohem Anspruch an den Grad des erzeugten Fotorealismus berechnen und darstellen. In den folgenden Absätzen werden einige Beispiele aus dem

Stand der Technik dargestellt. Dabei werden insb. die besonderen oder besonders interessanten Aspekte hervorgehoben.

Bereits 1966 wurden in der amerikanischen Raumfahrtentwicklung „visual simulation facilities" vorgestellt, die „new generation and display techniques combined with utilizing television-model image generation methods" nutzten, um damit u. a. Rendezvous-Manöver im All und (Mond-) Landungen zu simulieren. (Dabei wurde jedoch keine Grafikgenerierung im heutigen Sinn eingesetzt, sondern es wurden Modelle und Karten vor Kameras verschoben, die ihre Bilder dann auf Monitoren vor den Bullaugen der Simulator-Raumkapsel wiedergaben.) [AR66, Whi66]

Ein heute wichtiger Aspekt bei Visualisierungssystemen ist die verfügbare Rechenleistung, da die mögliche Grafikqualität stark davon abhängt. Das bedeutet, sowohl die CPU als auch die GPU und der verfügbare Haupt- und Grafikspeicher müssen bei der Systemkonzeptionierung bedacht werden. Ein für die Grafikerzeugung spezialisierter Großrechner wie in Abbildung 74 ist jedoch auch mit deutlich höheren Kosten verbunden als ein Standard-PC.

Abbildung 74: Visualisation-Cluster des HLRS[148] für den FKFS-Fahrsimulator [Nie06].

Die Moog International Group entwickelte einen Fahrsimulator für die Formel-1-Abteilung von Ferrari. Ziel des mit zehn Hochleistungscomputern ausgestatteten Systems ist die Wiedergabe eines realistischen Fahrgefühls zum Testen unterschiedlicher Fahrzeugeigenschaften.[149]

Ebenfalls wichtig, und direkt abhängig von der verwendeten Hardware und dem darauf laufenden Betriebssystem ist die Wahl der Grafik-Engine. Einige Engines verlangen spezielle Hardware, andere laufen dagegen bspw. nur auf Windows-PCs oder gar auf Spiele-Konsolen. So dient bspw. das Computerspiel „Need for Speed" zur Visualisierung von Autofahrten, mit denen ein Computer als autonomes Fahrsystem am Institut für Echtzeit Lernsysteme der Universität Siegen das Fahren lernen soll [Gle07]. Ein Fahrsimulator für HiL und DiL[150] Tests verwendet die Grafik Engine „Vega Prime" von Presagis. Die Visualisierung wird hier jedoch nur

---

[148] Hochleistungsrechenzentrum Stuttgart
[149] Meldung bei ATZonline vom 10.06.2010
[150] Driver-in-the-Loop, Fahrsimulator

für die DiL-Tests verwendet, die zu testenden Fahrerassistenzsysteme erhalten ihren Eingangsdaten aus einer Sensorsimulation [JSXK10].

Die verwendeten Grafik-Engines haben jeweils ähnliche Vor- und Nachteile, die gegeneinander abzuwägen sind. So ist die Licht- und Schattenberechnung physikalisch äußerst aufwendig. Die Engines unterscheiden sich dabei aber deutlich in der Qualität der angewendeten Vereinfachungen. Eine realistische Echtzeit-Berechnung ist selbst bei Spezialsystemen nicht möglich, jedoch können mit einigen Tricks bereits beeindruckende Ergebnisse erzielt werden (vgl. Abbildung 75). Ob diese jedoch nur für den menschlichen Beobachter der Realität entsprechen, oder ob sich auch ein kamerabasiertes Erkennungssystem davon „täuschen" lässt ist eine schwer zu beantwortende Frage. Ziel der Darstellung muss daher immer eine unter den gegebenen Bedingungen möglichst realistische Darstellung sein.

Abbildung 75: Licht- und Schattenberechnung mit der CryENGINE 3 [Quelle: Crytek GmbH].

Gerade für die Entwicklung von Scheinwerfersystemen ist „eine qualitativ hochwertige Simulation der Ausleuchtung des Straßenraums vor einem Fahrzeug" notwendig. Diesen Schwerpunkt bietet der Nachtfahrsimulator des Heinz Nixdorf Instituts der Universität Paderborn[151].

Auch der SILAB[152]-Fahrsimulator (Abbildung 76) des „auf alle Fragen der ‚Human Factors' spezialisierten" Würzburger Instituts für Verkehrswissenschaften WIVW wirbt damit, dass „mit einer neuen Version der SILAB-Bildgenerierung [...] Szenarien nun noch realistischer dargestellt werden. Unter anderem können Schatten von Häusern und Fahrzeugen sowie Umgebungsreflexionen simuliert werden. Auch Nachtfahrten sind möglich, wobei die Scheinwerfer des eigenen Fahrzeugs und von Fremdfahrzeugen als dynamische Lichtquellen dargestellt werden."

---

[151] http://wwwhni.uni-paderborn.de/schwerpunktprojekte/kompetenzzentrum-virtual-prototyping-und-simulation/
[152] http://www.wivw.de/ProdukteDienstleistungen/SILAB/index.php.de

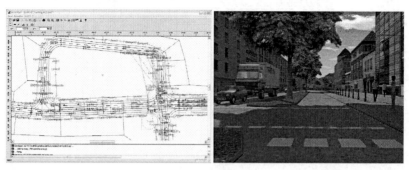

Abbildung 76: Editor und Visualisierung des „SILAB" Fahrsimulators [http://www.wivw.de].

Einsatz des Systems ist bspw. die Untersuchung von „Nutzerverständlichkeit und die Akzeptanz" eines ACC Stop-and-Go-Systems durch das IZVW[153] oder das „EMPHASIS"-Projekt[154] zur Sicherheitsbewertung von Fahrerassistenzsystemen.

In den folgenden Absätzen werden nun einige bekannte und im Umfeld dieser Arbeit relevante Ansätze und Werkzeuge vorgestellt. Diese sind als ausgereifte Werkzeuge auf dem Markt verfügbar. Sie bestehen üblicherweise aus mehreren einzelnen Werkzeugen und ergeben zusammen Tool-Suiten, deren Bestandteile häufig aufeinander aufbauen und gemeinsam zu verwenden sind. So ist meist ein Editor – wie z. B. der in Abbildung 77 gezeigte Strecken- und Wettereditor – sowie eine Komponente zur Ablaufsteuerung der Simulation und eine zur Berechnung und Darstellung der Grafik vorhanden.

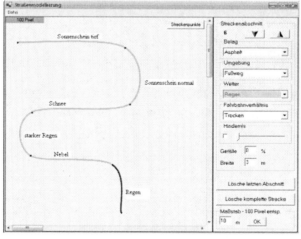

Abbildung 77: Szenario Editor für ein Kurvenwarnungssystem [Rei08].

---

[153] IZVW: Interdisziplinäres Zentrum für Verkehrswissenschaften, http://www.psychologie.uni-wuerzburg.de/methoden/forschung/projekte/fahrerinformation/stauassistent.php.de
[154] Effort Management and Performance Handling in Sicherheitskritischen Situationen = EMPHASIS, http://www.psychologie.uni-wuerzburg.de/methoden/forschung/projekte/fahrerinformation/emphasis.php.de

Oktal SCANeRstudio

„SCANeRstudio"[155] (Abbildung 78) der französischen Firma Oktal wird zur Simulation von Fahrzeugmodellen, Verkehr und Grafik für Fahrsimulatoren verschiedener Bauarten, Trainings- und Schulungszwecke sowie zur Visualisierung von Tests eingesetzt.

Abbildung 78: Oktal SCANeR Studio: Komponenten, Fahrsimulator-Aufbau, grafische Darstellung [Quelle: http://www.oktal.fr].

Die Simulationssoftware beinhaltet Komponenten für Einstellungen von Umgebung, Fahrer, Fahrzeug und Simulation. Dafür werden verschiedene Editoren angeboten. Die Simulation läuft schließlich in einem eigenen Modul ab. Als Anwendungsfelder im Bereich des Testens werden Straßenplanung, Fahrwerksfeinabstimmung und die Untersuchung der Einflüsse von Streckenabschnitten, Wetterbedingungen oder elektronischer Stabilitätssysteme auf die Straßensicherheit genannt (siehe Abbildung 79).

Abbildung 79: Beispiele für Tests mit SCANeR [http://www.scanersimulation.com]

IPG CarMaker

Das Produkt „CarMaker" der Karlsruher Firma IPG Automotive beinhaltet Fahrzeugmodelle. Ein Testsystem besteht bspw. zusätzlich aus den Elementen IPGDriver, IPGRoad und IPGTraffic zur Konfiguration von Fahrerverhalten, Umgebung und weiteren Verkehrsteilnehmern. Weitere Komponenten stellen die Testautomatisierung und die interaktive Bedatung und Steuerung dar. Insbesondere die realistische Modellierung der Fahrdynamik wird dann im Rahmen von virtuellen Open- oder Closed-Loop-Testfahrten eingesetzt. Die Ausgabe von 3D-Grafik dient hier nur zur Visualisierung für den Tester (siehe Abbildung 80), im Fokus der Anwendung steht die realistische (Sensor-) Modellierung. [MBW+09, SH08, Hen09]

---

[155] http://www.scanersimulation.com/

Abbildung 80: Verkehrssituationen in „IPG CarMaker" der Firma IPG [SHLK08].

„Neben der Generierung der Objekte stellt das Traffic-Modul ständig Informationen über die Position, alle Bewegungsgrößen in 6 Freiheitsgraden und die Dimensionen der Objekte zur Verfügung, die zur Detektierung der Objekte durch die Sensoren benötigt werden. Darüber hinaus werden Daten für die 3D-Darstellung in der Animation bereitgestellt. Der Anwender erhält damit einen intuitiven Eindruck von der Verkehrssituation und dem Fahrzeugverhalten, und kann schnell zu einer ersten Abschätzung der Reglerperformance gelangen. Hilfreich ist außerdem die Darstellung der Sensorbereiche in der Animation." [SHLK08]

TESIS DYNAware

TESIS DYNAware bietet mit dem Produkt DYNA4-Suite eine Simulations- und Testumgebung an. „DYNA4 Driver Assistance" beinhaltet dabei eine speziell für Fahrerassistenzsystemtests zugeschnittene Anwendung mit Verkehrssimulation, Manöversteuerung, Straßenmodell, Sensormodellen und Animationen. Zur Visualisierung wird DYNAanimation verwendet. Es kann zur nachträglichen Präsentation von Simulationsergebnissen (vgl. Abbildung 81) oder für die Stimulation eines kamerabasierten Systems am HiL genutzt werden.

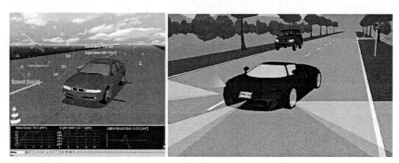

Abbildung 81: TESIS DYNAanimation [Quellen: http://dynaware.tesis.de9, ATZ online Nachricht vom 18.06.2010, http://www.atzonline.de/index.php;do=show/alloc=1/id=11934]

Abbildung 82 zeigt ein Beispiel für einen DYNA4-HiL-Prüfstand bei BMW, der mit einer „ausreichend realistischen Umgebungssimulation" über das von einem Monitor abgefilmte Kamerabild ein Fahrspurverlassenswarn-, Kollisionswarn-, Verkehrszeichenerkennungs- oder Fernlichtassistenzsystem stimulieren kann. Testziel ist dabei ein „Schnelltest" zur funktionalen Absicherung.

Kapitel 4 - Stand der Technik: Testen kamerabasierter Fahrerassistenzsysteme

Abbildung 82: TESIS Fahrerassistenzsystem-Prüfstand bei BMW: Straßeneditor, Hardware-Aufbau, visuelle Stimulation [http://tesis-dynaware.com].

TNO PreScan

PreScan[156] der niederländischen Firma TNO stellt ein Softwarewerkzeug zur Evaluierung von ADAS dar. Es beinhaltet einen Szenarioeditor, Sensormodelle, ein Kontrollsystem zur Integration von Assistenzfunktionen und Fahrdynamikmodellen in Matlab sowie ein Runtime-Modul zur Durchführung von Tests (siehe Abbildung 83). „A 3D visualisation viewer allows users to analyse the results of the experiment."[157] Einen Überblick über die Komponenten gibt [LVH08]. Die Vorteile des Werkzeugs, Fahrzeuge mit Beleuchtung und variabler Farbe, quantifizierbare Szenarien, sowie kontrollierbare und reproduzierbare Testdurchführung erläutert [Tide10].

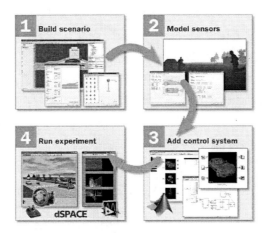

Abbildung 83: Bestandteile und Workflow von TNO PreScan [http://www.tass-safe.com].

[TJ10] zeigt einen auf PreScan basierenden Simulator für die Entwicklung und Evaluierung eines „Intelligenten Scheinwerfer Systems", der bspw. „IES"-Files[158] für die Lichtmodellierung nutzt. PreScan ist nach [HTPB+10] eine Software-in-the-Loop Testumgebung, es kann aber auch

---

[156] http://www.tno.nl/prescan
[157] http://www.tass-safe.com
[158] Illuminating Engineering Society. Das IES Standard Dateiformat wurde für den elektronischen Austausch photometrischer Daten erstellt. Ein erster Überblick findet sich bei CGArena:
http://www.cgarena.com/freestuff/tutorials/max/ieslights/

für funktionale HiL-Tests eingesetzt werden, doch werden dabei die Sensoren durch Modelle simuliert.

Vires

Die Firma Vires aus Rosenheim bietet eine „Toolchain for Driving Simulation" an. Diese beinhaltet einen Straßen-Editor („ROD") sowie einen Verkehrs-Editor („v-SCENARIO"), eine darunter liegende Verkehrssimulation („v-TRAFFIC"), ein Steuerungsmodul („v-IOS") sowie ein Sound System und eine Visualisierungskomponente („v-IG"), siehe Abbildung 84.

Abbildung 84: Vires Editor „ROD" und Darstellung durch v-IG [http://www.vires.com].

Vires hat das zugrundeliegende Straßenbeschreibungsformat „OpenDRIVE"[159] offengelegt, wodurch es seit 2006 in der Automobilbranche als de-facto Standard anerkannt wurde.

Eine enge Zusammenarbeit entstand zwischen Vires und Audi, die damit das "Virtual Test Drive" (VTD) Projekt als Plattform zum Pre-Adjustment und Testen von Spurerkennungsalgorithmen entwickelten [NNL+09, NNL+09b]. Dabei können Testfälle über verschiedene Testmethoden hinweg durchgängig wiederverwendet werden [NDW09]. [DNW10, KB10] beschreiben VTD zur Funktionsentwicklung (SiL), zum „Erfahren" des Produkts (DiL, ViL), und zum Testen (HiL). Es beinhaltet die Verkehrssimulation, Bildgenerierung, ein virtuelles Umfeld (Schnittstellen) und einen Szenarien-/Umfelddesigner von Vires. Weiterhin nutzt VTD das ADTF-Framework „als etabliertes Werkzeug zur Entwicklung/Test eigener Software-Module".

Eine VTD-Komponente stellt das AUDI „Vehicle in the Loop" (ViL) dar: nach dem Prinzip der Augmented-Reality wird dem Fahrer hier in einem echten Fahrzeug über eine Videobrille ein teiltransparentes 3D-Bild in die reale Umgebung eingeblendet (siehe Abbildung 85) [BMMM08]. ViL dient dabei als „Test- und Simulationsumgebung für Fahrerassistenzsysteme, welche die Vorzüge eines realen Versuchsfahrzeugs mit der Sicherheit und Reproduzierbarkeit von Fahrsimulatoren kombiniert" [Bock09]´.

---

[159] http://www.opendrive.org/

Abbildung 85: AUDI „Vehicle in the Loop": links Fahrer mit Videobrille, rechts Augmented-Reality-Darstellung [BMMM08].

Weitere visuelle Simulationsumgebungen

Die Paderborner Firma dSPACE setzt „MotionDesk" als Bestandteil der Entwicklungswerkzeug-Suite zur Grafikdarstellung ein: „Das Beobachten simulierter mechanischer Systeme ist deutlich einfacher, wenn diese grafisch visualisiert werden können. Am besten lässt sich das tatsächliche Verhalten simulierter Systeme in einer Animation realistischer 3D-Szenen visualisieren."[160] Die Simulation erfolgt mit dSPACE Automotive Simulation Models (ASM)-Modellen, wie Fahrdynamik- und Verkehrsmodellierung und kann an HiL-Systemen umgesetzt werden.

Abbildung 86: Darstellung in dSPACE MotionDesk.

[BGFB10] stellen das Testsystem „SiVIC" (siehe Abbildung 87) vor zum Entwickeln und Testen von Fußgängererkennungsalgorithmen. Es handelt sich um SiL-Tests. Dazu werden sowohl Fußgänger- als auch Kameramodelle benötigt und detailliert beschrieben.

---

[160] http://www.dspace.com/de/gmb/home/products/sw/expsoft/modesk.cfm

Abbildung 87: Gerenderte Szene, Fußgängergenerator und Beispiel-Fußgänger in SiVIC [BGFB10]

Eine weitere Visualisierungslösung zeigt Abbildung 88. Der Fokus liegt bei „blueberry3D" der Firma Bionatics in der realistischen Terrain- und Pflanzenmodellierung.

Abbildung 88: blueberry3D von Bionatics[161].

Fahrsimulatoren

Wie bereits in Abschnitt 4.1.2 dargestellt wurde, verwenden auch Fahrsimulatoren teilweise sehr aufwändige Visualisierungen. Eine Übersicht über verschiedene Simulatortypen bietet die Produktreihe von FTronik[162] mit Systemen für verschiedene Marketing- und Schulungszwecke.

Grundlage für den Fahrsimulator „Niobe" der RWTH Aachen (Abbildung 89) ist das Verkehrsflusssimulationsprogramm PELOPS. Möglich ist neben dem Einsatz „in the Loop" (HiL) auch ein realer Fahrer im Regelkreis [BC05, BC06]. Das dabei zugrundeliegende Fahrermodell wurde bereits im Jahr 2000 von [HZB00] vorgestellt.

---

[161] http://www.bionatics.com//Site/product/blueberry3d.php
[162] http://www.ftronik.de/

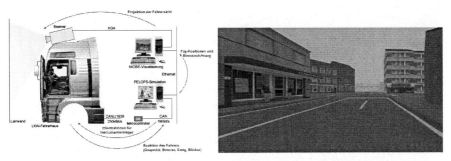

Abbildung 89: Aufbau des RWTH-Aachen Fahrsimulators „Niobe" und Darstellung der virtuellen Welt [BC06].

Der Fahrsimulator von Daimler in Sindelfingen (Abbildung 90) wurde als Nachfolger des vor 25 Jahren in Berlin in Betrieb gegangenen Systems Ende 2010 eingeweiht. Er besitzt eine Kuppel mit 7,5 m Durchmesser, in der ganze Fahrzeuge vor einer Leinwand installiert werden können. Ziel ist der gefahrlose Test hochdynamischer Fahrmanöver im physikalischen Grenzbereich, aber auch der Akzeptanztest von Systemen durch Probanden. [Zeit10e]

Abbildung 90: Daimler Fahrsimulator [Zeit10e].

Einen anderen Ansatz verfolgt der „Fahrsimulator Assistenzsysteme" von Daimler, siehe Abbildung 91. Hier wird ein Fahrzeug der S-Klasse für virtuelle Probefahrten als Fahrerkabine verwendet. Die Aktionen des Fahrers haben direkten Einfluss auf die über 6 Monitore dargestellte dargestellte Fahrzeugumgebung – und über Fahrdynamikmodelle und eine aktive Nutzung des „Active Body Control"-Dämpfersystems auf die Nick- und Wankbewegung des Fahrzeugs selbst. Damit können Kunden die Funktionen Aktiver Fahrerassistenzsysteme realitätsnah kennenlernen.

Abbildung 91: Daimler Fahrsimulator Assistenzsysteme [Quelle linkes Bild: Daimler AG: RD Inside. Stuttgart, Juli 2009. Quelle rechtes Bild: http://blog.mercedes-benz-passion.com, Meldung vom 20.06.2010].

4.1.4. Visuelle Simulationsumgebungen in anderen Domänen

Neben den in Abschnitt 4.1.3 vorgestellten Simulationsumgebungen im Bereich der Automobilentwicklung gibt es auch in anderen Domänen ähnliche Systeme. Beispielhaft werden hier einige Ansätze vorgestellt.

[GNC+10] und [FHW08] entwickeln Software zur Landschafts-Visualisierung und nutzen die Grafik-Engines von Quake 3, Unreal Tournament 2004 sowie die CryEngine. Eine 3D-Landschaft wird bspw. auch zum Testen der Stereo-Photoklinometrie[163] autonomer Weltraumfahrzeuge (MARS-Rover) erzeugt [GHCC07]. Einen Überblick über Simulatoren für unbemannte Drohnen bietet [CMBG07].

Das „Virtual Reality Applications Center" der Iowa State University erstellt virtuelle Welten, die es dem Nutzer ermöglichen, mit der 3D-Grafik zu interagieren. Anwendungen sind z. B. Flugsimulatoren oder Astronautentraining [MB01]. [WPT+10] nutzen Virtual Reality für einen MIG[164]-Schweiß-Simulator und in [AML+10] wird ein Überblick über geschichtliche Anwendungen wie virtuelle Museen und Spiele zu historischen Themen gegeben.

Auch für Pilotentrainings, wie der Simulation eines Luftbetankungsvorgangens, werden 3D-Simulationen genutzt, siehe Abbildung 92. Rheinmetall nutzt eine durchgängige Simulator-Technologie für Flug-, Fahrzeug-, Schiffs- und Rettungs-Simulationen [Bil05]. Hier wird eine detaillierte Übersicht über die jeweils benötigten Geo- und 3D-Daten und die verschiedenen LOD-Stufen gegeben. [TCB07] nutzen die Half-Life Engine zum Testen von Überwachungskameras.

---

[163] Das Errechnen von 3D-Landschaften aus 2D-Bildern.
[164] Metall-Inertgas-Schweißen

Abbildung 92: 3D-Modell eines Tankflugzeugs zum Testen einer automatischen Luftbetankung [CNF09].

4.2. Testfälle

In diesem Abschnitt wird der Stand der Technik von Testfällen im Bereich der funktionalen Absicherung kamerabasierter ADAS vorgestellt. Dazu zeigt Abschnitt 4.2.1 Möglichkeiten der Datenerhebung als Testbasis, in Abschnitt 4.2.2 wird aufgezeigt, welche Bestandteile Testfälle derzeit haben und in 4.2.3 werden Ansätze zum automatischen Testfallentwurf vorgestellt. Nach einem kurzen Überblick über Testfall-Datenbanken in 4.2.4 folgt die Zusammenfassung des Stands der Technik sowie die Ableitung des Handlungsbedarfs in Abschnitt 4.3.

4.2.1. Testbasis

Als Testbasis werden alle Dokumente bezeichnet, aus denen Anforderungen an das SuT erkennbar sind und aus denen Testfälle hergeleitet werden können. Ein häufiges Problem bei der Erstellung von Testfällen für ADAS ist, dass unzureichend genaue Spezifikationen vorhanden sind. Aufgrund der in der realen Welt unendlichen Möglichkeit an verschiedenen Situationen enthalten Anforderungen oft nur qualitative Aussagen. Oder es werden Annahmen getroffen, die schwer nachzustellen und nachzuprüfen sind. Beispielsweise ist eine Anforderung, die eine „zuverlässige Funktion des Systems in 99,9 % der Fälle" fordert, nicht ausreichend um daraus eine Abnahme des Systems zu ermöglichen. Die „Fälle" sind nicht definiert und es könnte sich um 99,9 % der darin verbrachten Zeit oder der darin gefahrenen Kilometer handeln. Auch Forderungen nach einer Erkennungsleistung „aller europäischer Straßenmarkierungen und Verkehrszeichen" ist unrealistisch, da diese zwar theoretisch genormt sind, sich in Wirklichkeit jedoch höchst unterschiedlich darstellen können, z. B. aufgrund von Witterungseinflüssen. Entsprechend wichtig ist es, qualitative Aussagen wie die genannten Beispiele möglichst quantifizierbar zu machen. Im Bereich der Aktiven Fahrerassistenzsysteme stellen daher Unfall-, Straßen- und Verkehrsstatistiken eine wichtige Rolle dar, um die Einsatzgebiete und Potentiale dieser Systeme zu kennen.

So ist das Wissen über die Gesamtlängen und Häufigkeiten der verschiedenen Straßentypen (wie Autobahnen, Landstraßen oder Gemeindestraßen) durch Informationen des Statistischen Bundesamtes (StBA) [STBA06] zur Verkehrsinfrastruktur, sowie über das übliche Fahrverhalten der Fahrzeugführer relevant, um die Strecken in Testfällen entsprechend proportional zu verteilen. Auf der anderen Seite sind Unfallstatistiken wichtig, um besonders kritische Verkehrssituationen erkennen zu können und um den potentiellen Nutzen oder auch den Testbedarf von Assistenzsystemen einschätzen zu können. All diese Informationen dienen der Auswahl „guter", d. h. relevanter und abhängig von der Teststrategie die gewünschte Testabdeckung erreichender Testfälle.

Derartige Statistiken können sehr spezielle Informationen liefern: „Ca. 94 % der Fußgängerunfälle passieren innerorts", „Die Fahrzeugfront ist [...] mit 70,6 % [...] die am stärksten involvierte Fahrzeugregion", „82 % aller Fußgängerunfälle ereignen sich mit einer Kollisionsgeschwindigkeit bis 40 km/h", „der Fußgänger [war] unmittelbar vor der Kollision in 94 % aller Fälle in Bewegung [...], ca 25 % sind unmittelbar vor der Kollision gerannt." Auch der Einfluss des Kontrasts der Kleidung, der Gehgeschwindigkeit, Größe, Alter, Stellung zum Fahrzeug, Verletzungsmuster und weitere Details werden geliefert. [KFS07]

Statistiken über Rahmenbedingungen des Verkehrs in Deutschland, das Unfallgeschehen im Überblick, zu Altersgruppen, Ortslagen, Verkehrsteilnahme und spezifischen Problemen (wie z. B. Schulwege-, Baustellen-, Wild- oder Nachtunfälle) können beim ADAC[165] nachgelesen und zur Erstellung einer Testbasis verwendet werden. [SMBW07] bietet eine Übersicht über Jahresfahrleistungen auf den verschiedenen Straßentypen in Baden-Württemberg. Weitere Statistiken liegen auch von der Allianz Unfallforschung und dem StBA vor [GDK08].

In der Unfalldatenbank der „German In-Depth Accident Study" (GIDAS) werden die folgenden für eine Kollisionsvermeidungs-Bremsfunktion relevanten Haupt-Unfalltypen aufgezählt: „Vorausfahrender – Nachfolger" (5,2 %), „Stau – Nachfolger" (4,5 %), „Wartepflichtiger – Nachfolger" (4,2 %), „Spurwechsler nach links" (2,6 %), „Spurwechsler nach rechts" (1,4 %), „Linksabbieger – Nachfolger" (1,4 %), „Rechtsabbieger – Nachfolger" (0,6 %) [HWB09].

---

[165] Allgemeiner Deutscher Automobil-Club e.V. (ADAC): Statistiken – Verkehrsunfälle in Deutschland, http://www.adac.de/Verkehr/statistiken/ Onlineressource vom 04.05.2009.
Allgemeiner Deutscher Automobil-Club e.V. (ADAC): ADAC – Wir machen Mobilität sicher. Broschüre, München, 2009 (auch online unter http://www.adac.de/_mm/pdf/fi_04_wir_machen_mobilitaet_sicher_0509_36663.pdf).

Die Bundesanstalt für Straßenwesen (BASt) empfiehlt nach diesen „In-Depth-Analysen" von Unfalldaten und einer ausführlichen Beschreibung der häufigsten Unfalltypen insb. ADAS zur Kreuzungsassistenz, Geschwindigkeitsregelungs- und Querführungsunterstützung sowie zur Kollisionsvermeidung [Bast06]. Nach [EGZ09] gibt es jedoch „im Bereich der Test-Spezifikationsdefinition für vorausschauende FAS noch keine Ansätze zur formalen Beschreibung". Es wird daher eine Formalisierung vorgeschlagen, die u. a. „komplexe Interaktionen des zu testenden Systems (SuT) mit seiner Umwelt" in Form sog. „Fahrszenarien" beschreibt. Ein Beispiel für Grundelemente solcher Szenarien werden in Abbildung 93 gezeigt, [Zlo07] stellt einen Fahrsituations-Klassifizierungs-Algorithmus für ACC-Systeme vor. „Im Bereich ziviler Fahrsimulatoren [...] werden Datenbasisgrößen überwiegend in Streckenkilometern gemessen" [DB06].

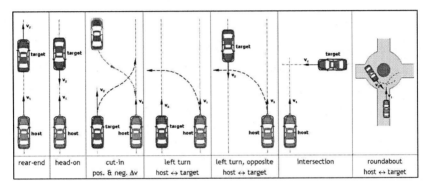

Abbildung 93: Szenario-Grundelemente für ein PreCrash-Assistenzsystem [PHS08].

Weitere zu berücksichtigende Eigenschaften von Straßen sind den gängigen Normen, Vorschriften und Empfehlungen für die Straßenplanung und den Straßenbau zu entnehmen. So sind abhängig von den vorgesehenen Geschwindigkeiten genaue Vorgaben zu Straßenquerschnitten, Kurvenradien etc. zu finden [RAS-Q]. Zusätzlich sind die Straßenmarkierungslinien in [RAS-L] detailliert vorgeschrieben und können daher diesem (für Deutschland gültigen) „Katalog" entnommen werden.

4.2.2. Bestandteile von Testfällen

Wie bereits in Abschnitt 2.4.6 beschrieben wurde, beinhalten Testfälle üblicherweise einzelne auszuführende Aktionen sowie als „notwendigen Bestandteil" [Mye01] die vom SuT erwarteten Reaktionen als Sollwerte für das Testorakel, unterteilt in einzelne Testschritte (Test Steps). Dabei kann entweder der Tester „das Solldatum aus dem Eingabedatum auf Grundlage der Spezifikation des Testobjekts" ableiten, oder das Testorakel sagt die Sollwerte (bspw. auf der Grundlage modellbasierter Entwicklung) vorher [SL04].

Nachdem beim Testen aktiver Fahrerassistenzsysteme die Spezifikation häufig nur qualitative Angaben beinhalten (vgl. Abschnitt 4.2.1) und daher die interessierende „bending knee region" (vgl. 2.4.6) vom Tester in analysierenden Tests erst noch herausgefunden werden muss, ist es in der Praxis schwierig, die Sollwerte für jede mögliche Situation vorherzusagen bzw. exakte Grenzen der Systemfunktion zu ziehen.

Aber auch die „Eingangswerte", bzw. die „Aktionen" des Testsystems zur Stimulation des SuT zu beschreiben fällt bei kamerabasierten Systemen schwierig. Werte sind hier häufig als Objekte mit diversen Eigenschaften bzw. Parametern (wie Typ, Position, Größe, Farbe etc.) zu verstehen. Nach [HWB09] sind außerdem Testfälle mit mehreren Objekten nötig, um die Tests realistischer zu gestalten.

In Abschnitt 2.5.2 wurden die Elemente der Datenbasis einer Grafikanwendung als unterteilbar in sichtbare und unsichtbare Bestandteile beschrieben [DB06]. [RBS10] gliedern Gefahrensituationen in eine Beschreibung äußerer Faktoren der „Systemumgebung" mit „Verkehrswegeinfrastruktur, die sich auf ihr bewegenden Verkehrsmittel, statische und dynamische Objekte (zum Beispiel Behälter oder Tiere) und Umgebungseinflüsse (zum Beispiel Nebel oder Schnee)". Daneben gibt es die „Innenwirkung" des Systems, also Soll- und Istwerte wie z. B. Geschwindigkeitsvorgaben. Und [DN08] beschreiben derartige Fahrsituationen in einem Referenzkatalog, bestehend aus den Elementen Fahrer, Umwelt (Szene, Verkehrsteilnehmer, Witterung, ...) und Fahrzeug (Geschwindigkeit, Richtung, Blinker, ...). Die „Szene" besteht aus statischen (Straßentyp, Streckenverlauf, Bebauung) und dynamischen (Wetter, Licht) Merkmalen. „Unsinnige" Merkmalskombinationen „werden von Beginn an herausgefiltert". Es wird unterschieden zwischen „Verkehrssituation", „Fahrsituation" und „Fahrersituation".

Daneben bestehen diese Testfälle üblicherweise aus Situationen, die dann in Form von Bild-Sequenzen durchfahren werden, d. h. zur Beschreibung der vielen Objekte kommt deren zeitliche Veränderung hinzu [RHPL08]. (Der Begriff „Sequenz" sollte hier nicht als Abfolge diskreter Schritte wie bspw. bei Zustandsübergängen, sondern als schnelle Abfolge von Einzelbildern verstanden werden.) [Rum05] nutzt UML-Sequenzdiagramme für die Testfallbeschreibung.

[NA05] stellen „hierarchische Situationsgraphen" zur „unscharfen" Beschreibung von Fahrsituationen vor. Ziel dabei ist es, Fahrerassistenzsystemen die Repräsentation und Klassifikation des aktuellen Fahrzeugzustands zu ermöglichen. Das EU-geförderte „eVALUE"-Projekt[166] hat einige einfache Test-Szenarien für Fahrerassistenzsysteme definiert und vorgestellt, siehe Abbildung 94.

Abbildung 94: Beispiele für Test-Szenarien [Lese09].

Bereits dabei ist die Menge an benötigten Informationen über Eigenschaften und Verhalten der Fahrzeuge sowie eine detaillierte Beschreibung der Straßengeometrien und Oberflächen sehr aufwändig. Wo bei „klassischen" Steuergerätetests häufig sehr knappe Aktionsbeschreibungen (wie bspw. „12 V an Pin 33 anlegen.") ausreichen, muss hier entweder viel potentiell missverständlicher Freitext aufgeschrieben, oder auf spezielle Beschreibungsformate zurückgegriffen werden. Hilfreich dabei können Standardformate für Höhendaten und Straßennetzwerke sein, teilweise muss auf 3D-Modelle von Objekten oder ganze Stadtmodelle[167] referenziert werden.

4.2.3. Automatisierbarkeit des Testfallentwurfs und der Testfallgenerierung

Um Aussagen über die erwartete Systemreaktion machen zu können, bedarf es eindeutiger Spezifikationen. Wenn diese auch noch in einer formalen Notation vorliegen, können ggfs. automatisch werkzeuggestützte Aussagen für das Testorakel getroffen werden.

Neben dieser Vorhersage der Ergebnisse kann auch der Testfallentwurf bzw. das Testdesign und die Programmierung bzw. Testfallgenerierung (teil-) automatisiert erfolgen. Als Methoden des Testfallentwurfs für Blackbox-Tests nennt [Mye01] „Äquivalenzklassen, Grenzwertanalyse, Ursache-Wirkungsgraph und Fehlererwartung (error guessing)". Die Anwendung solcher Formalismen stellt eine Automatisierung des Testdesigns dar.

Durch Codegeneratoren können dann aus den (formal beschriebenen) Testspezifikationen automatisch ausführbare Tests programmiert werden. Dasselbe ist möglich, wenn die System- oder Testspezifikation modellbasiert erstellt wurde. Derzeit werden Testfälle jedoch häufig durch Test-Ingenieure von Hand in speziellen Script-Sprachen programmiert.

Daimler sieht durch die modernen Assistenzsysteme „neue Anforderungen an die Testumgebung, denn diese Systeme interagieren im Straßenverkehr über ihre Sensoren [...]. Der Testfall hierfür setzt bei der Fütterung der Prüfstände mit Daten voraus, dass es wie bei einem Kinofilm

---

[166] www.evalue-project.eu
[167] Z. B. im CityGML-Format, http://www.citygml.org/

eine Art Storyboard gibt, dessen Ablauf nicht von der Zeit, sondern von bestimmten Ereignissen abhängt"[168]. Und bei „einer ganzen Reihe von Systemen hat neben den Eingabewerten auch der bisherige Ablauf des Systems Einfluss auf die Berechnung der Ausgaben bzw. auf das Systemverhalten. Die Historie ist zu berücksichtigen" [SL04]. Es ergibt sich also ein Bedarf für Testfälle als durchgängig bzw. kontinuierlich ablaufend beschriebene Szenarien. [WSSR10] schlagen daher „Szenen" vor, die über den gesamten Entwicklungsprozess von Fahrerassistenzfunktionen genutzt werden. Während der Spezifikationsphasen können dabei Sollwerte für gewisse „Abfolgen von Bewegungen der Akteure in einer Fahrsituation" (Use-Cases und „Misuse-Cases") vorgegeben, und während der Testphasen geprüft werden. Über einen „Szenengenerator" können für „wenige Basisszenen" und „einige Parameter" insgesamt „eine große Menge neuer Szenen generiert werden".

4.2.4. Testfall-Datenbanken

Einzelne Testfälle (Spezifikation, Code und Ergebnisse) werden – insb. von Programmen zur Testautomatisierung wie bspw. PROVEtech:TA der MBtech Group oder das Open-Source-Projekt Test Link[169] – in speziellen Datenbanken abgelegt. Häufig werden dabei verbreitete Datenbanksysteme wie Oracle Database oder Microsofts SQL Server angeboten, oder Open-Source- Systeme wie das PostgreSQL-Datenbankmanagementsystem.

Das „Dynamic Object Oriented Requirements System" (DOORS) von IBM stellt eine weit verbreitete Software für das Anforderungsmanagement dar. Es basiert auf einer proprietären Datenbank.

4.3. Zusammenfassung und Handlungsbedarf

In den Abschnitten 4.1 und 4.2 wurde der aktuelle Stand der Technik zum Testen kamerabasierter Fahrerassistenzsysteme aufgezeigt. Nach der Klassifikation wissenschaftlicher und industrieller Testmethoden konnten wichtige Beispiele exemplarisch gezeigt werden. Es folgt nun eine Zusammenfassung, und danach in Abschnitt 4.3.2 die Herausarbeitung des „Deltas" zwischen den Anforderungen in Kapitel 3 und dem Stand der Technik in diesem Kapitel als verbleibender Handlungsbedarf für das Konzept in Kapitel 5.

---

[168] Daimler AG, RD INSIDE, interne Publikation, April / Mai 2010
[169] http://www.teamst.org/

4.3.1. Zusammenfassung Stand der Technik

„Vision-Systeme" benutzen nach [MHP96] interne Modelle der Umwelt. Diese Modelle ermöglichen mit dem Grad der Übereinstimmung des Modells mit der Realität eine hohe Qualität und Zuverlässigkeit. Jedoch steigt damit unweigerlich die Komplexität und damit die Unbeherrschbarkeit. Insb. werden eine Reihe von „visuellen Phänomenen" genannt, „die zwar physikalisch erklärbar sind [...], die sich aber aufgrund ihrer visuellen Komplexität einer Berücksichtigung in der Bildsequenzanalyse weitgehend entzogen haben. Damit ist gemeint, dass die Detektion und Identifikation solcher Phänomene in gegebenen Bilddaten ungleich komplizierter ist als ihre Verwendung in der Bildsynthese." Das heißt, dass ein Testsystem diese „Phänomene" darstellen können muss. Beispielhaft werden (bereits 1996!) genannt: „komplexe opake Verdeckungen (z. B. Das Geäst eines Baumes), Transparenz (z. B. Nebel), Schatten (insb. auch weiche Schatten), Reflexionen (z. B. auf metallischen Oberflächen oder auf nasser Straße), Streulicht, Tiefenschärfe und Bewegungsunschärfe". Die Auswirkung dieser Phänomene hat in der Regel beträchtliche Auswirkungen auf die Verfahrensschritte[170] der Vision-Systeme. Das „Modellierungsproblem" wird auch bei den im Bereich Computer Vision gebräuchlichen Begriffen deutlich, denn „Konzepte wie Kanten, Linien, Regionen, Ecken und Punkte sind oft nur bei sehr wohlwollender Interpretation mit den realen Bilddaten in Übereinstimmung zu bringen". [MHP96]

Aber selbst „die derzeit verfügbaren Testwerkzeuge [für ADAS] erfüllen die Forderung nach einer realistischen, reproduzierbaren, sicheren und zugleich Ressourcen schonenden Testumgebung [...] nur eingeschränkt" [Bock09]. Und „im Gegensatz zu anderen Gebieten der Längs- und Querdynamik haben sich bei Fahrerassistenzsystemen noch keine Versuchsstandards mit entsprechenden Versuchskatalogen etabliert. [...] Auf Basis von Erkenntnissen der Risikobetrachtung und der funktionalen Sicherheitsanalyse [...] wurden realistische Szenarien herausgearbeitet. [...] Eine große Schwierigkeit bestand darin, die Versuche reproduzierbar durchzuführen [...]" [SBB+07].

In der folgenden Tabelle 2 wird eine Bewertung der unter 4.1.2 beschriebenen Klassen durchgeführt. Bewertungskriterien sind dabei aus den in Abschnitt 3.2 erarbeiteten Anforderungen sowie Aspekten aus dem Stand der Technik in Abschnitt 4.1 abgeleitet. Die Möglichkeit, die Testmethode in einer frühen Entwicklungsphase einzusetzen wird mit „frühzeitiger Absicherung" bezeichnet. Die generelle Eignung für funktionale Tests mit entsprechender Testtiefe und –breite sowie die Sicherheit für beteiligte Personen sind weitere Kriterien. Reproduzierbarkeit

---

[170] „Segmentierung, Verschiebungsvektorschätzung, Objektdetektion usw." [MHP96]

von Tests, ein hoher Grad an Realismus sowie die Beeinflussbarkeit und Variierbarkeit von Testbedingungen werden ebenfalls betrachtet. In der Praxis relevante Betrachtungen wie Kosten für Anschaffung und Betrieb und die Möglichkeit des Test-Dauerbetriebes werden bewertet. Die letzten Kriterien bewerten die Möglichkeit der Testmethode, eine gesamte Regelschleife (closed-loop) zu ermöglichen und die Eignung dafür, mehrere verschiedene Testziele abzudecken Die Bewertung wurde anhand der zum Stand der Technik verfügbaren und dort zitierten Literatur (wie z. B. [Bre09]) für typische Anwendungen durchgeführt.

Tabelle 2: Bewertung der bestehenden Testmethoden.

	Algorithmentest	Videotest	HiL-Test	Fahrsimulator	Testfahrt
Frühzeitige Absicherung	+	+	+	+	o
Funktionale Testtiefe & Breite	-	o	o/+	o	o
Sicherheit	+	+	+	o	-
Reproduzierbarkeit	+	+	+	-	-
Realitätsnähe	-	+	o	o	+
Beeinflussbarkeit / Variierbarkeit	+	-	+	o	-
Kosten	+	o	o	o	-
Dauerbetrieb	+	+	+	-	-
Abdeckung der Regelschleife	+	-	+	+	+
Verschiedene Testziele	o	-	+	+	+
	+	o	+	o	-

Als Ergebnis dieser Bewertung können große Vorteile der Algorithmentests und HiL-Tests ausgemacht werden, die sich insb. durch frühzeitige, sichere, reproduzier- und variierbare sowie im Dauerbetrieb durchführbare Tests ergeben. Videotests haben zwar den Vorteil hoher Realitätsnähe, können dafür aber keine vollständige Regelschleife abdecken. Fahrsimulatoren können für eine Vielzahl von Testzielen eingesetzt werden und testen die ganze Regelschleife bereits in frühzeitigen Entwicklungsphasen ab, jedoch ist insb. durch den menschlichen Fahrer „in-the-loop" die Reproduzierbarkeit von Situationen und der Dauerbetrieb eingeschränkt. Funktionale Steuergerätetests werden selten an Simulatoren durchgeführt. Reale Testfahrten bringen zwar die realsten Umgebungsbedingungen mit sich, sind dafür aber auch am gefährlichsten und aufwändigsten und können nur schwer automatisiert und damit reproduziert werden.

Das Ergebnis der Bewertung ist dabei keine abschließende Methodenbewertung, sondern bezieht sich auf die genannten Aspekte ausschließlich für die funktionale Absicherung. So ist es in der Fachwelt absolut unstrittig, dass Testfahrten in erheblichem Umfang durchgeführt werden müssen um beispielsweise psychologische Aspekte zu erfassen und das Gesamtsystem „Fahrzeug" in letzter Konsequenz und im mannigfaltigen natürlichen Umfeld zu erleben und damit guten Gewissens auch subjektiv geprägte Freigaben erteilen zu können. Dennoch zeigt Tabelle 2 eben auch die damit verbundenen großen Nachteile wie Kosten und mangelnde Reproduzierbarkeit auf, die jedoch in der Praxis aufgrund der genannten Vorteile bewusst in Kauf genommen werden.

Es muss auch berücksichtigt werden, dass sowohl die verschiedenen Testmethoden als auch deren Ausprägungen bei unterschiedlichen Ansätzen und Produkten teilweise unterschiedliche Schwerpunkte betrachten. Die Abdeckung bestimmter einzelner Testziele durch die Methoden wurde nicht betrachtet, da es durchaus bewusst erwünscht ist, bestimmte Testziele nur mit bestimmten Testvorgehen zu verfolgen.

4.3.2. Handlungsbedarf für das Konzept

Einige der in Abschnitt 3.2 aufgestellten Anforderungen können durchaus als in der derzeitigen Praxis erfüllt gelten. Dennoch ist im Stand der Technik keine Methode, kein Vorgehensansatz und kein Produkt bekannt, das alle Anforderungen vereint und somit ein durchgängiges Gesamtkonzept zur funktionalen Absicherung kamerabasierter Aktiver Fahrerassistenzsysteme darstellt.

Aus Tabelle 2 im vorigen Abschnitt 4.3.1 konnten die großen und in der wissenschaftlichen Diskussion und industriellen Praxis unbestrittenen Vorteile des HiL-Testens gezeigt werden. Es ist hierbei allerdings noch wünschenswert, den erreichbaren Grad des Realismus und damit Testtiefe und -breite bei gleichbleibenden oder sogar sinkenden Kosten zu erhöhen. Insb. im Bereich bildgenerierender Tests sind hier nur wenige Ansätze vorhanden, die diese Nachteile des HiL-Tests zu reduzieren versuchen. Nach Prof. Stiller von der Universität Karlsruhe stellt „ein wesentliches Hemmnis für die breite Einführung kognitiver Funktionen in Fahrzeugen […] die noch fehlende Robustheit und Verlässlichkeit der Erkennungsleistungen dar: Unter normalen Bedingungen (Beleuchtung, Wetter, strukturierte Umgebung) arbeiten die Erkennungsalgorithmen weitgehend korrekt, aber bei schlechter Beleuchtung (Nacht, Nässe), bei ungünstigem Wetter (Regen, Nebel, Schnee, grelle Sonne) oder in komplexen Situationen (innerstädtische Umgebung) sind sie überfordert" [Sti07].

Ein im Stand der Technik zum aktuellen Zeitpunkt ebenfalls häufig vernachlässigter Aspekt ist die Einbindung der Testmethode in Testprozesse, sowie die Beschreibung eines durchgängigen und automatisierten Vorgehens zur Testfallerstellung und Testdurchführung. [TÖ08] zeigen, dass die Möglichkeit eines Nachweises der Sicherheit eines (Fahrerassistenz-) Systems in der Automobilentwicklung sowohl für das Ableiten ingenieurmäßiger Vorgehensweisen als auch für die Risikoeinschätzung notwendig und erwünscht sind.

Insbesondere die Erweiterung der bestehenden HiL-Ansätze zur Simulation und visuellen Darstellung eines fotorealistischen Umgebungsmodells als Sensorinput ist im Rahmen dieser Arbeit zu erörtern. ADAS-Erkennungsleistungen werden nach [Mich09] an biologischen, d. h. menschlichen Fähigkeiten orientiert Der erreichte Fotorealismus muss daher mindestens für menschliche Betrachter „realistisch" sein. Dabei müssen insb. die von [Bre09] aufgestellten Anforderungen an „Abbildungen von Realitäten" erfüllt werden: Objektivität (Unabhängigkeit vom Tester), Reliabilität (Reproduzierbarkeit) und Validität (Messung des gewünschten Merkmals).

Ausgehend von diesem Testequipment für kamerabasierte ADAS muss ein Testbeschreibungsformat und ein Verfahren zur effizienten Erstellung der Testfälle und Nutzung des Testequipments erarbeitet werden. Schließlich ist die Einbindung in bestehende Testprozesse und in der Praxis etablierte Vorgehensweisen zu berücksichtigen und damit eine gesamtheitliche Testmethodik zu konzipieren.

Kapitel 5 — Methodik zum automatisierten funktionalen Testen kamerabasierter Aktiver Fahrerassistenzsysteme

Ausgehend von der Motivation in Kapitel 1 und aufbauend auf den in Kapitel 2 vorgestellten Grundlagen, den daraus resultierenden Zielen in Kapitel 3 und dem in Kapitel 4 genannten Stand der Technik wird in diesem Kapitel eine Lösung erarbeitet, die die verbleibenden Anforderungen (Abschnitt 4.3) zur funktionalen Absicherung kamerabasierter Aktiver Fahrerassistenzsysteme erfüllt.

Diese über ein rein theoretisches Konzept hinausgehende Lösung wird aufgeteilt in ein Rahmenkonzept (Abschnitt 5.1), das die Zusammenhänge des Test-Verfahrens und die Schnittstellen zu bestehenden Ansätzen und Vorgehensweisen aufzeigt. Danach folgen Details zum benötigten Testsystem in Abschnitt 5.2, zu nötigen Eigenschaften der dafür verwendeten Testfälle (5.3.1) und zur Erzeugung geeigneter Testfälle (5.3.2). Anschließend erfolgt in Kapitel 6 die Beschreibung einer prototypischen Realisierung.

Dabei lautet die allgemeine und vorgegebene Strategie „Funktionaler Steuergerätetest für Fahrerassistenzsysteme". Die Strategie beinhaltet hier ein zugrundeliegendes Prinzip.

> **Definition 5.1: Prinzip (nach [GI])**
> Unter einem Prinzip wird ein allgemeingültiger Grundsatz verstanden, der aus der Verallgemeinerung von Gesetzen und wesentlichen Eigenschaften der objektiven Realität abgeleitet ist und als Leitfaden dient.

Das Prinzip ist in diesem Fall die aus den vorigen Kapiteln zusammengefasste Annahme: „Funktionale Steuergerätetests für Fahrerassistenzsysteme sind notwendig, wichtig und sinnvoll." Daraus leitet sich die Strategie ab, kamerabasierte Aktive Fahrerassistenzsysteme funktional zu testen.

Eine Abstraktionsebene niedriger befinden sich Methoden.

Definition 5.2: Methode (nach [GI])

> Eine Methode ist eine systematische Handlungsvorschrift (Vorgehensweise), um Aufgaben zu lösen bzw. ein Ziel mit einer festgelegten Schrittfolge zu erreichen und beruht auf einem oder mehreren Prinzipien. Methoden sollen anwendungsneutral sein.

Die Anwendung einer Methodik, also der Gesamtheit zusammenhängender Methoden, ermöglicht nach dieser Definition das Erreichen des Ziels, d. h. die Strategie des funktionalen Testens. Die in den folgenden Abschnitten detaillierter beschriebenen dafür nötigen Methoden sind die Versuchsplanung, die Kombinationsalgorithmik sowie allgemeine Betrachtungen zum automatisierten Durchführen von Tests in Echtzeit.

Darunter, auf der Ebene der Technik, befinden sich die Aspekte der parametrierbaren Testklassen, der Testfalldefinitionen sowie der Umsetzung bzw. Durchführung der Testfälle.

Definition 5.3: Technik (nach Duden Fremdwörterbuch)

> Als Technik werden alle Verfahren, Einrichtungen und Maßnahmen bezeichnet, die der praktischen Nutzung naturwissenschaftlicher Erkenntnisse dienen.

Die Technik-Ebene bezeichnet also umschließend alle Werkzeuge sowie Verfahrensanweisungen, die für die Umsetzungen der Testfälle für kamerabasierte Aktive FAS notwendig sind.

Dementsprechend befinden sich darunter noch Werkzeuge (Tools) sowie Verfahren um diese Anzuwenden. Die Verfahren schließen den Bogen von der allgemeinen Methodik zum konkreten Einsatz des Werkzeugs.

Definition 5.4: Verfahren (nach [GI])

> Ein Verfahren beinhaltet ausführbare Vorschriften oder Anweisungen zum durch die Verwendung von Werkzeugen konkretisierten Einsatz von Methoden.

Definition 5.5: Werkzeug (nach [GI])

> Ein Werkzeug (Tool) stellt ein programmtechnisches Mittel zum automatisierten Bearbeiten von Informationsmengen dar. Es automatisiert ein Verfahren.

In Kapitel 3 wurden die Anforderungen an ein Testsystem für kamerabasierte Aktive Fahrerassistenzsysteme genannt. Betrachtet man eine hierarchische Darstellung der Abstraktionsebenen „Strategie", „Methode" und „Technik", so zeigt sich folgendes Bild als Überblick über die zu betrachtende Thematik (Abbildung 95):

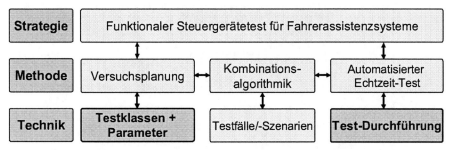

Abbildung 95: Hierarchie der Abstraktionsebenen (vgl. auch [Balz96]).

Das Ziel der Arbeit ist es, ein durchgängiges Verfahren zum automatisierten Testen kamerabasierter Aktiver Fahrerassistenzsysteme zu erforschen und zu definieren. Dafür ist eine Betrachtung der abstrakteren Ebenen der Strategien, Methoden und Techniken nötig. Ein Schwerpunkt liegt in der Beschreibung daraus abgeleiteter konkreter Anweisungen zum Einsatz eines Werkzeugs über den gesamten Weg der aufzuzeigenden Testmethodik. Wie durch die Pfeile in Abbildung 95 angedeutet, müssen die „hohen" Ebenen verlassen werden um, ausgehend von den Anforderungen der Strategie und den Zusammenhängen der Testmethodik, auf der „niedrigen" Ebene der Technik zum Ziel, der Testdurchführung, zu gelangen.

Die folgende Abbildung 96 zeigt die aus der Betrachtung der Abstraktionsebenen abgeleitete Aufgabenstellung und Gliederung des Konzepts. Dabei werden die bereits in Abbildung 95 dargestellten parametrierbaren Testklassen als Basis für eine Umsetzung von Testfällen am HiL übernommen. Dies stellt das Ziel-Vorgehen dar, ist aber nicht direkt sondern nur über die explizite Anwendung von Methoden der Versuchsplanung und Algorithmik, hier in Form von Testplanung und Szenariogenerierung möglich. Dieses Rahmenkonzept sowie die Schnittstellen zu bestehenden Vorgehens- und Prozessmodellen werden im folgenden Abschnitt 5.1 hergeleitet und vorgestellt.

Der Kern dieser Arbeit liegt in der Konzeption und Beschreibung einer Methodik und der dazu nötigen Verfahren zur Umsetzung der Testfälle im Rahmen eines HiL-Prüfstandes (Abschnitt 5.2) sowie der daraus abgeleiteten Anforderungen an die verwendeten Testfälle. Diese werden als Konzept der „parametrierbaren Testklassen" in Abschnitt 5.3.1 vorgestellt. Auf die Bereiche der Testplanung und Testszenariogenerierung wird im Rahmen der Arbeit in Abschnitt 5.3.2 nur peripher und beispielhaft eingegangen, da sie zwar essentiell für das Gesamtkonzept sind, jeweils aber durch umfassende wissenschaftliche Betrachtung noch weiter vertieft werden müssen. Das Kapitel endet mit einer Zusammenfassung in Abschnitt 5.4.

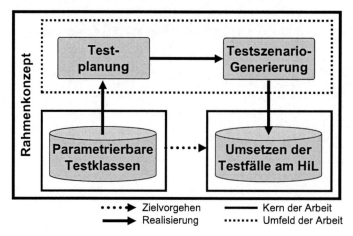

Abbildung 96: Überblick Rahmenkonzept, Teilkonzepte.

5.1. Rahmenkonzept

Wie in Abbildung 96 zu sehen ist, beinhaltet das Rahmenkonzept den Punkt „Umsetzen der Testfälle am HiL" als ein Kernelement. Diese Umsetzung beinhaltet wiederum die in Abschnitt 2.4.3 genannte Testprozess-Phase der Testrealisierung. Das heißt, die tatsächliche Durchführung eines Tests bzw. mehrerer Tests in Testläufen, deren Basis ein Testplan mit zugehörigen Testspezifikationen ist. Diese Testdurchführung erfolgt nach der Vorgabe aus dem Ziel Z 2 auf einem HiL-Testsystem, um die in den Abschnitten 2.4.5 und 4.3.1 dargelegten Vorteile dieser Technologie auszunutzen. Eine effiziente Nutzung der HiL-Technologie setzt die Berücksichtigung vieler technischer Details voraus. Daher werden im folgenden Abschnitt 5.2 die relevanten Anforderungen aus Kapitel 3 aufgegriffen und Aspekte zu ihrer Realisierung dargelegt. Es werden insb. die Echtzeitfähigkeit und die realistische Umgebungsmodellierung sowie das Zusammenspiel zwischen den beiden Hauptbestandteilen erläutert.

Ergebnis dieser Arbeit und die Lösung zum funktionalen Testen kamerabasierter Fahrerassistenzsysteme ist dabei die Einspeisung von 3D-Grafiken in das zu testende Steuergerät, bspw. über einen Monitor und die ADAS-Kamera. Die Reaktion des ADAS-Systems auf die analysierte Umgebung wird wiederum rückgekoppelt in das Testsystem bzw. darin ablaufende Simulationsmodelle und hat somit eine direkte Auswirkung auf die erzeugte 3D-Grafik. Durch diese Feedbackschleife ist ein closed-loop-Testbetrieb möglich.

Um die Umsetzung der Testfälle zu ermöglichen, muss wie bereits in Abbildung 96 gezeigt, ein Verfahren zur Erzeugung von Testfällen konzipiert werden. Eine Möglichkeit, die manuelle

Testfall-Erstellung durch Test-Ingenieure, wird parallel zum Testsystem in Abschnitt 5.2 erläutert. Es ist jedoch wünschenswert, die zeitaufwändige manuelle Arbeit zu (teil-) automatisieren. Zum einen kann die Realität durch eine sehr große Vielzahl von Situationen in entsprechend vielen Testfällen nachgestellt werden, zum anderen ist der Aufwand zur Durchführung eines einzelnen Testfalls sehr hoch. Beide Aspekte können durch eine geschickte Auswahl und zeitliche Anordnung von Testfällen berücksichtigt werden.

Für die anzustrebende automatisierte Testfall-Erzeugung werden zuerst ausgehend von den spezifischen Anforderungen an Testfälle für kamerabasierte ADAS die benötigten Elemente und Strukturen definiert und die daraus abgeleitete Lösung in Form parametrierbarer Testklassen vorgestellt (Abschnitt 5.3.1). Darauf folgt die Vorstellung von Ansätzen zur Ermöglichung der (teil-) automatisierten Erzeugung und Parametrierung einzelner Testfälle in Abschnitt 5.3.2. Damit kann das Gesamtziel dieser Arbeit, die Erforschung einer Testmethodik, also einer Vorgehensweise, die die nötigen Techniken, Verfahren und Werkzeuge beschreibt, dargestellt werden.

In den Unterabschnitten 5.1.1 bis 5.1.5 werden nun zunächst nacheinander die Hauptaspekte des Rahmenkonzepts erläutert. So stellen die Einbettung in die begleitenden Testprozess-Schritte sowie die dafür vorgesehenen Schnittstellen die Erfüllung wichtiger Rahmenbedingungen sicher. Der Aufbau eines HiL-Testsystems mit Hilfe realistischer in Echtzeit erzeugter Simulationen und 3D-Grafiken wird in den folgenden Unterabschnitten detailliert.

5.1.1. Der Testprozess

Im Bereich der aktiv in das Fahrgeschehen eingreifenden und damit sicherheitskritischen Systeme der Automobilelektronik sind bei der Entwicklung vielfältige Normen und Standards, wie bspw. ISO 26262 [ISO/FDIS 26262] oder die Genehmigungsrichtlinie 2007/46/EG [R 2007/46/EG], zu beachten und einzuhalten. Diese verlangen häufig den Nachweis, nach aktuellen Methoden und Vorgehensweisen entwickelt zu haben und dabei systematisch vorgegangen zu sein. Die Definition der zu dokumentierenden Arbeitsergebnisse einzelner Prozesse oder Prozess-Schritte stellt überprüfbare Kriterien der Entwicklungsqualität und damit auch der erwarteten Produktqualität zur Verfügung. Gerade die Qualitätssicherung nimmt einen hohen Stellenwert ein. So werden Prozesse nicht um ihrer Selbst willen erfüllt, sondern stellen allgemeine Rahmenbedingungen für ein strukturiertes Vorgehen zur Verfügung. Aus diesem Grund orientiert sich die hier erarbeitete Methodik an typischen Testprozessen.

Die Anwendung einer Testmethode bzw. die Nutzung eines Testsystems für kamerabasierte Aktive Fahrerassistenzsysteme erfolgt dabei unter dem Gesichtspunkt und der Notwendigkeit, sicherheitskritische Systeme bereits möglichst frühzeitig im Entwicklungszyklus zu testen. Wo bisher bspw. aufwändige Testfahrten durchgeführt werden mussten, soll das SuT nun bereits früher im Labor im Rahmen eines HiL-Tests funktional geprüft und abgesichert werden.

Als ein Referenz-Bewertungsmodell zur Analyse von Testprozessen wird PROVEtech:TP5 angesehen (vgl. Abschnitt 2.4.3). Die darin definierten Arbeitsergebnisse der 17 Prozesse innerhalb von fünf Phasen sind in Anhang A 5 aufgeführt.

Während die Anwendung von Testprozessen in der Automobilindustrie zumindest in klassischen sicherheitskritischen Bereichen weitestgehend als fortgeschritten angesehen werden kann, stellen sowohl moderne Aktive Fahrerassistenzsysteme als auch Testsysteme für kamerabasierte Steuergeräte eine Neuerung dar. Der Umgang mit diesen Systemen sowie die Bewertung der Qualität orientieren sich zwar an herkömmlichen Vorgehensweisen, sie sind großteils aber noch ohne Erfahrungswerte und damit auch noch nicht etabliert. Die bestehenden Prozessmodelle sind zwar auch hier als generische Grundlage gültig, entlang des Testprozesses ergeben sich damit für Testingenieure jedoch eine Vielzahl offener Fragen und neuer Herausforderungen.

In den folgenden Abschnitten werden daher einige Aspekte der fünf Phasen des Testens herausgegriffen, um daran das Konzept dieser Arbeit zu strukturieren. Ebenfalls werden Erweiterungen an den Definitionen der bestehenden Arbeitsergebnisse vorgeschlagen oder Diskussionen innerhalb der Testmannschaft angeregt. Eine endgültige Bewertung der Gültigkeit der bestehenden Testprozesse im Bereich kamerabasierter Aktiver Fahrerassistenzsysteme und die Anpassung der derzeit existierenden Vorgehensweisen wird erst nach erfolgreicher Durchführung einer Vielzahl von Testprojekten in diesem Umfeld möglich sein. Doch gerade das Bewusstsein und die Diskussionen um mögliche Definitionslücken oder gar Probleme und neu zu beachtende Aspekte können, solange sie dokumentiert werden, bereits heutige Projekte sehr positiv beeinflussen und damit zu einer gestiegenen Software- und Produktqualität bei gleichzeitig erhöhter Effizienz hinwirken.

Teststrategie

In der Phase der Teststrategie werden im Rahmen von PROVEtech:TP5 die beiden Prozesse „Ermitteln und Überwachen von Inhalt, Umfang und Zielen" sowie „Erstellen und Überwachen der Teststrategie" angewendet. Die für diese Arbeit relevanten Ergebnisse des ersten Prozesses sind die „Festlegung von Komponenten, die das zu überprüfende System bilden", die „Identifikation von Dokumenten, die das System beschreiben und als Basis zur Testfallermittlung geeignet sind" sowie die „Festlegung des Ziels der Überprüfung des Systems".

Gerade da kamerabasierte ADAS sehr neuartige Systeme mit geringen Erfahrungswerten darstellen und nachdem die Erwartungen an die Systeme nicht eineindeutig zu formulieren sind, da nicht alle möglichen Einsatzbereiche (d. h. Fahrzeugumgebungen) beschrieben werden können, weisen auch die Systemspezifikationen in der industriellen Praxis häufig einen eher qualitativen denn quantitativen Charakter auf. Anforderungen wie bspw. „Das System muss in 99 % aller Situationen korrekt reagieren" oder „Fußgänger müssen auch nachts erkannt werden" sind in der Praxis weit verbreitet, lassen jedoch wichtige Informationen vermissen, wie in den beiden Beispielen genauere Definitionen zu „alle Situationen" oder „nachts".

Solange dem Systemspezifizierer diese Defizite bewusst sind, kann die Erstellung einer Teststrategie dazu genutzt werden, entweder die Systemanforderungen zu detaillieren und bspw. auf einen bekannten Testfall-Katalog Bezug zu nehmen. Oder es wird entschieden, keine bewertenden Tests, sondern analysierende Tests durchzuführen und dem Systemverantwortlichen damit die derzeitigen Grenzen seines Systems aufzuzeigen. Eine Entscheidung für „Testfall bestanden" oder „nicht bestanden" dient damit als Indikator für die Systemperformance und ist nur indirekt ausschlaggebend für die Systembewertung. Die Verantwortung, alle möglichen Situationen des ADAS-Einsatzes in Testfällen abzubilden ist damit jedoch teilweise zum Testspezifizierer verschoben.

Auch die zu testenden Komponenten und das Test-Ziel sind festzulegen. Das bedeutet, dass innerhalb der Entwicklermannschaft Klarheit herrschen muss, welche Bestandteile und Eigenschaften des ADAS-Gesamtsystems überhaupt getestet werden sollen. Ob und wie bspw. funktionale Tests die Sensorik (also die Kamera-Optik) mitprüfen müssen ist durchaus kontrovers zu diskutieren. Ausgehend von diesen Festlegungen werden jedoch später bestimmte Testsysteme benötigt.

Nach der Ermittlung von Inhalt und Zielen der Testaktivität muss im zweiten Prozess die Teststrategie erstellt werden. Diese ist direkt abhängig von den definierten Systembestandteilen sowie dem geplanten Test-Ziel. Daraus lassen sich eventuell für eine jeweils eigenständige Risikobewertung geeignete Teile unterscheiden. Nun lassen sich einzelne Testmittel (wie Testsysteme für kamerabasierte ADAS) auswählen und Testsituationen festlegen. Mit Testsituationen werden dabei allgemeine Vorgaben gemeint, die für die Testfälle gelten sollen, wie z. B. Standardumgebungen in denen das SuT funktionieren muss. Im Fall kamerabasierter ADAS kann dies die Beschreibung eines typischen Autobahnabschnitts oder einer Innenstadtkreuzung sein, oder die Vorgabe welchen Ländern die simulierte Umgebung nachempfunden sein soll und ob das System auch bei dichtem Verkehr getestet werden soll.

Testplanung & Management

In der zweiten Phase werden die sechs Prozesse „Planen und überwachen von Arbeitspaketen", „Planen und überwachen benötigter Ressourcen", „Entwickeln und überwachen des Terminplans", „Planen und überwachen der Kommunikationsstrukturen", „Management von Projektbeteiligten" sowie „Planen, identifizieren und überwachen der Projektrisiken" betrachtet.

Dabei stellen die Arbeitsergebnisse „Definition von Abnahmekriterien für jedes Arbeitspaket" sowie die „Festlegung der Anforderung an Ressourcen" ein gewisses Risiko dar, wenn wie oben beschrieben, die zugrunde liegende Systemspezifikation unvollständig ist. Regelmäßige Kommunikation zum Abgleich der Erwartungen muss daher frühzeitig eingeplant werden. Es ist zu berücksichtigen, dass Risiken offen bleiben, da aufgrund des Sensortyps Kamera nicht alle möglichen Sensor-Inputs vorhergesehen und simuliert werden können (wie dies bspw. bei einem ESP-System der Fall wäre, wenn auch aufwändig). Die Planung identifizierender Tests muss voraussehen, in identifizierten Schwachstellen der Systemperformance detaillierter nachzutesten um die Systemgrenzen und die Auswirkungen verschiedener äußerer Einflüsse möglichst genau eingrenzen zu können.

Außerdem muss während der gesamten Projektphase die Neuartigkeit des SuT sowie des Testsystems berücksichtigt werden. Damit können nicht wie gewohnt ausgereifte Systeme erwartet und auf Spezialisten zurückgegriffen werden, sondern viele Arbeitsschritte und Erkenntnisse über die Funktionsweise des Systems ergeben sich erst mit der Zeit. Der Umgang mit dem Testsystem und ggfs. dessen Beschränkungen und Systemgrenzen müssen herausgefunden und kommuniziert sowie regelmäßig auf für das Testen ausreichende Qualität geprüft werden.

Gerade die Testplanung hat im industriellen Umfeld die wichtige Aufgabe, auf einen effizienten Ablauf des Testvorhabens zu achten und diesen zu fördern. Aus dem Stand der Technik in Abschnitt 4.3 wurde deutlich, dass dies bisher nicht zur Zufriedenheit erfüllt werden konnte.

Testspezifikation

In der Phase der Testspezifikation sind die Prozesse „Planen der Testspezifikationsphase", „Ermitteln, überwachen und pflegen von Testfallspezifikationen" sowie „Archivieren von Testfallspezifikationen" angesiedelt. Im Bereich der Planung ist es hier wichtig, die nötige Infrastruktur (z. B. Datenbankserver) und die darin anzuwendende Struktur und die Anbindung an die sonstigen Testwerkzeuge zu beachten. Insb. die abstrakte Testfallbeschreibung (siehe Abschnitt 5.3.1) und die teilautomatisierte Testfallerzeugung (Abschnitt 5.3.2) stellen hier Anforderungen, auch an die nötigen Kompetenzen bei den Testspezifizierern. Aber auch inhaltlich ist der gewünschte Detaillierungsgrad (sowohl der Testabdeckung insgesamt als auch der Beschreibung einzelner Testfälle) vorzugeben. Für die Ermittlung der Testspezifikationen ist dementsprechend darauf zu achten, bei neuen Projekten ausreichend Zeit für die Einarbeitung einzuplanen.

Für die effiziente Beschreibung komplexer Testfälle, die im Fall kamerabasierter Systeme theoretisch jeden beliebigen Verlauf von Blickwinkeln auf die reale Welt beinhalten können, muss eine Beschreibung vorgesehen werden, die intuitiv ist, sich grafisch repräsentieren lässt und es unterstützt, hierarchisch aufgebaut detaillierte Testfälle zu erzeugen. So können Skizzen mit abstrakten Beschreibungen von Testfällen, wie sie bspw. in Abbildung 93 und Abbildung 94 dargestellt sind, direkt als Testspezifikation übernommen werden. Darauf aufbauen können Details hinzugefügt oder verändert und über verschiedene Sichten auf den Testfall dargestellt werden. Eine 3D-Ansicht innerhalb eines Werkzeugs zur Testfalleditierung kann es so den verschiedenen beteiligten Rollen erlauben, sich schnell einen Eindruck von der Anordnung testfallrelevanter Objekte wie der Straße, anderer Fahrzeuge etc. zu verschaffen. Textbasierte Beschreibungen erlauben dies dagegen nur geschultem Fachpersonal.

Durch eine möglichst geschickte Auswahl der Testfälle aus dieser unendlichen Menge möglicher Testsituationen muss die Anzahl der umgesetzten Testfälle und der durchgeführten Tests auf ein realistisches, die verfügbaren Ressourcen berücksichtigendes Maß gebracht werden. Dafür muss der Testspezifizierer auf Algorithmen zurückgreifen können, die ihn durch eine (teil-) automatisierte Testspezifikation unterstützen. Auch die zeitliche Anordnung oder Sequenzierung von Testfällen für die Ausführung, bspw. für einen sog. „Test-Scheduler" muss bereits in der Spezifikationsphase möglichst „sinnvoll" geschehen, da sie auch Auswirkungen auf die räumliche Anordnung der Testfälle innerhalb einer virtuellen Welt haben kann.

Testrealisierung

Die Phase der Testrealisierung besteht aus den drei Prozessen Erstellen, Ausführen und Archivieren von Testfallimplementierungen. Hier ist es wichtig, die Umsetzung dem Testmittel zuzuweisen. Als wiederverwendbare Bausteine sind in dem Fall einzelne Test-Szenarien (siehe Abschnitt 5.3.2) vorzusehen. Bzw. es ist wichtig, die Szenarien dergestalt zu konzipieren, dass sie für möglichst viele Testfälle verwendet werden können. Auch die „Ordnung der Testfälle zu optimierten Abläufen" muss bereits während der Spezifikation erfolgen, nicht erst zur Ausführung, da sie nur dann auf die Szenarien verteilt werden können. Die Auswahl und Reihenfolge der Szenarien für die Testdurchführung wiederum ist Aufgabe der Testrealisierungs-Phase

Für die Überprüfung der Testfallimplementierung gilt (wie im Übrigen auch für die Testfallspezifikation), dass es aufgrund mangelnder Intuitivität und ggfs. auch aufgrund mangelnder technischer Kenntnisse der Beschreibungssprache seitens der Reviewer wenig sinnvoll erscheint, den Text eines Testfalls im .XML-Format im Rahmen eines Code-Reviews zu lesen. Viel eher müssen hier „Live-Durchläufe" der kompletten Szenarien stattfinden. Dafür muss ggfs. eine Einarbeitungszeit der beteiligten Entwickler eingeplant werden. Das verwendete Werkzeug muss dabei dem gleichen, das auch für die eigentliche Ausführung der Testfälle genutzt wird, um identisches Verhalten zu garantieren. Dieses Werkzeug muss insb. den Kamera-Sensor des SuT „live", also ich Echtzeit, stimulieren und dafür die Umgebung des SuT simulieren.

Die geforderte „Überprüfung der Testendekriterien" ist schwierig, wenn keine harten Kriterien festgelegt wurden. Vielmehr müssen die tatsächlichen Ergebnisse der (identifizierenden) Tests mit den Komponentenverantwortlichen diskutiert werden. Auch hierfür wird viel Zeit benötigt, wenn die Maßstäbe und Testkataloge auf deren Basis eine Absicherung erfolgt nicht allen Beteiligten bekannt sind.

Das geforderte Arbeitsergebnis „Dokumentation der relevanten Daten bei der Testausführung" wirft die Frage auf, welche Daten im Fall des Tests eines kamerabasierten ADAS relevant sind. Hierbei handelt es sich um alle für die reproduzierbare visuelle Darstellung benötigten Daten. Diese liegen in Form der Testfälle und Szenarien vor. Doch die Einspeisung der Daten in die Kamera über einen Monitor unterliegt ggfs. leichten (und nicht reproduzierbaren) Schwankungen aufgrund der mechanischen Justierung des Gesamtaufbaus. Sollte also über eine Diagnose- oder Test-Schnittstelle das tatsächlich von der Kamera erfasste Bild aufgezeichnet werden können, so ist dies in Betracht zu ziehen. Das Verhalten des Steuergerätes ist wie bei sonstigen SuTs auch im üblichen Rahmen durch Aufzeichnung der Ausgangssignale zu dokumentieren.

Testauswertung

Die letzte Phase, „Testauswertung", beinhaltet Prozesse zu Konsolidierung, Freigeben und Archivieren von Testergebnissen. Hier muss sowohl für die Auswertung als auch für die geforderten Richtlinien zur Freigabe berücksichtigt werden, dass der Test mit einem VL-System in erster Linie identifizierende und keine bewertenden Tests durchführt. Die Testergebnisse müssen daher unter diesem Gesichtspunkt mit besonderer Aufmerksamkeit betrachtet werden. Je nach Fortschritt im Entwicklungsprojekt dienen die Tests nur dazu, Bereiche für detaillierte Untersuchungen zu identifizieren. Eine abschließende Bewertung und Freigabe des SuT darf nicht direkt aus den (ersten) Testergebnissen erfolgen. Die industrielle Praxis sieht zwar häufig ein iteratives Vorgehen des Testens vor, bspw. durch Regressionstests verschiedener Softwarestände des SuT, bei VL-Tests muss jedoch beim Vergleichen zusätzlich die zunehmende Detaillierung der Testfälle in den Iterationsstufen berücksichtigt werden.

Zusammenfassung Testprozess

Die Einbettung eines Testsystems für kamerabasierte Aktive Fahrerassistenzsysteme in bestehende gängige Testprozess-Modelle wie PROVEtech:TP5 ist aufgrund derer generischer Beschaffenheit möglich. Doch konnten einige Ansätze aufgezeigt werden, bei denen das Testen kamerabasierter Aktiver Fahrerassistenzsysteme neue Probleme oder zumindest Fragen aufwerfen wird. Sowohl, was theoretische und in anderen Domänen durch die Praxis als gültig erwiesene Annahmen betrifft, als auch was die Umsetzung im täglichen Arbeiten der Test-Ingenieure angeht.

Weder die Qualität und Stabilität des ADAS-Systems als SuT, noch des Testsystems können in dem Umfang vorausgesetzt werden wie dies bei auf Zulieferer- und OEM-Seite seit vielen Jahren etablierten Komponenten sonst der Fall ist. Auch die weniger ausgeprägte Erfahrung der Mitarbeiter in Testprojekten erfordert deutlich genauere Definitionen und Absprachen.

Schließlich ist die meist anzutreffende lückenhafte Beschaffenheit der größtenteils qualitativen Systemspezifikation stets zu berücksichtigen. Dies wird eine bewusste Verschiebung von Kompetenzen und Verantwortung zu den Testern mit sich bringen, aber langfristig über Erfahrungswerte und Hilfsmittel wie Testfallkataloge zu einer gewohnt sicheren und routinierten Umgangsweise und qualitativ hochwertigen Produkten führen.

Die Anforderungen aus Abschnitt 3.2, insb. des Ziels Z 5, „Einbettung in bestehende Vorgehensweisen und Testprozesse" können als mit einem solchen Testsystem erfüllbar aufgezeigt werden. Es kann in bestehende Testprozesse integriert werden (A 5.2), und die bestehenden Vorgehensweisen haben auch hier Gültigkeit und können angewendet werden (A 5.3). Durch die nötigen Erweiterungen und Hinweise (A 5.4) in den Abschnitten oben wurden die einzelnen Arbeitsergebnisse der 17 Prozesse in 5 Phasen erweitert.

Ableitung des Rahmenkonzepts aus dem Testprozess

Für das Rahmenkonzept dieser Arbeit ergeben sich zwei aus den Testprozess-Phasen motivierte Hauptbestandteile. Diese können jeweils aus dem Bedarf des effektiven und effizienten Testens der neuartigen kamerabasierten Aktiven Fahrerassistenzsysteme abgeleitet werden.

- Grafik-Simulation in Echtzeit zur Stimulation kamerabasierter Systeme
    - Notwendigkeit und Vorteile der Grafik-Simulation als Grundlage des gesamten Konzeptes werden in Abschnitt 5.1.3 aufgezeigt und in den Abschnitten 5.1.4 und 5.1.5 wird der Gesamtaufbau des daraus resultierenden Werkzeugs „Visual Loop Testsystem" mit seinen Schnittstellen im Überblick vorgestellt.
    - Details sowie Vorgehen und Verfahren zur Umsetzung von Testspezifikationen hin zu Testimplementierungen und zur Anwendung des Testsystems werden in Abschnitt 5.2 abgeleitet.
- Unterstützung bei der Erzeugung von Testfällen und intuitive grafische Darstellung von Testfällen für kamerabasierte Systeme
    - Das Testfallbeschreibungsformat, um die nötigen Bestandteile möglicher Testfälle, also alle Elemente der realen Welt, abbilden und hierarchisch darstellen zu können, wird in Abschnitt 5.3.1 erläutert.
    - Abschnitt 5.3.2 beschäftigt sich mit der (teil-) automatisierten Erzeugung von Testfällen.

Damit werden ausgehend vom eigentlichen Werkzeug Schritt für Schritt die im zeitlichen Prozessablauf davor liegenden Vorgehensweisen und Techniken erforscht und erarbeitet, um eine Gesamtmethodik zur funktionalen Absicherung kamerabasierter Aktiver Fahrerassistenzsysteme zu erreichen.

5.1.2. Use Cases

Ein gängiger Ansatz zur Erhebung von Anforderungen für die Entwicklung neuer Verfahren und Softwareprojekte ist die Verwendung von Use Cases (vgl. [PS05]). Im vorliegenden Fall gibt es auf der obersten Abstraktionsebene die drei aus den PROVEtech:TP5-Prozessen abgeleiteten Use Cases „Erstellen einer Testfallspezifikation", „Erstellen einer Testfallimplementierung" sowie „Ausführen eines Testfalls" als Basistätigkeiten der beteiligten Rollen im Umgang mit dem Testsystem. Eine Verfeinerung in Einzelaktivitäten ist mit beliebiger Granularität möglich. Doch um die Erledigung der häufigsten Tätigkeiten im Sinne eines Anwenders möglichst effektiv und effizient zu ermöglichen genügt es, die genannten Use Cases (siehe Abbildung 97) zu betrachten.

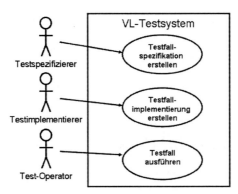

Abbildung 97: Use Cases für die Benutzung eines VL-Testsystems

Die Abläufe innerhalb der drei Use Cases können dabei wie folgt zusammengefasst werden:

Use Case 1: Testfallspezifikation erstellen

- Der Testspezifizierer (TS) leitet aus Teststrategie und Testplan die zu testenden Elemente und Eigenschaften des SuT ab.
- Der TS legt eine neue Testfallspezifikation an.
- Das Testsystem bietet die Möglichkeit zur abstrakten Beschreibung aller notwendigen Elemente eines Testfalls.
- Der TS gibt Vor- und Nachbedingungen des Testfalls an.
- Der TS gibt die relevanten Aktionen und Parameter des Testfalls an.
- Das Testsystem speichert die Testfallspezifikation ab.

Use Case 2: Testfallimplementierung erstellen

- Der Testimplementierer (TI) leitet aus der Testfallspezifikation die Struktur und die relevanten Informationen des Testfalls ab.
- Der TI legt eine neue Testfallimplementierung an.
- Das Testsystem bietet die Möglichkeit zur detaillierten Beschreibung aller notwendigen Elemente eines Testfalls.
- Der TI erstellt ein Grundgerüst für den Testfall aus Gelände und Straßenverlauf.
- Der TI detailliert die Testfallimplementierung mit Objekten der Umgebung.
- Der TI gibt Details zu allen Objekteigenschaften und ggfs. deren Veränderung über die Zeit an.
- Der TI gibt die erwartete Soll-Reaktion des SuT an.
- Das Testsystem speichert die Testfallimplementierung ab.

Use Case 3: Testfall ausführen

- Der Test-Operator (TO) leitet aus dem Testplan ab, welche Testfallimplementierung als Test durchgeführt werden soll.
- Der TO initialisiert das Testsystem.
- Der TO führt den Testfall aus.
- Das Testsystem führt den Test durch.
- Das Testsystem zeigt die Testergebnisse an und speichert sie ab.

Während in den nächsten Unterabschnitten zuerst grundlegende Herleitungen zur Verwendung von Computergrafik und zum Aufbau des „Visual Loop Testsystems" erfolgen, werden in den Abschnitten 5.2.1 und 5.2.2 die Beschreibungen zu den Use Cases 2 und 3 vorgestellt. Darauf folgend wird das Vorgehen zur Erstellung der abstrakten Spezifikation des Use Case 1 in den Abschnitten 5.3.1 und 5.3.2 abgeleitet.

5.1.3. Grafik-Simulation

Das Rahmenkonzept sieht im Bereich der Testfall-Umsetzung als Neuerung gegenüber bestehenden HiL-Testsystemen die Stimulation der Kamera-Sensoren vor. Dies kann durch eine fotorealistische Darstellung der simulierten Fahrzeugumgebung errechnet werden, um analog zu anderen Sensor-Stimulationen einen realistischen Wahrnehmungseffekt im Steuergerät zu erzielen. Die Simulation muss den Bereich bzw. Blickwinkel wiedergeben, den die Kamera von ihrem Einbauort in einem realen Fahrzeug erwartet. Fotorealität bedeutet nach der Definition aus Abschnitt 2.5.1, dass durch die Simulation dieselbe visuelle Stimulation wie durch eine reale Szene erzeugt wird.

Diese Anforderung an die visuelle Darstellung kann durch Computergrafik erreicht werden. Grafik-Engines (vgl. Abschnitt 2.5.3) bestechen gerade im Entertainment-Bereich durch hohe visuelle Performance, d. h. einen hohen Grad an (subjektiv vom menschlichen Betrachter wahrgenommenen) Fotorealismus. Diese Grafik-Engines sind meist in Game-Engines integriert und bieten damit neben der reinen Grafikberechnung weitere auch für die Testsystem-Entwicklung nützliche Module, z. B. für Netzwerk- oder Animationsaufgaben. Außerdem sind Computerspiele für den Einsatz auf vergleichsweise kostengünstiger Consumer-Hardware vorgesehen, was dem Preisbewusstsein im industriellen Testing-Bereich sehr entgegen kommt. Da der Markt der „Serious Games" für Game-Engine-Hersteller zunehmend wächst, werden auch die vielfältigen Wünsche der dabei beteiligten Branchen teilweise erfüllt und viele Konfigurationsmöglichkeiten, die für eine reine Spieleprogrammierung nicht nötig wären, dennoch angeboten und für den Programmierer zur Verwendung offen gelegt. Nichts desto trotz hat die Entscheidung für eine Consumer-Lösung (Software wie Hardware) auch Nachteile: die Stabilität, Standardisierung von Komponenten, Treiber-Verfügbarkeit und Support-Angebote ist häufig nicht so ausgeprägt wie bei Produkten für „professionelle" Anwender.

Der Schritt, nach Abwägung der Vor- und Nachteile eine Software-Lösung aus dem Bereich der Computerspiele zu wählen, kann als revolutionär angesehen werden. Frühere Visualisierungen im Bereich der Steuergerätetests sind aus Ingenieur-Software, Messtechnik und Datenvisualisierungen entstanden (vgl. Abschnitt 4.3.1). Dem gegenüber hatten Computerspiele schon immer die menschliche Wahrnehmung und die Erzeugung einer möglichst attraktiven und realistischen Darstellung simulierter Welten als Ziel. Insb. die durch die Medien zu Berühmtheit gelangten „First-Person-Shooter" versetzen den Betrachter in eine virtuelle Welt, bei der die Immersion, d. h. die Vertiefung in das Spiel-Geschehen möglichst hoch ist, indem ihm eine visuell äußerst realistische Darstellung präsentiert wird. Dies beinhaltet häufig auch Effekte der menschlichen Wahrnehmung wie Blendungen, Verengung des Blickfeldes, Bewegungsunschärfe oder Black-Outs bei Überanstrengung.

Nachdem derartige Wahrnehmungseffekte bei kamerabasierten Steuergeräten natürlich nicht auftreten, müssen sie auch explizit in der Simulation zu deaktivieren sein. Oder es muss im Einzelfall für jeden Effekt geprüft werden, ob er für das Kamerasystem ähnlich realistische Ergebnisse liefert wie für das menschliche Auge. Beispielsweise können Lichtbrechungen und Reflexionen bei verschiedenen Linsen und Linsenanordnungen stark unterschiedliche Auswirkungen auf das schließlich erzeugte Bild haben (siehe Abbildung 98 links). Dagegen sind andere visuelle Effekte von der zur Aufnahme verwendeten Optik unabhängig, wie bspw. „Sonnenstrahlen" in nebliger oder dunstiger Luft (Abbildung 98 rechts).

Abbildung 98: links: linsenabhängiger Reflexions-Effekt[171], rechts: „Sonnenstrahlen" durch Schatten im Dunst[172].

---

[171] Quelle: http://www.colourlovers.com/blog/2007/10/25/lens-flares-light-and-color-at-play
[172] Quelle: Microsoft Office Images

Doch allgemein ist die menschliche Wahrnehmung eines der besten Kriterien um die Güte einer 3D-Computergrafik, bzw. den Grad des Realismus zu messen. Grund hierfür ist die Tatsache, dass auch die Steuergerätefunktionen an der menschlichen Wahrnehmung ausgerichtet sind und sich mit der Qualität der Entscheidung eines realen Fahrers messen lassen müssen. Grundlage dafür ist wiederum, dass viele der visuell relevanten Elemente im Straßenverkehr auf den menschlichen Fahrer ausgerichtet sind: so enthalten Warn- und Gebotsschilder häufig die Signalfarbe Rot sowie charakteristische Formen, Straßenmarkierungslinien fallen durch einen möglichst hohen Kontrast zum Untergrund auf, und nachts wird auf ausreichende Beleuchtung oder Reflektivität geachtet. Im Rahmen dieser Arbeit ist die genaue Funktionsweise der Steuergeräte-Alorithmik a priori nicht bekannt und wird damit als Black Box angesehen. Die entsprechenden Spezifikationen über das innere Modell werden vom Zulieferer häufig nicht zur Verfügung gestellt und sind für eine funktionale Bewertung der Fahrerassistenzsysteme durch den OEM als Systemintegrator meist auch nicht nötig.

Wenn von der zu erzeugenden 3D-Grafik die Rede ist, wird damit vorrangig die beispielsweise auf einem Monitor zweidimensional wiedergegebene Darstellung einer virtuellen dreidimensionalen Umgebung gemeint. Daneben wäre aber theoretisch auch eine dreidimensional wirkende Darstellung möglich, beispielsweise durch die Verwendung von stereoskopischen Shutter- oder anaglyphen Farbbrillen. Außerdem gibt es Kamerasysteme wie die in Abschnitt 2.3.1 beschriebenen PMD-Kameras mit Tiefenerkennung oder zwei normale Kameras die aus dem Abstand ihrer optischen Achsen Tiefeninformationen und damit ein „3D-Bild" errechnen lassen. Die gleichzeitige Darstellung von zwei aus zueinander leicht verschobenen Blickwinkeln gerechneten „normalen" zweidimensionalen Grafiken auf zwei Monitoren erlaubt den heute in der Automobilindustrie üblichen Stereo-Kamerasystemen die Erkennung von 3D-Umgebungen und kann daher in diesen Fällen verwendet werden. Auf diesen Spezialfall wird im Folgenden daher nicht mehr weiter eingegangen.

5.1.4. Visual Loop (VL) System als Werkzeug

Ein Aspekt bei der Konzeption des Werkzeugs ist die Testsystem-Architektur. Hier ist insb. die Anforderung zu beachten, das System zur Erzeugung einer visuellen Stimulation in bestehende HiL-Testsysteme integrieren zu können. Abbildung 99 zeigt schematisch, wie ein visuelles (Grafik-) System in den HiL-Kreislauf eingebracht werden kann. Ein derartiges System wird aufgrund der visuellen Art der Stimulation und der Integration in den Regelkreis als „Visual Loop" (VL) System definiert, die eingebrachte grafikerzeugende Komponente ist die „VL-Komponente". Damit kann die VL-Komponente als eine weitere Sensorstimulation angesehen werden, wie sie bspw. analog für Radar-basierte Systeme bereits existieren. Die nötigen Schnittstellen und ihre Formate für eine möglichst reibungslose und universelle Integration werden im folgenden Abschnitt 5.1.5 beschrieben.

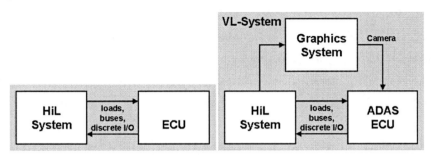

Abbildung 99: links: HiL-System, rechts: zusätzliche Visual Loop (VL) Komponente.

Diese Integrationsmöglichkeit in bestehende Testsysteme bedeutet aber auch, dass bereits vorhandene Simulationselemente übernommen und verarbeitet werden müssen. Beispielsweise müssen die ggfs. bereits vorhandene Fahrdynamik-Simulation, oder auch die einer Radar-Stimulation zugrunde liegenden Datenströme nicht nur ungestört bleiben, sondern sogar für die Erzeugung der Grafik genutzt werden. Die VL-Komponente (im Folgenden auch nur „VL" genannt) alleine übernimmt damit nur Aufgaben der Grafikberechnung aus gegebenen Daten (wie Objekte und deren Positionen). Es ist wichtig, diese Trennung sehr klar zu ziehen und nicht auch innerhalb von VL Daten zu generieren. Es ist für eine konsistente Datenhaltung und Simulation unbedingt notwendig, eine mehrfache und ggfs. unterschiedliche Berechnung gleicher Aufgaben zu vermeiden.

Auch muss genau definiert werden, aufgrund welcher Datenbasis bestimmte Annahmen getroffen werden. Im vorliegenden Fall der Fahrzeugsteuergerätetests liegt es nahe, die Daten der genutzten Straße als „Master" zu verwenden. Diese wurden bereits bei anderen Testsystemen (z. B. im Bereich der Fahrdynamiktests für ABS, ESP, etc.) als zugrundeliegende Positionierungs- und Referenzierungsbasis verwendet. Eine Straße im weitesten Sinne (egal ob Feldweg oder vielspuriger „Superhighway") wird in einem Fahrerassistenzsystemtest immer vorhanden sein. So kann die Position des Ego-Fahrzeuges, also des Fahrzeugs für das die Umgebung simuliert ist, und der darin verbauten Kameras des zu testenden kamerabasierten ADAS immer eindeutig relativ dazu berechnet und angegeben werden. Neben der Positionierung des Ego-Fahrzeugs müssen auch die Positionen von Objekten innerhalb anderer Modelle relativ zum Ego-Fahrzeug identisch sein. Nur wenn bspw. ein aus einer Radar-Simulation erkanntes Objekt an derselben Stelle gemeldet wird wie aus der Grafik-Simulation kann eine Sensordatenfusion zu einem eindeutigen und korrekten Ergebnis kommen.

Auf der anderen Seite limitiert diese strikte Trennung von Aufgaben die Skalierbarkeit des VL-Systems in dem Sinne, dass es nicht alle Test-Aufgaben ohne zusätzliche Module (wie Simulationsmodelle) bedienen kann.

Innerhalb der VL-Komponente muss, ausgehend von den beiden Hauptbestandteilen des Rahmenkonzepts in Abschnitt 5.1.1 und den Use Cases in Abschnitt 5.1.2 ebenfalls zwischen einer „Offline-" und einer „Online-Anwendung" unterschieden werden. Die Offline-Anwendung (auch „Editor") wird benötigt, um Testfälle zu erzeugen. Im einfachsten Fall ist dies ein Text-Editor, mit dem ein Test-Ingenieur manuell Objektpositionen in eine Testspezifikation schreibt. Nach den Anforderungen wünschenswert, und auch im Bereich der Spiele-Grafik nicht unüblich, ist jedoch ein grafischer Editor, der eine intuitivere Oberfläche und eine visuelle Kontrolle über den Prozess der Testfallerstellung liefert. „What-you-see-is-what-you-get (WYSIWYG)", „drag-and-drop", „click-and-place" oder „copy-and-paste" sind Schlagworte für Funktionen im Bereich der Usability, die Software-Anwender bereits von vielen Werkzeugen (wie Textverarbeitungsprogrammen) gewohnt sind und auch bei Expertenwerkzeugen erwarten (vgl. [HG10]). Im Bereich der Serious Games werden „Level-Editoren", die häufig bereits in den Game-Engines enthalten sind, zum Erstellen von Szenarien verwendet. Ein vergleichbarer Editor kann daher auch zum Entwerfen und Editieren von Testfällen genutzt werden. Er muss zum Anlegen neuer Testfälle, Editieren vorhandener Testfälle, Import von Objekten und zur Ausgabe des fertigen Testfalls verwendbar sein.

Die zweite Anwendung, die „live" bzw. online abläuft, wird auch als „Runtime-Modul" oder „Grafik-Generator" bezeichnet. Sie ist nach den bereits oben genannten Anforderungen dafür zuständig, die erstellten Testfälle zur Laufzeit der Tests im HiL-Umfeld darzustellen. Im Gegensatz zum Editor, bei dem die visuelle Darstellung lediglich als Hilfe für den Test-Ingenieur anzusehen ist, muss hier nun eine möglichst realistische und performante Darstellung ohne Störungen (wie z. B. Bildaussetzer) berechnet und angezeigt werden. Diese Anwendung errechnet eine 3D-Computergrafik, die möglichst hohe Realitätsgrade aufweist. Sie kann als Software-Werkzeug mit einer dafür optimierten Spiele-Engine und der darin integrierten Grafik-Engine realisiert werden und ihre Berechnungen, also die Visualisierung, über einer Hochleistungs-Grafikkarte ausgeben.

Die Trennung der Online- und Offline-Anwendungen der VL-Komponente entsteht zum einen aus den verschiedenen Anforderungen an die dargestellte Grafik. Diese ist bei einem Editor deutlicher geringer und damit kostengünstiger in der Realisierung, da weniger aufwändige Hardware benötigt wird. Dafür müssen zum anderen beim Editor diverse Editierungs-Wergzeuge angezeigt werden, die bei der Runtime-Visualisierung nicht benötigt werden. Daraus ergibt sich, die beiden Anwendungen zu trennen und für die jeweiligen Bedürfnisse zu optimieren. Die zu Grunde liegende Grafik-Engine kann jedoch die gleiche sein, dies ist sogar besonders sinnvoll um die Entwicklung des Testsystems weniger aufwändig zu gestalten und um dem Test-Implementierer eine realistische Vorschau der zu erwartenden Testfälle zu ermöglichen.

Ein Konflikt besteht jedoch bei der Grafik-Performance: da die Berechnung realistisch aussehender Computergrafiken viel Rechenzeit in Anspruch nimmt (insb. durch Licht-, Schatten- und Reflexionsberechnungen) sinkt mit steigender Grafik-Qualität die Bildgenerierungsrate. Oder es muss, um eine gleichbleibende Anzahl an frames-per-second beizubehalten, die Auflösung des berechneten Bildes verringert werden. Die Qualität und Geschwindigkeit der Hardware (insb. CPU und GPU) sind häufig vorgegeben oder durch technologische oder finanzielle Einschränkungen limitiert. Einen Kompromiss zwischen mindestens benötigter Grafikqualität und maximal möglicher Berechnungszeit zu finden ist eine Herausforderung, die jedoch durch einige meist in Game-Engines bereits integrierte „Tricks" (wie LOD-Systeme) gemeistert werden kann (siehe dazu auch Abschnitt 5.2.2).

Zusammenfassend lässt sich damit die „VL-Komponente" eines „VL-Systems" als das im Rahmen dieser Arbeit erarbeitete neuartige Testwerkzeug auffassen (vgl. Abbildung 99). Sie besteht aus Offline- und Online-Bestandteil zum Erstellen und Durchführen von Testfällen und interagiert mit ihrer Umwelt über zwei Schnittstellen: als Eingangsinformationen werden Befehle zur Steuerung erwartet und am Ausgang wird eine Computergrafik geliefert. Diese Schnittstellen werden im folgenden Abschnitt erläutert.

5.1.5. Schnittstellen

Insbesondere die Anforderungen A 2.3, A 4.3, A 5.1, A 6.2, A 6.3 und A 6.7 fordern bestimmte Eigenschaften der Schnittstellen, wie reale Geoinformationsdaten, Anbindung an bestehende HiL-Testsysteme und deren Testautomatisierungssoftware, standardisierte, übliche oder offene Datenformate und die Erweiterbarkeit um weitere Komponenten.

Das zu erarbeitende Gesamtsystem interagiert mit der Umgebung durch zwei Hauptschnittstellen. Auch intern sind Schnittstellen an logischen Verknüpfungspunkten entweder von außen offen sichtbar oder sie müssen erkennbar und erreichbar angelegt werden. Es handelt sich sowohl um technische Schnittstellen (wie bspw. verwendete Protokolle, Datenformate oder Hardware-Interfaces) als auch um organisatorische Schnittstellen (zwischen Prozessbestandteilen und Arbeitsschritten).

Bei der Verwendung der Protokolle im Rahmen dieser Arbeit wird aufgrund der Anforderung nach Effizienz darauf Wert gelegt, preisgünstige PC-Standardhard- und -software verwenden zu können, deren Anbindung an professionelle Testsysteme mit ihren teilweise speziellen proprietären Formaten jedoch zu gewährleisten. Ethernet hat sich dabei für den VL-Onlinebetrieb als verbreitete, ausreichend schnelle und einfach anzusteuernde Lösung für die externe Schnittstelle herausgestellt, um Kontroll- und Positionsdaten zu empfangen. Ethernet kann daher mit dem sicheren verbindungsorientierten TCP[173]- oder dem verbindungslosen UDP[174]-Protokoll als Standard-Schnittstelle zwischen einer VL-Komponente und einem bestehenden Testsystem genannt werden. Auf Abstraktionsschichten darüber[175] können ASCII[176]-kodierte Textdateien, ggfs. im XML-Format[177], genutzt werden. Innerhalb von VL muss ebenfalls gewährleistet sein, dass große Datenmengen schnell und sicher übertragen werden können. Nachdem ein typisches Testsystem im industriellen Umfeld nicht innerhalb größerer Netzwerke mit weiterem Datenverkehr existiert, wird die Übertragungssicherheit (nach der einmaligen Installation) auch ohne spezielle Sicherungsmaßnahmen als ausreichend angenommen. Übertragungsfehler, wie sie im Einsatz z. B. durch gequetschte Kabel oder elektromagnetische Störungen vorkommen können, werden in der Regel bemerkt und dann im Rahmen einer Fehlersuche lokalisiert und behoben. Robuste Übertragungsprotokolle mit Fehlerkorrekturmechanismen können hier sogar unerwünscht sein, da sie das Erkennen und damit auch das Beseitigen eines Fehlers ggfs. verzögern. Daher kann UDP als durch seinen einfachen Aufbau und geringen Overhead schnelles Protokoll verwendet werden.

Die genannte Eingangsschnittstelle beinhaltet eine Kontroll- und eine Positionsdatenschnittstelle. Um die VL-Komponente in ein bestehendes HiL-Testsystem integrieren zu können, muss sie Befehle empfangen können. Bei diesen „Kontroll-Daten" handelt es sich bspw. um Ablaufsteuerungen zum Laden und Starten eines Testfalls oder zur gezielten Manipulation einzelner Parameter wie der Tageszeit oder des Wetters. Dies erlaubt es, innerhalb eines Testfalls flexibel auf die Aktionen des SuT reagieren zu können. Ebenfalls können damit verschiedene Testsituationen innerhalb eines Testfalls durchgeführt werden, was den Initialisierungsaufwand beim Laden von Testfällen reduziert. Neben dieser Kontrollverbindung können über eine Datenschnittstelle Positionsdaten einzelner Objekte mit hoher Taktrate empfangen werden. Damit kann die von einem speziellen Fahrdynamikmodell im bestehenden HiL-Testsystem

---

[173] Transmission Control Protocol
[174] User Datagram Protocol
[175] Vgl. ISO/OSI-Schichtenmodell.
[176] American Standard Code for Information Interchange
[177] Extensible Markup Language. XML ist eine Markup Language oder Auszeichnungssprache, mit der sich Dokumente oder hierarchisch strukturierte Daten in Textform darstellen lassen.

errechnete Position des Ego-Fahrzeugs an die VL-Komponente übermittelt und von dieser dargestellt werden.

Nachdem diese auf Ethernet basierende Kontroll- und Datenverbindung im folgenden Abschnitt erläutert wird, folgen Erörterungen zu Dateiformaten, zur Anbindung an Testautomatisierungswerkzeuge sowie zur Ausgangsschnittstelle der VL-Komponente, der 3D-Computergrafik.

Kontroll- und Datenverbindung

Die Online-Anwendung, also die realistische Berechnung und Darstellung der Fahrzeug-Umgebungsgrafik in Echtzeit, wird von außen mit Kontroll- sowie Positionsdaten gesteuert. Die Kontroll-Daten ermöglichen eine Steuerung aller Simulationsparameter, was insb. Objekteigenschaften und Wetterbedingungen beinhaltet. Je nach Objekttyp können spezifische Eigenschaften, wie z. B. die Farbe, beeinflusst werden. Bei Fahrzeug-Objekten können einzelne Lichter ein- und ausgeschaltet sowie in ihrer Helligkeit und Farbe variiert werden. Das Wetter kann in vielfältiger Weise kontrolliert werden. Unter anderem können die Farbe des Himmels und des Umgebungslichts, Stand und Intensität der Sonne, Dichte und Art des Nebels, die Regenstärke und die Bewölkung des Himmels über Parameter sowohl im Editor als auch ferngesteuert zur Laufzeit des Tests gesetzt werden. Diese Daten werden während eines Testlaufs verhältnismäßig selten geschickt, müssen dann aber mit höherer Zuverlässigkeit ankommen. Daher wird hierfür eine TCP-Verbindung genutzt. Im Gegensatz dazu ist bei der Übertragung von Objektpositionen davon auszugehen, dass diese sehr häufig geschickt bzw. mit hoher Frequenz aktualisiert werden, bspw. für jedes durch ein Modell berechnetes und ferngesteuertes Fahrzeug alle 10 ms. Daher wird hier das schnellere UDP-Protokoll genutzt. Sollten einzelne Pakete hier nicht ankommen, kann zwar ggfs. ein leichtes Ruckeln in der Objektbewegung wahrgenommen werden, die schnell nachfolgenden Pakete stellen aber sofort wieder einen korrekten Zustand her.

Das eigens entworfene Protokoll auf der Anwendungsschicht wird in Abschnitt 6.1.3 im Detail vorgestellt.

Offene Dateiformate

Datenformate und Protokolle werden für Grundelemente des Terrains sowie für die Fernsteuerung der Simulation im Rahmen von Testläufen benötigt. Da es im Bereich der Grafik-Simulation derzeit nur de-facto-Standards gibt, d. h. nur in der Industrie etablierte aber nicht offiziell vorgeschriebene Datenformate, wird auf die Verwendung einfacher, offener und weit verbreiteter Formate geachtet. „Offene" Datenformate, also solche die zur freien Verwendung offen gelegt sind, haben den Vorteil, kostengünstig genutzt, und damit potentiell von einer großen Nutzergruppe angewendet und optimiert zu werden. Dies wiederum bewirkt häufig, dass sich mit einem weit verbreiteten stabilen und performanten Format ein de-facto-Standard etabliert, der damit auch für weitere Anwender attraktiv ist. Dies ergibt die Möglichkeit, anwenderübergreifend Daten austauschen und nutzen zu können. Offene Datenformate werden häufig auch in korrespondierenden offenen Dateiformaten abgespeichert.

Ein Beispiel hierfür ist die Verwendung von sog. „Splatmaps" und „Heightmaps" für den Höhenverlauf und die Beschaffenheit des Terrains. Dabei handelt es sich um Bild-Dateien, die in einer matrixförmigen Anordnung Werte für die Höhe und die Texturierung an der jeweiligen Stelle auf einer Landkarte abspeichern. Rastergrafikformate wie das weit verbreitete PNG[178] erlauben hier eine flexible Verwendung der Farbwerte der einzelnen Pixel. Durch die drei Farbwerte für rot, grün und blau sowie den Alpha-Kanal (für Transparenz) können beispielsweise vier verschiedene Terraintexturen (wie Gras, Lehm, etc.) Kartenpositionen zugeordnet werden.

Als Importmöglichkeit für die Editor-Anwendung wird ferner vorgesehen, übliche 3D-Modelle bearbeiten und verwenden zu können. Das von Autodesk offengelegte FBX-Format entspricht hier einem gängigen plattformübergreifenden Austauschformat. Im Bereich von Straßen-Beschreibungen etabliert sich das bereits in Abschnitt 4.1.3 vorgestellte OpenDRIVE-Format [XODR10]. Darin werden entlang der Straßenmittellinie alle Straßeneigenschaften abschnittsweise in einer XML-Datei definiert, vgl. Abbildung 100. Dies beinhaltet Informationen zu Anzahl, Breite, Art und Oberfläche von Fahrspuren, Kurvenverläufe, Markierungslinien, Höhenprofile, aber auch Abbiegemöglichkeiten in Kreuzungen und Objekte am Straßenrand wie Verkehrszeichen, Häuser etc.

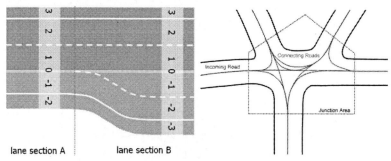

Abbildung 100: OpenDRIVE-Beispiele für Fahrspuren und Kreuzungen [XODR10].

---

[178] Portable Network Graphics, ISO-Standard 15948

Eine weitere Eingangsschnittstelle für den Editor stellen reale Kartendaten dar. Während der Zugriff auf kommerzielle Geodaten aufwändig und kostenintensiv ist, bieten Dienste wie Google Maps oder OpenStreetMap[179] reale Geodaten über standardisierte Schnittstellen an. Bei OpenStreetMap können beliebige Ausschnitte der Welt mit Straßennetzwerken ausgewählt, heruntergeladen und weiterverwendet werden. Die Informationen beinhalten dabei nicht nur den Verlauf der Straßen, sondern auch deren Art (Feldweg, Autobahn, ...) und weitere Eigenschaften (Einbahnstraße, 4-spurig, ...). Zusätzlich können Geoinformationen zur (teil-) automatisierten Platzierung von weiteren Objekten (Briefkästen, Hochspannungsleitungen, markante Gebäude, ...) und speziellen Bereichen (wie Wälder, Industriegebiete, Stadtgrenzen etc.) genutzt werden. Nachdem die OpenStreetMap-Daten keine Höheninformation enthalten, werden dafür die weltweit und frei verfügbaren Daten des digitalen Höhenmodells (Digital Elevation Model, DEM) der NASA Shuttle Radar Topography Mission (SRTM)[180] verwendet. Auch das in der Geographie genutzte „GeoTIFF"-Format für geographische Daten wie z. B. Höheninformationen kann einfach umgerechnet werden.

Testautomatisierung

Als weiterer Aspekt der Schnittstellen des Testsystems müssen die Testfälle sowie die Anbindung an die Testautomatisierung bzw. das bestehende HiL-System betrachtet werden. Nachdem ausgehend vom Stand der Technik keine allgemein akzeptierten Testfallbeschreibungs-Sprachen für kamerabasierte Aktive Fahrerassistenzsysteme bekannt sind, wird ein neues Testfallformat eingeführt. Es zeichnet sich durch die Nutzung einer frei verfügbaren Datenbank und eine hierarchische und erweiterbare Struktur aus (siehe Abschnitt 5.3.1). Die abstrakte Beschreibung von Testfällen in diesem Format wird dann in ein XML-Format überführt, das spezifische Angaben zu allen im Testfall enthaltenen Objekten beinhaltet. Während die Datenbank beispielsweise die Information enthält, ein Testfall müsse „im Wald", „auf der Landstraße" und „nachts" stattfinden, wird dies in der „VL-Projekt-" Datei zu VL-spezifischen Angaben umgesetzt. Diese beinhaltet dann für jeden einzelnen Baum eines Waldes dessen Art, Position, Größe etc., die Straße wird eindeutig definiert und aus „nachts" wird eine exakte Uhrzeit.

Die Anbindung an das HiL-System geschieht im Wesentlichen über die Netzwerkschnittstelle mit den bereits oben beschriebenen TCP- und UDP-Protokollen. In einem Programm zur Testautomatisierung werden Testfälle geschrieben, die wie bei bisherigen Tests auch Aktionen ausführen. Neu ist nun, dass bestimmte Aktionen, wie bspw. das Loslaufen einer Person auf die Fahrbahn, vom Test-Ingenieur im Testfall speziell für die VL-Grafikerzeugung vorgesehen sein

---

[179] http://www.openstreetmap.org
[180] http://www2.jpl.nasa.gov/srtm/

müssen. Die Ansteuerung der VL-Komponente geschieht durch einen API-Aufruf innerhalb des Testskript der Testautomatisierungssoftware. Ebenfalls möglich ist die Einbindung einer solchen Schnittstelle in den Echtzeit-Code einer bestehenden Simulationsumgebung, bspw. für Fahrdynamikmodelle auf einem dSPACE-Echtzeitrechner. Daraus kann direkt über die Ethernet-Schnittstelle des dSPACE-Systems die Netzwerkschnittstelle der VL-Online-Anwendung angesprochen werden.

Schnittstellen der Grafik-Engine

Innerhalb der Online-Anwendung werden dann zwei parallele Ausführungsstränge[181] verwendet, um damit die Anforderung nach einer hoch performanten Grafikerzeugung zu erfüllen. Einer empfängt, verwaltet und verarbeitet die empfangenen Daten. Dabei handelt es sich hauptsächlich um Positionsdaten von Objekten. Diese müssen gepuffert werden, und jeweils die beim Start der Berechnung eines Frames aktuellste Position muss an den zweiten Ausführungsstrang, die Grafikberechnung weitergegeben werden[182]. Diese ist damit unabhängig von der ggfs. rechenintensiven Verwaltung und Auswertung der Netzwerkverbindung.

Da sich die weiteren internen Schnittstellen innerhalb der Grafikengine befinden, ist der Einfluss und Zugriff hierauf sehr beschränkt. Nachdem aber davon auszugehen ist, dass die Entwickler von Game-Engines bereits viel Wert auf eine effiziente Implementierung der Grafik-Pipeline legen, kann in diesem Bereich bereits eine sehr hohen Performance angenommen werden. Direkte Schnittstellen-Zugriffe innerhalb der Grafik-Pipeline sind im Rahmen dieser Arbeit nicht benötigt. Die Ausgabe der Grafik erfolgt schließlich über den Ausgang der verwendeten Grafikkarte, also bspw. über DVI[183]- oder HDMI[184]-Anschlüsse und entsprechende Kabel an einen oder mehrere Monitore. Aber auch aus dem Grafikkarten-Speicher (Framebuffer bzw. Front Buffer) kann das aktuell gerenderte Bild direkt ausgelesen und zur Weiterverarbeitung weitergereicht werden.

Abhängig von der Teststrategie (vgl. Abschnitt 5.1.1) muss in jedem Testprojekt entschieden werden, ob die Kamera-Hardware im „Loop" bleiben, der Sensor also mitgetestest und stimuliert werden soll, oder ob „nur" der verarbeitende Algorithmus getestet und der Kamerasensor daher simuliert werden muss. Wenn das von der Grafikkarte erzeugte Bild direkt in das ADAS-Steuergerät eingespeist werden kann und die Kamera somit umgangen wird, so müssen die

---

[181] Bspw. über Threads implementierbar.
[182] Dies funktioniert bspw. über einen gemeinsam genutzten Speicherbereich, der vom Grafikerzeugungsthread kopiert und dann zur Bilderzeugung verwendet wird. Weitere empfangene Informationen, wie geänderte Simulations-Parameter (wie Tageszeit oder Bewölkungsgrad), werden vom Netzwerkthread direkt in die entsprechende Variable geschrieben, die dann regelmäßig vom Grafik-Thread ausgelesen wird.
[183] Digital Visual Interface
[184] High Definition Multimedia Interface

erzeugte Auflösung und Bildfrequenz genau der entsprechen, die auch die Kamera geliefert hätte.

Wird dagegen die Original-Kamera des ADAS verwendet und auf einen Monitor gerichtet, um die aktuell simulierte und von der Computergrafik berechnete Umgebungsgrafik davon abzufilmen, so gelten andere Bedingungen. Die Ausgabe auf dem Monitor muss dann mit ausreichender örtlicher wie zeitlicher Auflösung erfolgen, um die Kamera bzw. die Algorithmen des Aktiven Fahrerassistenzsystems mit der benötigten Grafikqualität zu stimulieren.

Kameras werden zwar auch im realen Fahrzeug immer mit geringfügigen Toleranzen verbaut, und so darf auch die relative Position der Kamera vor einem Monitor des Testsystems leicht variieren. Doch der Versatz zwischen einzelnen Pixeln des Kamerasensors und den auf dem Monitor dargestellten Pixeln muss minimal sein, vgl. Abbildung 101. Im ungünstigsten Fall nimmt bei einer 1:1-Zuordnung der Auflösungen jeder Kamerapixel jeweils ein Viertel der Fläche von vier Monitorpixeln auf. Die effektive Auflösung der Kamera würde damit nur noch 25 % ihrer physikalischen Auflösung betragen. Ein Beispiel für eine die Objektstruktur nicht ausreichend abbildende Auflösung zeigt Abbildung 102.

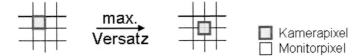

Abbildung 101: Worst Case des Versatzes zwischen Kamera- und Monitorpixeln.

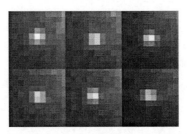

Abbildung 102: Beispiel für unzureichende Auflösung: derselbe Stern wird durch ein leicht verschobenes Teleskop in sehr unterschiedlichen Formen dargestellt [Quelle: Wallis, Provin[185]].

Da jedoch davon ausgegangen werden muss, dass eine exakt pixelgenaue Ausrichtung mangels technischer Möglichkeiten und mechanischer Genauigkeit nicht möglich ist, so muss die am Monitor dargestellte Grafik gegenüber der Kamera deutlich überabgetastet berechnet werden, siehe Abbildung 103. Auch wenn nach Nyquist-Shannon-Abtasttheorem der verwendete Oversampling-Faktor bei 2 (je Dimension) liegen müsste, so wird in der Praxis – bedingt durch Ka-

---

[185] Siehe Wallis, Brad D; Provin, Robert W.: Some Notes on the Matter of Matching CCD Camera Pixel Size to the Capabilities of an Instrument. http://geogdata.csun.edu/~voltaire/pixel.html, 1997.

meraoptik, Sensortypen und weitere Einflüsse, je nach Kamera der Faktor 2 – 4[186] (je Dimension) empfohlen. Aber auch damit ist noch mit einer gewissen Unschärfe und Trübung zu rechnen, in Abbildung 103 liegen bei einem 9fach-Oversampling immer noch nur 69 % der gewünschten Monitorpixel im Sensorbereich, und stattdessen werden Farbwerte der Nachbarpixel mit aufgenommen. Doch da diese Einschränkungen bei üblichen Sensorauflösungen nur durch riesige Monitorauflösungen und damit sehr kostenintensive Hardware zu beseitigen wären, wird mit dem bewusst verbleibenden Restfehler gearbeitet.

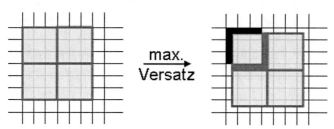

Abbildung 103: Maximaler Versatz bei 3x3 Monitorpixel pro Kamerapixel.

Durch die eindeutige Definition der Schnittstellen und die direkt vorgesehene Anbindung an bereits etablierte HiL-Testsysteme ist auch ein Einsatz unter Bedingungen des „Verteilten Testens" [Butt10] möglich. Dabei werden einzelne Aufgaben und Bestandteile des Testsystems räumlich getrennt gehalten, um modernen Entwicklungslandschaften weltweit verteilter Mannschaften Rechnung tragen zu können.

Zusammenfassend können damit die Forderungen A 2.3, A 6.2 und A 6.3 nach Nutzung und Importmöglichkeiten üblicher bzw. standardisierter Formate und insb. für reale Geodaten als erfüllt angesehen werden. Die Anbindung an bestehende HiL-Testsysteme und an deren Testautomatisierung (A 4.3 und A 5.1) wird durch die Netzwerkschnittstelle ermöglicht. Erweiterbar ist das VL-Gesamtsystem (A 6.7) aufgrund der vielfältigen offen gelegten Schnittstellen. So können bspw. beliebige Datenquellen für Kontroll- und Positionsdaten gleichzeitig genutzt werden.

5.1.6. Zusammenfassung des Rahmenkonzepts

Im Rahmenkonzept konnte gezeigt werden, welche Bestandteile eines Testsystems nötig sind, um möglichst effizient kamerabasierte Aktive Fahrerassistenzsysteme funktional abzusichern und damit die Anforderungen A 4.1 bis A 4.5 zu erfüllen. Dafür wurde PROVEtech:TP5 als Basis für typische Testprozesse zu Grunde gelegt (Abschnitt 5.1.1). Insb. aufbauend auf die drei

---

[186] http://www.vision-doctor.de/kameraberechnungen/kamera-genauigkeit-aufloesung-berechnen.html

Prozessschritte der Testplanung, Testspezifikation und Testrealisierung wurden drei Use Cases erarbeitet (Abschnitt 5.1.2).

Ausgehend von der Idee, Computergrafik zur fotorealistischen Stimulation kamerabasierter Fahrerassistenzsysteme zu verwenden, wurde ein Testsystem mit sogenannter „Visual Loop" (VL) Komponente zur Stimulation des System-under-Test in Echtzeit und in einem closed-loop HiL-Verfahren sowie dessen Schnittstellen und Bestandteile aufgezeigt. Diese teilen sich hauptsächlich in die Online- und Offline-Anwendung auf. Auch die für die Durchführung der Tests notwendige Aufgabentrennung zwischen Positionsberechnung und -anzeige sowie die Notwendigkeit der Straße als zugrundeliegender Positions-Datenbasis wurde dargestellt. Als Spannungsfeld wurde der Kompromiss zwischen Darstellungsqualität der erzeugten 3D-Grafik und der Berechnungsdauer (also Performance) aufgezeigt.

Das Gesamtsystem und die Schritte zum Durchführen der Tests wurden am Beispiel PROVEtech:TP5 in bestehende Testprozesse eingebettet. Ein Betreibermodell bietet sich damit analog zu bestehenden Betreibermodellen in bereits etablierten Test-Projekten an.

5.2. Verfahren zum HiL-Testen kamerabasierter Aktiver Fahrerassistenzsysteme

Nach [NFH07] muss ein autonomes mobiles System (verwendetes Beispiel: Lenkflugkörper mit Videokamera als wesentlichem Sensor) in einer Simulationsumgebung durch ein „closed loop system" mit geschlossener Regelschleife stimuliert werden. Einen aufgezeichneten Videofilm „später wieder in die Simulation einzuspeisen" hat danach zwar den Vorteil der „absoluten Realitätsnähe der Bilder", es ist aber „keine Interaktion zwischen dem Gerät und der Umwelt mehr möglich". Daraus folgt, dass „eine interaktive Bildgenerierung notwendig" ist, die „aus einer visuellen 3D-Datenbasis mit Hilfe der Computergrafik interaktiv" Bilder erzeugt. Ein rein digitales Modell der Umwelt und des kamerabasierten Geräts wird hier als „Mathematisch Digitale Simulation" (MDS) bezeichnet und kann direkt als Software-in-the-Loop-, aber auch für Hardware-in-the-Loop-Testsysteme eingesetzt werden.

Wie bereits im Rahmenkonzept in Abschnitt 5.1 aufgezeigt wurde, trifft dies auch für das Testen kamerabasierter Aktiver Fahrerassistenzsysteme zu. Die in [NFH07] genannte „interaktive Bildgenerierung" wird in dieser Arbeit als „Visual Loop"-Komponente bezeichnet. Diese wird als Zusatzbaustein an ein übliches HiL-Testsystem „angedockt", das u. a. auch die „Mathematisch Digitale Simulation", also bspw. Fahrdynamik- oder Fahrermodelle beinhaltet. Damit entsteht ein „Visual-Loop (VL) Testsystem".

Die folgenden Unterabschnitte behandeln sowohl Details zur VL-Komponente als auch zu den für die Erstellung und Durchführung von Tests anzuwendenden Verfahren. Zuerst werden abgeleitet aus Use Cases (5.1.2) die beiden Haupt-Bestandteile, VL-Editor (Offline) und Grafik Generator (Online) in den Abschnitten 5.2.1 und 5.2.2 konzipiert. Der Abschnitt endet mit einer Zusammenfassung in 5.2.3. Danach wird in Abschnitt 5.3.1 das Konzept der parametrierbaren Testklassen als Beschreibung für Testfälle vorgestellt.

5.2.1. VL-Editor

In Abbildung 104 wird nochmals die bereits in Abbildung 99 vorgestellte Übersicht eines VL-Testsystems dargestellt. Zusätzlich wird die Aufteilung der darin enthaltenen VL-Komponente in Editor (Offline-Anwendung) und Grafik Generator (oder Runtime Modul, Online-Anwendung) verbildlicht. Der Editor teilt sich wiederum auf in einzelne Unter-Editoren für bestimmte Teil-Anwendungen: Track-, Terrain- und Szenario-Editor.

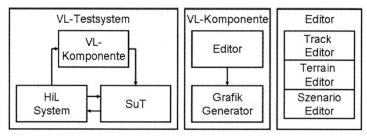

Abbildung 104: Zusammenhang zwischen VL-Testsystem, VL-Komponente und den einzelnen Editoren innerhalb des VL-Editors.

Das bedeutet, dass der Editor der VL-Komponente mehrere Aufgaben erfüllt, die typischerweise aufeinanderfolgend durchgeführt werden. Dabei ist es wichtig, die Tätigkeiten des Test-Ingenieurs möglichst einfach und intuitiv umsetzen zu lassen, um eine effiziente Durchführung seiner Tätigkeit zu gewährleisten. Ähnlich wie bspw. bei „Level-Editoren" die für eine Vielzahl an Computerspielen verfügbar sind (vgl. Abbildung 105), muss über eine grafische Benutzeroberfläche (Graphical User Interface, GUI) eine große Funktionsvielzahl möglichst einfach und übersichtlich angeboten werden. Ein gängiger Weg dafür ist es, ein Haupt-Fenster mit der Ansicht auf die zu erstellende Szene im Überblick und am Rand angedockte weitere kleinere Fenster bspw. mit Detail-Informationen und Auswahlmenüs anzuzeigen.

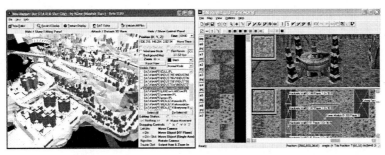

Abbildung 105: Beispiele für Level Editoren (dt.: Karteneditor) in Computerspielen [Quelle: Wikipedia[187]].

Die Bedienung sollte dabei an die übliche Programmbedienung gängiger Anwendungen, von denen angenommen werden kann dass sie dem Nutzer bekannt sind, angelehnt werden. So werden in dieser Arbeit zwar Ansätze aus dem Bereich der Computergrafik verwendet, die in dort üblichen Anwendungen (wie Autodesk Maya oder 3ds max) verwendete komplexe Ansicht und (Maus-) Steuerung ist Test-Ingenieuren der Automobilbranche jedoch weitestgehend unbekannt, weshalb eher auf dort übliche Anwendungen (wie Microsoft Office) referenziert werden sollte.

Die durch die Testprozesse indirekt vorgegebene und in den Use Cases vorgesehene Abfolge an Aufgaben zur Erstellung eines Testfalls, bzw. einer Testfallimplementierung, sieht vor, dass zuerst der für das gesamte Test- und Simulationssystem zugrundeliegende Positions-Master, nämlich die verwendete Fahrstrecke (engl. „Track") im „Track Editor" erstellt wird. Darauf aufbauend erfolgt die Modellierung der weiteren Umgebung um das Fahrzeug. Aufbauend auf dem Straßennetzwerk wird das Gelände (oder Terrain) bearbeitet, um darauf schließlich weitere 3D-Objekte zu einem fertigen Szenario zusammenfügen zu können. Diesem Ablauf folgend werden in den drei folgenden Unterabschnitten die Editoren für Track, Terrain und Szenario erarbeitet.

Track Editor

Die Fahrstrecke ist definiert durch Teile eines Straßennetzwerks, das auch noch für die Fahrdynamik-Simulation nicht notwendige aber in der visuellen Simulation erkennbare weitere (Neben-) Straßen beinhaltet.

Das Straßennetzwerk kann auf zwei Arten entstehen: Zum einen kann der Testimplementierer ein real existierendes Straßennetzwerk verwenden und importieren wollen. Zum anderen kann er eigene, ggfs. synthetische Straßen erzeugen wollen. Straßen in Deutschland bestehen laut [RAS-L] aus Geraden, Kreisbögen sowie „Übergangsbögen" aus Klothoiden, d. h. Kurven mit

---

[187] http://en.wikipedia.org/wiki/Level_editor, http://de.wikipedia.org/wiki/Karteneditor

linearem Krümmungsverlauf zur Vermeidung ruckartiger Lenkbewegungen. Daher ist es auch beim Anlegen von Straßen im Track Editor wünschenswert, dies zu ermöglichen bzw. üblicherweise zu aktivieren. Gerade für das Anlegen sythetischer, also nicht zwingend der Realität entsprechender, oder anderweitig besonderer Test-Strecken ist es jedoch auch erforderlich, komplette Freiheit in der Gestaltung zu ermöglich. Auch wenn vorhandene Strecken importiert werden, ist eine nachträgliche Bearbeitung und die Möglichkeit zum Erweitern des Netzwerks notwendig.

Als Quelle für Streckendaten bieten sich neben kommerziell vertriebenen Kartendaten[188] auch einzelne Geoinformationsdienste im Internet an. Aufgrund der Anforderungen, weltweit konsistent verfügbare und dabei kostengünstige Lösungen zu verwenden, liegt es nahe eine Schnittstelle zum Datenimport von der „freien Weltkarte unter der Creative-Commons-Lizenz" [Döl08] „OpenStreetMap" (siehe auch Abschnitt 5.1.5) zu implementieren. Diese bietet von Nutzern des Portals erstellte Kartendaten zum Download an, siehe Abbildung 106. Die Daten beinhalten teilweise neben reinen Straßeninformationen auch Details zu Bebauung, Art und Nutzung des Gebiets (bspw. Industriegebiete oder Wald) sowie zu weiteren Objekte wie Ampeln, Telefonzellen, Geschäften oder weiteren „Points of Interest". Auch diese zusätzlichen Geoinformationen können automatisch zur Erzeugung und Platzierung entsprechender 3D-Objekte im VL-Editor genutzt werden.

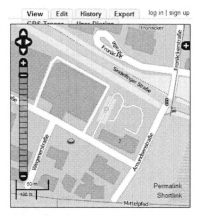

Abbildung 106: Beispiel-Ausschnitt der freien Weltkarte OpenStreetMap[189] in Sindelfingen.

Die in OpenStreetMap hinterlegten Straßendaten beinhalten zwar bereits Details zur Art der Straße, häufig auch zu Einbahnstraßen oder der Fahrspuranzahl. Die Auflösung des Straßenverlaufs ist jedoch niedrig, insb. werden Kurven nur durch wenige Geradenstücke dargestellt.

---

[188] bspw. durch die Firmen NAVTEQ oder TeleAtlas
[189] http://www.openstreetmap.org

Eine Interpolation der Daten ist nach dem Import also nötig, um realistisch wirkende Straßen zu erstellen. Dabei muss ein Kompromiss zwischen den vorgegebenen realen aber gering aufgelösten Straßenverläufen und einer „hübsch aussehenden" Darstellung getroffen werden. So dürfen bspw. Kurven, die in der Realität sehr eng und mit einem scharfen Winkel gezogen sind, nicht künstlich aufgeweitet und in Kurvenverläufe gepresst werden. Eine individuelle Entscheidung an einzelnen Kreuzungen kann jedoch aufgrund des gewünschten Automatismus beim Import nicht immer ermöglicht werden und auch nicht erwünscht sein. Allgemeine Annahmen können ausgehend von der Art der Straße und der Anzahl an Fahrspuren die zu erwartenden gefahrenen Geschwindigkeiten ermitteln und damit die typischen Kurvenradien ableiten. Auch die Kreuzungsgeometrie schränkt häufig die minimal und maximal möglichen Kurvenradien ein. Damit ergeben sich einige Kompromisse für Grundannahmen und es können im Wesentlichen realistisch wirkende Straßenverläufe automatisch aus den gering aufgelösten OpenStreetMap-Daten generiert werden.

Die manuelle Bearbeitung dieser Straßenverläufe oder die Erstellung neuer Straßen sieht beispielsweise das Setzen neuer Straßenabschnitte durch einzelne Mausklicks vor. Die Anbindung an das ggfs. bereits bestehende Netzwerk entsteht automatisch durch das Hinzufügen einer Kreuzung am Schnittpunkt. Das „Einrasten" von Straßenelementen an anderen Elementen erleichtert die Justierung der Straßen. Kurvenradien (bzw. Übergangs-Klothoiden) können entweder automatisch aus den manuell gesetzten Punkten abgeleitet oder ebenfalls manuell parametriert werden. Die intuitive Erzeugung einfacher Straßenverläufe und –netzwerke mit die Elemente verbindenden Kreuzungen wird damit ermöglicht.

Nachdem als Format zum Import und Export von Straßeninformationen das OpenDRIVE-Format (siehe auch Abschnitt 5.1.5) genutzt wird, liegt es nahe, dieses auch zur internen Speicherung zu verwenden. Es bietet neben den genannten Straßenelementen Gerade, Kreisbogen und Klothoide auch Polynome 3. Ordnung und deren Beschreibung im dreidimensionalen Raum, also inklusive Höheninformationen des Straßenverlaufs. Die weiteren Eigenschaften einer Straße, wie Fahrspuren, Querneigung. Fahrbahnmarkierungen und weitere werden entlang der Mittellinie („chord line") ebenso abgespeichert (vgl. Abbildung 100). Ein spezielles Augenmerk wird auf Kreuzungen gerichtet, da diese sehr komplexe Ausprägungen besitzen können. So werden alle erlaubten Verbindungs-Fahrspuren zwischen eingehenden und den Kreuzungsbereich verlassenden Fahrspuren definiert. Darauf aufbauend können auch der Höhenverlauf der Kreuzung und die Fahrspurmarkierungen im Kreuzungsbereich beschrieben werden. Der Höhenverlauf wird dabei entweder im makroskopischen Maßstab in Metern und Zentimetern angegeben, oder im mikroskopischen Bereich in Millimetern. Während ersteres die allgemeine Lage der Straße im Gelände definiert, wird durch letzteres die Oberflächenbeschaffenheit einzelner Fahrbahnabschnitte beschrieben. Damit ergeben sich unterschiedliche Profile für verschiedene Asphalte, Betonteile oder Kopfsteinpflaster. Die Information kann später zur genauen Modellierung der Fahrdynamik genutzt werden. Ein in OpenDRIVE integrierbares Format dafür wird mit dem ebenfalls offen gelegten OpenCRG[190] dargestellt.

Analog zu den Fahrspuren werden weitere Bestandteile des Straßennetzes, wie Randsteine, Bürgersteige, Bankette, Böschungen etc. beschrieben. Abbildung 107 zeigt diese Elemente beispielhaft für eine Straße mit Regelquerschnitt RQ 9,5 (vgl. [RAS-Q]).

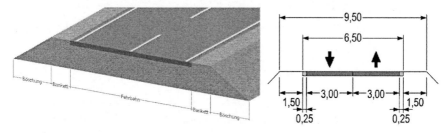

Abbildung 107: Beispiele für den bei Staats- bzw. Bundesstraßen üblichen Regelquerschnitt RQ 9,5 [Quelle: Wikipedia[191]].

Sowohl die von OpenStreetMap importierten als auch die selbst erstellten Streckenabschnitte können automatisch mit einem Regelquerschnitt versehen werden. Für die importierten Daten kann dieser aus den Straßen-Metainformationen (Straßentyp, Anzahl Fahrspuren) grob abgeleitet werden, für manuell angelegte Straßenabschnitte kann er entweder von der Anschluss-Stelle übernommen oder ein gängiges Format (wie RQ 9,5) angenommen werden. Die weitere manuelle Anpassung der Eigenschaften ist dann in weiten Bereichen des OpenDRIVE-Formats möglich.

Weitere insb. für spurerkennende Fahrerassistenzsysteme sehr relevante Eigenschaften von Straßen stellen die bereits oben erwähnten Fahrspurmarkierungen dar. Abbildung 108 zeigt einen Ausschnitt aus [ISO 17361] mit üblichen Ausprägungen von Fahrspurmarkierungen in unterschiedlichen Ländern. Dabei unterscheiden sich sowohl die Anzahl der Markierungsstreifen als auch die Art der Unterbrechungen sowie die Breite und Farbe regional.

---

[190] Curved Regular Grid, http://www.opencrg.org.
[191] http://de.wikipedia.org/wiki/Straßenquerschnitt, http://de.wikipedia.org/wiki/RAS-Q

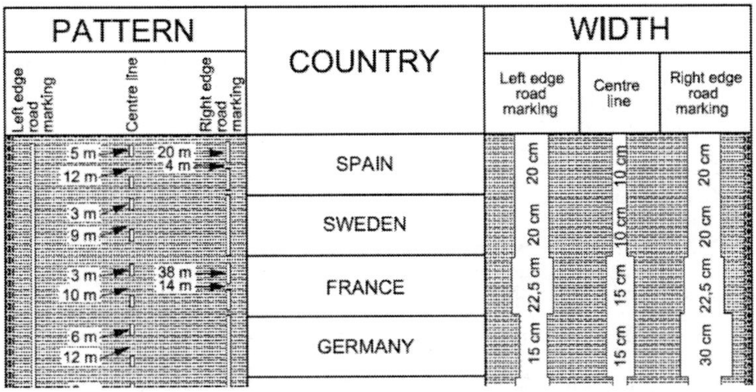

PATTERN			COUNTRY	WIDTH		
Left edge road marking	Centre line	Right edge road marking		Left edge road marking	Centre line	Right edge road marking
5 m / 12 m	20 m / 4 m		SPAIN	20 cm	10 cm	20 cm
3 m / 9 m			SWEDEN	20 cm	10 cm	20 cm
3 m / 10 m	38 m / 14 m		FRANCE	22,5 cm	15 cm	22,5 cm
	6 m / 12 m		GERMANY	15 cm	15 cm	30 cm

Abbildung 108: Ausschnitt aus der Abbildung „A.1 – Highway Roadmarking" von [ISO 17361].

Die Auswahl verschiedener Fahrbahn- und Fahrspurmarkierungen bzw. die individuelle Anpassung deren Eigenschaften muss für den Anwender für beliebige Straßenabschnitte einzeln intuitiv, bspw. durch eine Auswahl oder das direkte Eingeben von Werten möglich sein. Damit wird die Forderung nach Testfällen erfüllt, die eine weltweite Absicherung der Steuergeräte ermöglichen. Um den Realitätsgrad zu erhöhen ist es wichtig, die Textur, bspw. durch leichte Verschmutzungen der Markierungen, beliebig anpassen zu können. Gleiches gilt auch für die Fahrspuroberflächen, die bspw. aus verschiedenen Teer- bzw. Asphalt-Sorten, Kopfsteinpflaster oder Betonplatten bestehen und mit unterschiedlichen Abnutzungs- und Verschmutzungserscheinungen versehen sein können, siehe Abbildung 109.

Abbildung 109: Straße mit Verschmutzungsüberlagerungen: links Laub, rechts Schnee.

Die maximal mögliche Auflösung, d. h. der Mindestabstand zweier Beschreibungspunkte der Straßenabschnitte, ist teilweise begrenzt, um einen Kompromiss zwischen benötigter Detaillierung und Performance der Darstellung zu erreichen. Letztere würde durch zu fein aufgelöste Straßen und damit einhergehende 3D-Objekte mit extrem vielen Polygonen deutlich einbrechen. Ein optimaler Wert als Kompromiss zwischen geringem Grafikberechnungsaufwand und hoher Detailtreue ist je nach Testprojekt und innerhalb von Testfällen je nach Straßenverlauf zu finden.

Terrain Editor

Als nächster Schritt nach dem Importieren bzw. Erstellen und Anpassen einer Fahrstrecke bzw. eines Straßennetzwerks im Track Editor wird das dem Testfall zugrunde liegende Terrain editiert. Auch hier ist es möglich, ein bereits existierendes oder bspw. automatisch generiertes Terrain zu importieren oder direkt manuell das bestehende Terrain zu bearbeiten.

Die Bearbeitung des Terrains ist notwendig, um zum einen Testfälle mit besonderen Anforderungen darstellen zu können. So müssen ggfs. spezielle Straßenverläufe, Steigungen oder Randbebauungen getestet werden um bspw. die Erkennungsleistung eines ADAS-System auf steilen Serpentinenstrecken zu prüfen. Zum anderen dient das realistische Aussehen der Terrain-Oberfläche dazu, die Anforderung nach fotorealistischer Stimulation des SuT zu erfüllen. In der Realität kommt ebenes einfarbiges Terrain nicht natürlich vor. Daher muss es auch beim funktionalen Testen der Realität angepasst werden können.

Als Terrain wird dabei die Ausprägung einer quadratischen Kachel[192] bezeichnet, auf der ein oder mehrere Testfälle angeordnet werden können (siehe Abbildung 110). Beispielsweise kann diese Kachel eine Größe von einem Quadratkilometer (1 km Kantenlänge) oder 64 km² (8 km Kantenlänge) haben. Als Ausprägung wird der Höhenverlauf über die Kachelfläche und die Texturierung des Geländes verstanden.

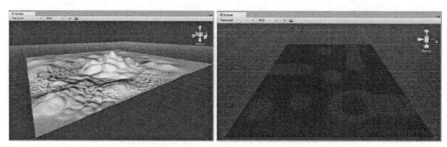

Abbildung 110: Terrain-Höhen und –Texturen [Quelle: Unity 3D[193]].

Der Höhenverlauf ergibt Berge und Täler, aber auch sanfte Hügel, Straßengräben, Böschungen, Wälle oder bspw. auch kleinere lokale Erdhaufen. Die kleinstmögliche Auflösung zwischen einzelnen definierbaren Höhenpunkten ist dabei begrenzt, bspw. auf einen Meter. Dies ist für Strecken mit üblichen Fahrgeschwindigkeiten im außerstädtischen Bereich ausreichend, da keine extremen Änderungen der (makroskopischen) Straßensteigung auftreten. Durch interpoliert dargestellte Übergänge zwischen diesen Höhenpunkten stellt dies aber eine nicht wahr-

---

[192] Die Nutzung quadratischer Kacheln hat sich in der Spieleindustrie eingebürgert, technisch wäre jede andere Form ebenso möglich. Lediglich die Darstellung des Himmels als üblicherweise halbkugelförmiger Dom über dem Terrain ist bei runden (oder eben quadratischen) Grundflächen mit höherer Performance realisierbar.
[193] http://unity3d.com/support/documentation/Components/

nehmbare Einschränkung dar. Für Bereiche mit extremeren Anfoderungen, wie bspw. Serpentinenstraßen, kann eine detailliertere Ausgestaltung vorgenommen werden. Aus Performancegründen kann zusätzlich die Auflösung der Höhen in größerer Entfernung vom Betrachter reduziert, um weniger feine Strukturen berechnen und darstellen zu müssen. Auch dieser LOD-Effekt wird so eingesetzt, dass er nicht wahrnehmbar ist.

Wichtig ist auch hier die intuitive Bedienung und Erstellung von Höhenverläufen, um effizientes Arbeiten zu ermöglichen. Dazu kann bspw. ein Pinselwerkzeug genutzt werden, das es dem Test-Ingenieur als Anwender erlaubt, mit der Computer-Maus Berge und Täler verschiedener Formen in das Gelände zu „malen". Um zu gewährleisten, dass das Terrain an keiner Stelle weder über, noch zu weit unter der Straße liegt, kann es mit einer „Adapt-to-Road"-Funktion an jedem Punkt an die Höhe der Straße angepasst werden.

Für die Texturierung kann ebenso ein Pinselwerkzeug zur Verfügung stehen. Es erlaubt dem Anwender, verschiedene Landschaftsausprägungen, wie Gras, Lehm, Gestein, Schnee, aber auch Teer oder Pflastersteine (siehe Abbildung 111) auf die Landschaft zu „malen". Durch verschiedene Formen und eine einstellbare Opazität, also Deckkraft der Textur können individuelle, überlagernde und sehr realistisch wirkende Böden erstellt werden. Auch wenn das Terrain dadurch glatt bleibt kann bei einer entsprechend realistischen Textur der Eindruck eines echten, rauen Bodens entstehen. Eine Einschränkung stellt hier zum einen die maximale Größe der Textur dar. Diese wird bei größerer Bemalung des Terrains wiederholt, wodurch sich ggfs. unschöne Muster ergeben wenn der Kacheleffekt sichtbar wird. Eine zu große Textur würde dagegen mehr Speicher verbrauchen und wiederum die Performance der Darstellung negativ beeinflussen. Daher muss auch hier die maximale Auflösung der Texturierung des Terrains beschränkt werden. Das bedeutet dass bspw. die kleinste individuell texturierbare Fläche des Terrains die Mindestgröße von 1 qm haben kann. Dies stellt einen Kompromiss dar, der in den meisten Testprojekten ausreichende Texturierungsgenauigkeit erlaubt, da meist nur die großen gröberen Landschaftsbereiche damit eingefärbt werden. Elemente, für die eine feinere Detaillierung nötig ist sind häufig wichtigere Objekte und können daher als eigene 3D-Objekte in ein Szenario eingebracht werden. Die Erstellung realistischer, bei Kachelung nicht durch Wiederholung auffallender und dennoch kleiner Texturen für das Terrain stellt eine große Herausforderung für Grafikexperten dar. Moderne Grafikbearbeitungswerkzeuge unterstützen hier jedoch dabei, gute Ergebnisse zu produzieren, so dass insb. keine sichtbare Kachelung und damit ggfs. Moirée-Effekte auftreten.

Abbildung 111: Terrain-Texturen für Lehm-, Gras- und Gesteinsboden sowie Pflastersteine.

Neben der manuellen Erstellung von Höhenverläufen und Bodenbeschaffenheit durch Texturen anhand von Pinselwerkzeugen muss auch der Import realer oder bestehender Daten vorgesehen sein. Reale (und kostenlos frei verfügbare) Höhendaten der Erde stellt beispielsweise die NASA mit den Daten der Shuttle Radar Topography Mission zur Verfügung. Mit für im Rahmen dieser Arbeit untersuchte Testfälle ausreichender Genauigkeit[194] der (makroskopischen) Höhendarstellung können damit die Höhenverläufe passend zum Gelände eines von OpenStreetMap importierten Kartenausschnitts geladen werden. Über den Import-Prozess werden die Höhendaten auch den entsprechenden Punkten der OpenDRIVE-Straßenbeschreibung übergeben. (Da die Straßendaten den Positionierungs-Master darstellen ist dieser Vorgang optional.) Die VL-interne Repräsentation von Höhendaten erfolgt über sog. „Heightmaps", Bilddateien die über einen Graustufenwert die Höhe des entsprechenden Pixels und damit des Elements auf der Terrainkachel repräsentieren, siehe Abbildung 112.

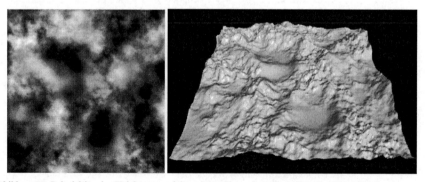

Abbildung 112: Beispiel für eine Heightmap und deren Darstellung als Gelände [Quelle: Wikipedia[195]].

Die Texturen werden über mehrere sog. „Splat Maps" gespeichert. Auch dies sind Bilddateien die über die vier Farbkanäle dem Gelände vier Texturen zuweisen können. Je mehr dieser Splat Maps verwendet werden, desto mehr Bodentexturen können genutzt und zugewiesen werden. Je nach Anforderung an einen Testfall kann dabei bereits eine Splat Map ausreichen, bei komplexeren Szenarien können jedoch beliebig viele Splat Maps eingesetzt werden.

---

[194] Im Bereich Mitteleuropas liegt die Auflösung der genannten SRTM-Daten bei ca. 90 m horizontalem Abstand der Messpunkte.
[195] http://en.wikipedia.org/wiki/Heightmap

Sowohl die Heightmap als auch die Splat Maps können auch automatisch außerhalb des VL-Editors erzeugt und dann importiert werden.

Szenario Editor

Den dritten Schritt beim Erstellen einer Testfallimplementierung und damit den dritten Bestandteil des VL-Editors stellt der Szenario Editor dar. Nach der Definition von Straßennetzwerk und Terrain wird dabei nun das Szenario mit allen weiteren Objekten „mit Leben gefüllt". Alles was die reale Welt an Detailreichtum und Vielseitigkeit mit sich bringt, muss dem Testfall hier hinzugefügt werden. Dies geschieht durch das Platzieren und Parametrieren einer Vielzahl an 3D-Objekten.

Die reale Welt und damit die Umgebung eines realen Fahrzeugs zeichnet sich insb. dadurch aus, dass sie nicht „perfekt" ist, siehe Abbildung 113. Das bedeutet, es gibt Verschmutzungen, kaputte Dinge, herumliegende Abfälle, wild wuchernde oder vertrocknete Pflanzen, verwaschene oder ausgeblichene Farben sowie in weiterer Hinsicht „unansehnliche" Gegenstände (wie Mülltüten oder mit Graffiti besprühte Hauswände), die nicht einer „optimalen" Vorstellung der Welt, wie sie vielleicht in einer Architektur-Visualisierung oder einem Werbeprospekt dargestellt wären, entsprechen. Auch das Wetter beeinflusst die Wahrnehmung durch Dunst, fahles Licht oder Niederschlag auf eine Weise die als „unschön" wahrgenommen wird. Nachdem a priori nicht bekannt ist auf welche Eigenschaften der realen Welt das SuT (als Black Box) wie reagiert, muss die reale Welt so realistisch wie möglich nachgebildet werden (vgl. Abschnitt 2.5.1 zu „Fotorealismus").

Abbildung 113: Der realen Welt nachempfundene „unansehnliche" Szene.

Aufgabe und Herausforderung ist es nun, alle Objekte die in der realen Welt vorkommen, in dieser ebenso realen und damit teilweise „unschönen" Art in dem Testfall zu positionieren, so dass sie vom zu testenden kamerabasierter System wahrgenommen werden. Dabei ist es zwar ein leichtes, ein „ideales" 3D-Objekt mit sauberen und klar definierten Oberflächen zu erstellen, jedoch ein erheblicher Aufwand dasselbe Objekt zu „verunstalten". Beispielsweise kann ein Haus in der Computergrafik sehr einfach als Quader mit einheitlich weißer Farbe dargestellt werden. Auch Fenster als ideale Rechtecke und ein Dach als aufgesetzte rote Pyramide sind einfach einzufügen. Wenn nun aber Schmutz an der Hauswand, abgebröckelter Putz und angeschlagene Kanten sowie windschiefe Fenster und einzelne herabgefallene Dachziegel dargestellt werden sollen, muss das Drahtgittermodell des Hauses deutlich verfeinert werden und die Textur muss für die gesamte Fläche der Hauswand und für das Dach existieren. Aus Performancegründen ist auch hier ein Kompromiss zwischen zu detaillierter und zu unrealistischer Darstellung zu finden. Eine Möglichkeit zur Vereinfachung stellt bspw. die Wiederverwendung einer „Schmutz-Textur" dar, die jedem ansonsten einfach einfarbig texturierten Haus überlagert werden kann, siehe Abbildung 114.

Abbildung 114: Haus-Textur ohne und mit Verschmutzungs-Überlagerung.

Aber auch andere Effekte, die die echte Welt ausmachen, dürfen nicht unberücksichtigt bleiben. So ist die Bewegung von Elementen der Vegetation, also das Wiegen und Wackeln im Wind von Ästen und Blättern aller Bäume und Büsche, eine zu allen Jahreszeiten und in den meisten Regionen der Welt in großem Umfang beobachtbare Tatsache. Welche Auswirkungen die damit einhergehenden Licht- und Schattenspiele und die permanente leichte Veränderung des durch eine Kamera wahrgenommenen Bildes durch geringe Verschiebungen der Blätter und Äste auch zueinander für die in einem Steuergerät ablaufenden Erkennungsalgorithmen hat, ist aufgrund des Black Box Charakters nicht direkt ersichtlich. Dass es eine Auswirkung hat, dürfte aber unbestritten sein, schließlich wird das durch den Kamerasensor aufgenommene Bild tatsächlich permanent verändert und viele Algorithmen werden dies auch als Änderung der Szene auffassen und ihre Analyse des Bildinhaltes daraufhin erneut durchführen.

Eine physikalisch korrekte Simulation der Auswirkung des Windes (von Windstille[196] bis zum Orkan) für alle einzelne Blätter oder ganze Bäume kann im Rahmen eines VL-Testsystems nicht geschehen. Es müssen also auch hier Vereinfachungen getroffen werden, so dass als Kompromiss der fotorealistische Eindruck im Steuergerät bei zu verkraftenden Ansprüchen an die benötigte Rechenleistung gegeben ist. Eine Möglichkeit dafür stellt die für alle Vegetationsobjekte identische Animation des Stammes sowie der einzelner Astbereiche dar. Wie in Abbildung 115 ersichtlich, kann die relative und windstärkeabhängige Bewegung der einzelnen Blattelemente (also mehrere zu einer Textur zusammengesetzte Blätter eines Baumes) angegeben und damit ein realistischer Gesamteindruck des gesamten Baumes erzeugt werden. Selbstverständlich müssen diese Bewegungen bei anderen Vegetationselementen (wie Bodendeckern oder Blumen) ebenfalls analog gelten.

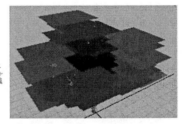

Abbildung 115: Beispiel für Bäume und ein „Blattelement" sowie helligkeitscodierte Stärke der Bewegung der Blattelemente eines Baumes abhängig von der Entfernung zu seinem Mittelpunkt.

Für die Bereitstellung und Klassifikation von 3D-Objekten wurden Listen mit den häufigsten Objekten, die von der Starße aus sichtbar sind zusammengestellt. Diese Kataloge wurden ohne Beschränkung der Allgemeinheit vorerst für die räumliche Umgebung der Entstehung dieser Arbeit angefertigt, beinhalten daher primär für Süddeutschland typische Objekte. Eine (erweiterbare) Klassifikation der Objekte sowie ihrer Eigenschaften und deren Ausprägungen dient der Forderung nach realistisch dargestellten Umgebungen. Jegliche Gegenstände die sich in der realen Welt vorkommen, müssen auch in der Simulation dargestellt werden können. Theoretisch gilt dies uneingeschränkt, in der Praxis muss jedoch abstrahiert und zusammengefasst werden um keine „Testfallexplosion" zu bewirken. Daher wurden für die als am häufigsten auftretend identifizierten Objekte und ihre Eigenschaften Äquivalenzklassen gebildet.

Die identifizierten Objekt-Kategorien innerhalb der sog. „Objekt-Bibliothek", die alle Arten von Objekten beinhaltet und übersichtlich darstellt, teilen sich auf in Gebäude, Vegetation, Fahrzeuge, Beleuchtung, Personen, Verkehrszeichen, Verkehr und Verschiedene. Daneben gibt es geometrische Objekte als Hilfskonstruktionen zur Visualisierung, wie bspw. bunte Kegel zur intuitiv erfassbaren Darstellung eines Sensorkegels. Jedes instantiierte 3D-Objekt hat Basis-

---

[196] Mit „Windstille" werden Windgeschwindigkeiten von 0 bis 1 kn bezeichnet.

Eigenschaften, wie seine eindeutige Identifizierungsnummer, das zugrunde liegende 3D-Objekt, Position, Rotation und Skalierung bzw. Größe. Außerdem können alle Objekte durch das Szenerio bewegt bzw. animiert werden, also bspw. ein Fußgänger, ein Vogel oder ein Ball, und entsprechend enthalten alle Objekte Animationseigenschaften wie Geschwindigkeit und Pfad entlang dem die Bewegung erfolgen soll.

Zusätzlich enthalten Objekte der Kategorie „Gebäude" weitere typische Eigenschaften, wie den Gebäudetyp, Informationen über ihren Verwitterungs- bzw. Verschmutzungsgrad sowie über die in Fenstern sichtbare Beleuchtung, die entweder an oder aus sein kann, jedoch für jeden Gebäude-Objekttyp festgelegt ist. Derartige Meta-Informationen können in „Maps", also Karten, gespeichert werden, die die jeweilige Eigenschaft an jedem Punkt das 3D-Modells angeben, siehe Abbildung 116. Die „Color Map" gibt die Farbe jedes Punktes auf der Fassade an, die kombinierte „Light / Dirt Map" gibt die Helligkeit bei Beleuchtung und die Verschmutzung an, die kombinierte „Reflection / Illumination Map" gibt an, an welchen Stellen das Gebäude reflektiert (insb. die Fenster) und wo es bei aktivierter Beleuchtung hell wird (auch in den Fenstern) und die Color Map der Bodenplatte beschreibt deren Aussehen. Dadurch können in einer geeigneten Modellierungs- oder Grafikanwendung einfach Eigenschaften der Bibliotheksobjekte gesetzt werden.

Abbildung 116: Haus-Objekt sowie dessen Color Map, Light / Dirt Map, Reflection / Illumination Map und die Color Map der Bodenplatte.

Die speziellen Eigenschaften der Vegetationsobjekte liegen neben den Basis-Eigenschaften insb. in der Parametrierung der Sensibilität bzgl. Wind sowie in der möglichen Aktivierung von Blättern, die aus dem Baum heraus auf den Boden fallen (und vom Wind verweht werden können). Dies stellt gerade bei der Simulation eines „Herbst"-Testfalls eine für die Wahrnehmung wichtige Besonderheit von Bäumen dar. Eine weitere auffallende Besonderheit der Vegetationsobjekte stellt ihre häufig auftretende räumliche Ballung, bspw. in Form von Wiesen, Gebüschen oder Wäldern dar. Sie wird charakterisiert durch die Art der vorkommenden Vegetationsobjekte und deren Dichte. Über eine sog. „Wald-mal-Funktion" kann es einem Tester ermöglicht werden, mit einem Pinselwerkzeug ähnlich wie im Terrain Editor (s. o.) verschiedene Bäume etc. mit parametrierbarer Dichte auf das Terrain zu „malen". Dies ist besonders hilfreich wenn viele Vegetationsobjekte auf einmal, wie z. B. für einen Wald, platziert werden sollen. Um den manuellen Aufwand des Setzens einzelner Objekte zu umgehen, kann hiermit intuitiv eine große Fläche mit ähnlichen Objekten bestückt werden.

Fahrzeuge besitzen sehr viele spezifische Eigenschaften, die für eine realistische Darstellung unerlässlich sind: Die individuelle Bewegung aller vier Räder sowie die Ansteuerung aller Lichter, wie Scheinwerfer, Rücklichter und Blinker und die Parametrierung deren Eigenschaften wie Farbe, Helligkeit und bei den Scheinwerfern die Ausleuchtcharakteristik der Straße.

Weitere Elemente der Beleuchtung stellen Straßenlaternen dar, die ebenfalls in Farbe und Intensität, und zusätzlich im Öffnungswinkel sowie dessen „Schärfe" variiert werden können, vgl. Abbildung 117.

Abbildung 117: Nächtliche Szene mit zwei Straßenlaternen unterschiedlicher Farbe und Öffnungswinkel (bei gleicher Lichtintensität).

Personen besitzen als spezifische parametrierbare Eigenschaften ihr Bewegungsmuster und ihr Verhalten. Die Bewegung, also bspw. laufen, gehen oder humpeln kann im zugrundeliegenden Bibliotheksobjekt mittels Animationen beinhaltet sein und wird bei jeder Bewegung des Objekts wiedergegeben. Das Verhalten wird im Rahmen dieser Arbeit als extern gegeben angesehen, kann aber bspw. durch Zusatzmodule, wie das in Abschnitt 6.1.4 erwähnte Modul für die Simulation künstlicher Intelligenz von Verkehrsteilnehmern, gesteuert werden.

Spezielle Eigenschaften der Verkehrszeichen bestehen in der Form sowie im Aufdruck. Der Aufdruck sollte flexibel aus beliebigen Grafikdateien importiert werden können. In typischen Grafikverarbeitungsprogrammen gibt es dabei automatische Filter bspw. für Witterungs- und Rost-Effekte, wodurch die Verkehrszeichen nach individuellen Testbedürfnissen angepasst werden können. Abbildung 118 zeigt Beispiele für Verkehrszeichen aus derart bearbeiteten Grafiken mit verschiedenen Verschmutzungsausprägungen wie Alterung, Rost und Schnee. Die

Nutzung der amtlichen Verkehrszeichen nach StVO[197] oder auch der Verkehrszeichen aus Katalogen anderer Länder und deren Anpassung ist damit problemlos möglich, auch die Größenskalierung (für verschiedene Geschwindigkeitsprofile) ist über die Basis-Eigenschaften zu bewerkstelligen. Eine weitere Eigenschaft von Verkehrszeichen ist deren Reflexivität, die sich ind er Computergrafik durch Shader darstellen lässt.

Abbildung 118: Verkehrszeichen mit verschiedenen Verschmutzungsausprägungen.

Die weiteren Objekte der Kategorien „Verkehr" und „Verschiedenes" kommen ohne spezielle Eigenschaften aus. Verkehrsobjekte nehmen aufgrund des automobilen Umfelds dieser Arbeit eine herausragende Position ein dar und stellen deshalb eine eigene Kategorie dar. Sie beinhalten bspw. mit Leitplanken und –pfosten, besonderen Straßenmarkierungen, Gullideckeln, Schilderbrücken und Warnbaken alles was sich häufig auf der Straße oder in direkter Nähe dazu befindet. Die weiteren „verschiedenen" Objekte stellen eine Auswahl vielfältiger Objekte dar, die typischerweise von der Position eines Fahrzeugs aus an Straßenrändern gesehen werden können, vgl. Abbildung 113.

Die Platzierung der genannten Objekte, das heißt die Instantiierung der Bibliotheks-Objekte im Szenario, geschieht durch den Test-Ingenieur bzw. –Implementierer. Aus der durch eine GUI übersichtlich dargestellten Objektbibliothek können einzelne Objekte an der gewünschten Stelle auf dem Terrain des Szenarios platziert werden (bspw. durch Doppelklick oder „Drag & Drop"). Dies stellt eine intuitiv verständliche und aus anderen Programmen (wie bspw. von Clip Arts in Microsoft Office) bekannte Vorgehensweise dar. Die danach häufig noch notwendige Anpassung der Objektpositionierung (Position, Rotation, Skalierung) kann durch Eingabe von Parameterwerten oder durch manuelles Verschieben anhand sog. „Gizmos" geschehen. Dabei handelt es sich wörtlich übersetzt um ein „Ding", das in Grafik- und 3D-

---

[197] Straßenverkehrs-Ordnung (StVO), insb. Anlagen 1-4.

Modellierungsapplikationen zum Anfassen und Manipulieren von 3D-Objekten verwendet wird, siehe Abbildung 119.

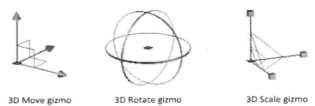

       3D Move gizmo   3D Rotate gizmo   3D Scale gizmo

Abbildung 119: Bewegungs-, Rotations- und Skalierungs-Gizmo [Quelle: Autodesk[198]]

Eine Hilfsfunktion zum Platzieren von Objekten erlaubt es, einen Teil der manuellen Arbeit zu automatisieren. Dazu werden Objekte abschnittsweise entlang der Straßendefinitionen im OpenDRIVE-Format positioniert und gemeinsam mit dem Straßennetzwerk gespeichert bzw. importiert. Dies erlaubt insb. eine effiziente Erstellung einer Vielzahl sich wiederholender Objekte wie Leitplanken, Leitpfosten oder auch Vegetation am Straßenrand, die ansonsten nur in mühevoller Kleinstarbeit zu platzieren wären. Auch zufällige Variationen der Positionen sind hier möglich, um keinen zu synthetischen Anschein zu erwecken.

Theoretisch können hier beliebige Geodaten automatisiert mit eingebunden werden. Datenbanken beinhalten derzeit bspw. Informationen zu Digitalen Geländemodellen (DGM), Flächennutzung, Infrastruktur, Demographie oder Administration. Einen Überblick über GIS[199]-Daten und Werkzeuge dafür bieten [KR09]. Ihre Visualisierungsmöglichkeiten zeigen [MP06, Herr07] auf. [WMWS+08] stellen „prozedurales" Erstellen einzelner Gebäude und ganzer Städte mit der CityEngine vor. [SSN07, PYN08] stellen vor, wie aus einzelnen Fotos (bspw. von „Google StreetView") dreidimensionale Landschaften und Gebäude rekonstruiert und als 3D-Modell erstellt werden können. [RSWB+03] nutzen Videosequenzen um Innenräume zu reproduzieren, und [FZ03] nutzen bodenbasierte Laserdaten und Fotos sowie Luftbilder um innerstädtische Straßenzüge zu rekonstruieren. [Kada07] erstellt aus Laserdaten und Fotos maßstabsabhängige Stadt- bzw. Gebäudemodelle im CityGML[200]-Format.

Um die Sicht auf den Testfall zu variieren, kann die virtuelle Kamera, die den Blick auf das Szenario wiedergibt, frei im Raum bewegt werden. Dies erlaubt somit beliebige Ansichten zum Erstellen und Prüfen, aus übersichtlichem Abstand oder in großer Nähe zu Objekten die detailliert bearbeitet werden sollen.

---

[198] Autodesk: Overview of Using Gizmos. AutoCAD 2011 Help, Work with 3D Models > Modify 3D Models > Use Gizmos to Modify Objects > http://docs.autodesk.com/ACD/2011/ENU/filesAUG/WS1a9193826455f5ffa23ce210c4a30acaf-6719.htm
[199] Geo Informations-System
[200] http://www.citygml.org/

Weitere Kameras können frei definiert werden, was bspw. deren Position, Blickrichtung, Öffnungswinkel und weitere Parameter betrifft. Dabei besteht auch die Möglichkeit, die Positionierung relativ zu einem anderen Objekte vorzunehmen, bzw. sie diesem anzuhängen. Dies kann verwendet werden um die zu simulierende Kamera mit einem Fahrzeug, z. B. dem Ego-Fahrzeug, zu verbinden und somit nur einmal deren relative Position an ihrem Einbauort im Fahrzeug definieren zu müssen. Während der Testdurchführung werden dann nur die jeweils aktuellen Positionen des Fahrzeugs berechnet, und die Kamera zeigt automatisch die entsprechende Wahrnehmung der Umgebung dort aus ihrem Blickwinkel.

Ein weiterer Aspekt, der im Szenario-Editor bearbeitet werden kann ist das Wettersystem. Hier lassen sich Grundeinstellungen fest vorgeben, wie bspw. die Position auf der Erdkugel, was Auswirkungen auf den Sonnenstand zu bestimmten Tageszeiten hat. Aber auch in der Realität nicht mögliche Konstellationen (wie bspw. eine Sonne die in allen Himmelsrichtungen scheinen kann) können hier eingestellt werden. Die Farbe des Himmels, also beispielsweise Nuancen zwischen grauem und blauem Himmel oder die Färbung des Abendrotes kann ebenfalls parametriert werden.

Implementieren von Testfällen

Der Test-Implementierer hat mit dem VL-Editor also ein Werkzeug, das ihm hilft, eine Straße bzw. ein Straßennetzwerk zu importieren und zu manipulieren oder selbst zu erstellen, das Terrain zu bearbeiten und schließlich Objekte aus einer großen Objekt-Bibliothek auszuwählen und auf dem Terrain zu platzieren. Ob dadurch ein „guter" Testfall entsteht, ist von Geschick, Erfahrung und Gespür des Anwenders abhängig. Wo es in einer Testspezifikation ausreicht, die Umgebung abstrakt als „dichter Wald" oder „belebte Kreuzung" zu beschreiben, muss die Testimplementierung, also das im VL-Editor erstellte Szenario bis ins kleinste Detail entworfen und ausgestaltet werden. In Abbildung 120 werden mögliche Ansichten beim Erstellen eines Testfalls gezeigt. Eine abstrakte Darstellung aus der Vogelperspektive zur Erstellung von Manövern, oder eine Ansicht mit anderen Objekten (hier Bäume), auch aus anderen Perspektiven ist möglich. Ebenso kann eine Vorschau auf die erwartete Sicht des simulierten zu testenden Kamerasystems betrachtet werden, um den Ablauf des Testfalls zu optimieren. Die Erstellung einer für den Menschen und das SuT realistisch wirkenden Szene bleibt aber schwierig. Zum einen liegt das daran, dass die reale Welt extrem vielseitig und detailreich ist und der Test-Ingenieur eine genaue Vorstellung davon haben muss. Wo es bei bisherigen Testfällen genügte, einen Großteil der Details zu abstrahieren oder Wertetabellen zu entnehmen, ist nun Kreativität gefragt.

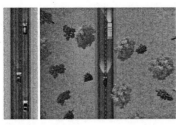  

Abbildung 120: Mögliche Ansichten beim Erstellen eines Testfalls.

Zum anderen gibt es technische Hürden die eingehalten werden sollten, um die Performance, d. h. die Darstellungsgeschwindigkeit, in einem gewünschten Rahmen zu halten – bspw. kurze Ladedauer, viele erzeugte Bilder pro Sekunde (fps). Eine Steigerung der „Komplexität des dargestellten Bildinhalts (,Szenenkomplexität'), wie bspw. Anzahl an unterschiedlichen dargestellten Objekten" [DASchü10] wirkt sich dabei zwar positiv auf den Realitätsgrad der Szene aus, jedoch negativ auf die Performance. Die Überwachung der Performance erlaubt dem Anwender eine Anzeige, die jederzeit den Speicherverbrauch sowie die fps-Zahl darstellt.

5.2.2. Grafik Generator

Der nächste Schritt nach dem Erstellen eines Szenarios, d. h. dem Implementieren von Testfällen (vgl. Use Case 2 in Abschnitt 5.1.2), stellt die Ausführung des Testfalls dar (Use Case 3). Der dafür nötige Bestandteil der VL-Komponente bzw. eines VL-Testsystems ist der „Grafik Generator", auch „Runtime Modul" oder „Online-Anwendung" genannt. Das bedeutet, dass „online" zur Laufzeit des Testfalls eine Grafik in Echtzeit generiert wird.

Die Berechnung dieser Grafik setzt sich zusammen aus dem vorab erstellten Testfall bzw -szenario, mit Informationen zu allen Objekten der Umgebung und deren Eigenschaften (inkl. Wettersystem), sowie der Positionsangabe der Kamera, aus deren Blickwinkel die Szene berechnet und dargestellt werden soll. Die meisten Objektpositionen (wie von Häusern, Bäumen oder Leitplanken) sind fest und ändern sich während der Durchführung des Tests nicht. Doch Positionen relevanter Objekte (wie das Ego-Fahrzeug, andere Verkehrsteilnehmer, Fußgänger aber auch von Tieren) werden über die in Abschnitt 5.1.5 beschriebene Netzwerkschnittstelle empfangen und dann in Echtzeit visualisiert.

Visualisierung in Echtzeit

Die Einhaltung der Anforderung nach „Echtzeit" soll nun weiter diskutiert werden. Im Bereich von HiL-Testsystemen wird unter „Echtzeit" oft die zugesicherte Reaktion des Testsystems innerhalb von 1 ms verstanden, in einigen Domänen auch 0,25 ms. Dies entspricht der Taktrate, innerhalb derer die Umgebungsmodelle bzw. ihre Ausgangsgrößen für die HiL-Simulation jeweils komplett berechnet werden. In dieser Zeit gelangt ein Signal entlang der Regelschleife vom Ausgang des SuT zum entsprechenden Eingang des SuT. Dazwischen liegen üblicherweise Signalanpassungen sowie die Aktualisierung der Berechnung des Umgebungsmodells. Im vorliegenden Fall, siehe Abbildung 121, bedeutet es außerdem, dass die vom Fahrdynamikmodell erzeugten neuen Positionsdaten, die bspw. durch ein Ausweichmanöver des SuT angeregt wurden, an die VL-Komponente weiter geschickt werden. Dies geschieht über die bereits erwähnte Netzwerkschnittstelle. Auch wenn ein modernes Gigabit-Netzwerk sehr hohe Übertragungsraten ermöglicht und das UDP-Protokoll mit wenig Overhead auskommt, so entsteht doch eine Verzögerung durch Overheads auf dem Weg durch das ISO/OSI-Schichtenmodell und durch Übertragungszeiten.

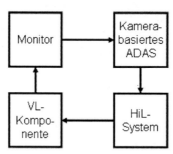

Abbildung 121: Regelschleife eines VL-Testsystems..

Zusätzlich erfordert die Berechnung des aufgrund der übertragenenen Positionsinformationen neuen Bildes einige Zeit. Auch wenn eine Grafikkarte eine Szene mit n fps darstellen kann, heißt dies aufgrund des Pipeline-Charakters (siehe Abschnitt 2.5.2) der Bilderzeugung nicht dass jedes Bild nur $1/n$ Sekunden zur Berechnung benötigt. Weitere Zeit vergeht durch die Übertragung des Bildes an den Monitor sowie durch die Darstellung. Im dem Fall, dass das Bild nicht abgefilmt sondern durch eine entspr. Schnittstelle direkt in das ADAS-Steuergerät eingespeist wird, entstehen Latenzen durch Umwandlung und Übertragung des Signals. Schließlich benötigt aber auch das kamerabasierte System einige Zeit, um das aufgenommene Bild zu analysieren, auszuwerten und eine Reaktion über seine Ausgänge weiter in die Regelschleife zu schicken. Das führt dazu, dass eine a priori unbekannte Verzögerung vorhanden ist, die es selbst bei optimal geringer Verzögerung der gesamten restlichen Schleife nicht ermöglicht, die Auswirkung der ADAS-Reaktion auf die Umweltmodelle noch vor dem nächsten Erfassungs- bzw. Sampling-Zeitpunkt der ADAS-Sensoren zur Stimulation bereit zu stellen.

Ein einfaches Beispiel soll diesen Zusammenhang erklären: Ein ADAS zur Fußgängererkennung nutzt einen Kamerasensor, der die Fahrzeugumgebung mit 25 fps wahrnimmt, also alle

40 ms ein Bild aufnimmt. Dieses wird vom ADAS intern analysiert bis es schließlich nach 30 ms Berechnung einen Fußgänger erkennt und den Befehl (bspw. per CAN) als Reaktion ausgibt, einen Lenkwinkeleinschlag zum Ausweichen durchzuführen. Das VL-System hat nun also noch 10 ms übrig, um die Auswirkung dieser Reaktion wieder am ADAS-Eingang zur Verfügung zu stellen. Das Fahrzeugmodell im HiL-System benötigt nur die übliche 1 ms zur Aktualisierung und sendet die neuen Positionsdaten (also einen aufgrund des Lenkeinschlags bereits leicht verschobenen Blickwinkel) an die VL-Komponente. Nachdem selbst ein sehr guter Monitor noch rund 4 ms zur Darstellung einer Grafik benötigt, bleiben nun für die Übertragung der Positionsdaten über die Netzwerkschnittstelle und die Erzeugung der Grafik nur noch ca. 5 ms. Dies ist jedoch bei aktuellen Grafikerzeugungsalgorithmen und Grafikkarten nicht realistisch. Das nächste von der ADAS-Kamera aufgenommene Bild kann im genannten Beispiel also nur eine noch veraltete Darstellung der Umgebung beinhalten. Doch auch in der Realität hätte sich das Fahrzeug zum einen träge, und zum anderen in den 10 ms seit der ADAS-Reaktion noch nicht sehr weit bewegt. Der Fehler dürfte damit bei üblichen Kamera-Öffnungswinkeln zwischen 40 und 60° so gering sein, dass die ADAS-Algorithmen keine Unstimmigkeiten erkennen (und ggfs. umso stärkere Lenkeinschläge fordern) und kann damit als vernachlässigbar angesehen werden. Spätestens beim nächsten vom ADAS aufgenommenen Bild nach weiteren 40 ms steht eine aktuelle Darstellung der Umgebung zur Verfügung. Doch auch wenn dieses Beispiel die Auswirkungen der Laufzeit für einen speziellen Fall beschreibt, muss für reale Test-Projekte immer untersucht werden, welche Latenzen tatsächlich vorliegen und wie sich diese ggfs. in der Regelschleife des VL-Testsystems bemerkbar machen.

Nach diesem Einschub wird deutlich, dass der Begriff der „Echtzeitfähigkeit" sehr differenziert betrachtet werden kann und muss. Ein VL-Testsystem kann nicht in wenigen Millisekunden eine fotorealistische und hoch aufgelöste 3D-Grafik erzeugen. Doch ist dies häufig auch nicht nötig oder es kann mit den vorhandenen Verzögerungen gearbeitet werden. Dennoch bleibt es natürlich das Ziel der VL-Komponente, den Kompromiss zwischen Qualität und Geschwindigkeit „optimal" zu halten. Das Optimalitätskriterium muss jedoch in jedem Test-Projekt individuell und abhängig vom SuT, den Anforderungen und der verfügbaren bzw. finanziell erschwinglichen Hardware bspw. in der Testplanungs-Phase diskutiert und spezifiziert werden.

Reproduzierbarkeit
Eine weitere wichtige Anforderung an die Testdurchführung ist die der Reproduzierbarkeit. Jeder Test muss zu 100 % reproduzierbar ablaufen. Das bedeutet im Rahmen dieser Arbeit, dass

neben den deterministischen Fahrdynamikmodellen insb. auch die dargestellte Grafik deterministisch sein muss. Jeder Pixel muss bei einer wiederholten Testdurchführung mit identischen Eingangsgrößen (also Objektparameter) ebenfalls identisch ausgegeben werden. Nun benutzen Grafikerzeugungsmethoden häufig Vereinfachungen und nutzen visuelle Tricks aus. Doch diese kommen ohne stochastische Variationen oder randomisierte Annahmen aus. Wo doch zufällige bzw. zufällig wirkende Effekte erzeugt werden, da muss darauf geachtet werden dass es sich nur um Pseudo-Zufall handelt. Dieser sorgt dafür, dass der betriebssystem- oder programmiersprachenabhängige Randomisierer (dt.: Zufallsgenerator) den „zufälligen" Anteil aus einem vorgegebenen sog. „Random Seed" ableitet. Damit erhält man einen „deterministischen Zufallsgenerator", der in dem VL-Testsystem beispielsweise verwendet werden kann, damit Blätter realistisch von einem Baum fallen und sich Äste im Wind wiegen.

Die genannten Effekte, die durchaus großen Einfluss auf die dargestellte Grafik haben, sind dann bei identischem Random Seed (und identischen sonstigen relevanten Parameterkonstellationen) jeweils auch identisch, und Testfälle können pixelgenau reproduziert werden.

Auch sämtliche Eingangsinformationen, wie Objektpositionen, werden jeweils im selben Zahlenformat gesendet und identisch gerundet, weshalb auch hier keine Rundungsdifferenzen auftreten können. Einzig die Berechnungsdauer eines Bildes ist, aufgrund der aus Kostenüberlegungen eingesetzten PC-Hardware und des in der Automobilindustrie üblichen Windows-Betriebssystems nicht immer identisch. So können Hintergrundprozesse die Berechnung eines Frames geringfügig verzögern, was zum einen dazu führen kann dass andere (neuere) Positionsdaten verwendet werden, und was zum anderen dazu führt dass die Grafik geringfügig später dargestellt wird. Dieser Effekt wird sich im Durchschnitt „herausmitteln", kann aber dennoch dazu führen dass einzelne Testdurchläufe trotz identischen Eingangsdaten keine gleichen Bilder liefern. Da die auf dem Monitor dargestellten Bilder üblicherweise nicht mit der Aufnahmefrequenz der Kamera synchronisiert werden können, bringt auch dies eine potentielle Fehlerquelle bzgl. Reproduzierbarkeit mit sich. Und nachdem aufgrund des Stands der Technik auch noch davon ausgegangen werden muss, dass die Position der Kamera des Aktiven Fahrerassistenzsystems mechanisch vor einem Monitor fixiert ist, stellt auch dies eine Quelle der Ungenauigkeit dar. Eine absolut identische Testdurchführung ist schon durch Schwankungen der Umgebungshelligkeit oder sogar der Temperatur und Luftfeuchtigkeit nicht garantiert.

Der Black Box Charakter des SuT lässt häufig keine Kontrolle über die aufgenommenen Bilder zu. Solange die Variation der Darstellung nur aus einzelnen oder wenigen Pixeln Verschiebung besteht, ist sie aus Expertensicht tolerierbar. Die tatsächliche Auswirkung der genannten Effekte auf SuTs können zum aktuellen Zeitpunkt jedoch noch nicht endgültig abgeschätzt werden.

Aufgrund der Robustheit der ADAS-Algorithmen (bspw. bzgl. Erschütterungen und damit „Verwackler" während des Betriebs im Fahrzeug) und der insgesamt fortgeschrittenen und damit zuverlässigen Test-Technologien (insb. im Bereich der Fahrdynamikmodelle) und der allgemein vorhandenen Wahrscheinlichkeit geringer Schwankungen der Grafikdarstellung, könnten sich negative Auswirkungen im Durchschnitt als zu vernachlässigen herausstellen. Dies muss jedoch in weiteren operativen Testprojekten verifiziert werden.

3D-Grafik

Volkswagen setzt 3D-Visualisierungen über den gesamten Produktprozess in vier Phasen ein: zur Darstellung von Ideen, zur Visualisierung von Design sowie technischer Zusammenhänge, als Marketing-Hilfsmittel zur Markteinführung, und für den Car-Configurator. Dabei sind „zum Erstellen von Echtzeitpräsentationen, fotorealistischen Bildern und Filmen Hochleistungs-Rechnercluster erforderlich" [SML09].

Nun verlangt die Anforderung A 6.4 ausdrücklich „kostengünstige Lösungen und Komponenten", was mit einem Hochleistungs-Rechencluster nicht zu erfüllen ist. Stattdessen wird auf konventionelle PC-Technik gesetzt. Um den Test-Implementierern und -Operateuren das Arbeiten mit den von ihnen gewohnten Umgebungen zu ermöglichen, wird außerdem auf Windows als in dem Umfeld gängiges Betriebssystem gesetzt. Dies geht nicht ohne Einschränkungen, die hier zwangsläufig zu Lasten der erreichten Grafik-Qualität gehen müssen.

Doch gerade im „Personal Computer"-Bereich entstand in den letzten beiden Jahrzehnten eine Branche die sich eine höchstrealistische Darstellung von Computergrafiken in Echtzeit auf die Fahnen schreibt: die Rede ist von der Computerspiele-Industrie. Gerade die bereits in Abschnitt 5.1.3 erwähnten First-Person-Shooter betreiben einen großen Aufwand, um aus PC-Hardware das Maximum an Realismus herauszuholen.

Die verwendeten Spiele-Engines arbeiten dabei nach dem klassischen Prinzip der Grafik-Pipeline (siehe Abschnitt 2.5.2), setzen jedoch viele visuelle Effekte besonders effektiv vereinfacht und damit ressourcenschonend um. Diese Ansätze sind im Rahmen dieser Arbeit vorsichtig zu betrachten, es geht schließlich nicht darum die Wahrnehmung eines Soldaten im Adrenalinrausch darzustellen (wie es eine Spiele Engine vorsehen könnte), sondern die objektive Sensorik eines höchst sicherheitskritischen Automobilsystems zu bedienen. Abbildung 122 zeigt Beispiele für Grafik-Effekte, die zwar auf der einen Seite durch eine deutliche Vereinfachung der realen Welt entstehen, zum anderen jedoch im Kamerasystem einen fotorealistischen Effekt haben, da dort in der Realität genau der gleiche visuelle Eindruck entstanden wäre. Zur

Erhöhung des Fotorealismus werden nach [NFH07] atmosphärische Effekte mit Hilfe von Nebel simuliert, Anti-Aliasing dient danach zur Glättung zu scharfer Kanten[201].

Abbildung 122: Grafik-Effekte für Licht und Schatten (links) sowie Dunst [Quelle: Crytek GmbH[202]].

Gerade die Simulation von Beleuchtung und ganz allgemein der Atmosphäre ist sehr wichtig, da sie viel zu einem realistischen Gesamteindruck einer Szene beiträgt. Die Komplexität der realen Welt entsteht gerade durch vielfältige Licht- und Schatten-Effekte sowie kleinsten Teilchen wie bspw. Staub oder Regentropfen. Dafür gibt es weitere Grafik-Effekte, mit denen die echte Welt nachgebildet wird. So enthalten Spiele-Engines „Partikel-Systeme", die es erlauben die komplexe Bewegung einer großen Anzahl kleiner Teile, wie Sandkörner, Staub oder Regentropfen, mit geringem Aufwand nachzubilden. Und gerade bei der Berechnung von Licht, ambientem Licht und Schatten gibt es deutliche Unterschiede, da hier normalerweise nicht nur für jede einzelne Lichtquelle die Lichtverteilung in ihrer Umgebung berechnet werden muss, sondern auch indirektes, also von Objekten reflektiertes Licht berücksichtigt werden muss. Die in Spielen übliche Verwendung vorgefertigter „Lightmaps", also einer offline berechneten Licht- und Schattenverteilung verbietet sich jedoch im vorliegenden Fall, da hier – im Gegensatz zu vom Hersteller vorgegebenen Spielfeldern – die Objektpositionen jederzeit vom Anwender beeinflussbar sind und daher nicht vorausgesehen werden kann wo zur Laufzeit Schatten sein wird. Ambient Occlusion, dt. Umgebungsverdeckung, stellt zwar bereits eine deutlich vereinfachte Berechnung verschatteter Bereiche im Bild zur Verfügung, ist jedoch immer noch aufwändig zu berechnen. Auch die effiziente Kombination vieler einzelner 3D-Objekte zu einem einzelnen großen Objekt ist für Test-Szenarien nicht sinnvoll, da sich die Objekte dabei nicht mehr individuell ansprechen ließen. Dies ist aber wichtig, wenn einzelne oder mehrere Objekte für verschiedene Testdurchläufe an andere Stellen platziert werden sollen: beispielsweise könnte es erforderlich oder erwünscht sein, die Bäume einer Allee oder ein zu erkennendes Tier näher an den Straßenrand zu rücken.

---

[201] Anti Aliasing kann beim Einsatz zur Stimulation von Kamerasystemen jedoch auch zu unerwünschten Effekten führen. Dies ist individuell zu prüfen und ggfs. noch weiter zu untersuchen.
[202] http://mycryengine.com/

Fahrzeuge erhalten in einer Simulation im Automobilumfeld große Bedeutung. eine detailgetreue Darstellung ist daher sehr wichtig. Diese kann mit der Wahl der Objektoberfläche, also des Lackes, deutlich verbessert werden. So sind Reflexionen im Lack typisch für das Aussehen von Autos und müssen dementsprechend hochwertig realisiert werden, siehe Abbildung 123. Für Reflexionsberechnungen muss jedoch die gesamte Umgebung, die sich in der Obefläche spiegeln soll, als eigenes Bild gerendert werden. Für die typischerweise 5 relevanten Seiten jedes um ein Fahrzeug gelegten Würfels müssten daher eigene Bilder in Echzeit brechnet werden. Um den Rechenaufwand und die damit verbundenen Performance-Verluste zu minimieren, können jeweis für sich in räumlicher Nähe befindliche Fahrzeuge gleiche Reflexionen verwendet werden, da sich sich nur geringfügig voneinander unterscheiden würden bzw. die Unterschiede von einem Betrachter (oder einem Kamerasystem) nicht wahrgenommen würden und irrelevant sind. Auch bei der räumlichen wie zeitlichen Auflösung dieser Reflexionsberechnungen können Vereinfachungen vorgenommen werden.

Abbildung 123: Beispiel-Szene und Reflexion an der rechten Seitenscheibe des Fahrzeugs.

Aber auch Funktionen zur Erhöhung der Performance, wie LOD-Systeme für alle Objekttypen stellen sehr wichtige Aspekte dar. Sowohl die Performance als auch der erreichbare Grad an Fotorealismus sind damit neben der verfügbaren Hardware stark von der verwendeten Game bzw. Grafik-Engine abhängig. Die Wahl der für die Anforderungen dieser Arbeit besten Engine geschieht dabei nach den bereits in Abschnitt 3.2 genannten Bewertungskriterien und wird in Abschnitt 6.1.1 erläutert.

Schnittstellen des Testsystems

Nachdem in den vorigen Unterabschnitten, aufbauend auf die Ausführungen zum VL-Editor in Abschnitt 5.2.1, die Details zu Echtzeitfähigkeit, Reproduzierbarkeit und zur Grafik des Grafik Generators der VL-Komponente aufgezeigt wurden, folgt nun eine Beschreibung der Zusammenhänge zwischen dem VL-Editor und dem Grafik Generator.

Schnittstellen zwischen beiden stellen die verwendeten Datenformate dar. Dazu sind die Szenario-Beschreibung (im XML-Format) und die darin genannte Referenzierung auf Straßennetzwerke (OpenDRIVE) sowie Splat Maps und Height Maps des Terrains zu nennen. Doch während diese Elemente in Form eines Szenarios der Testfall-Implementierung nur die Grundlage, die Bühne, für die abstrakte Testfall-Spezifikation darstellen, beinhaltet der eigentliche Testfall mehr als das. Die „Choreographie" des Testfalls, also der zeitliche Ablauf verschiedener Aktionen, verschiedene Testschritte[203], werden außerhalb der VL-Komponente definiert. Auch wenn der Test-Implementierer die Ideen und Vorstellungen des Ablaufs, die der Test-Spezifizierer bereits definiert hatte, auch als mentales Modell im Hinterkopf haben muss, so schlagen sich nur die Startbedingungen des Testfalls (oder einer Abfolge mehrerer Testfälle) direkt in der Szenario-Beschreibung nieder.

Diese Szenario-Beschreibung wird beim Ausführen eines Testfalls als Initialisierung geladen. Die Durchführung des auf dem Testfall basierenden Tests bedingt dann jedoch zusätzliche Einwirkungen von außen. Dies können Fahrer- und Fahrzeugmodelle sein, die Positionsdaten der von ihnen „ferngesteuerten" Objekte aktualisieren oder Anweisungen aus einem Testskript der Testautomatisierungs-Software, wie bspw. eine Änderung von Tageszeit oder Wetter, oder der Befehl zum Starten einer vordefinierten Animation, wie bspw. ein Elch der auf die Straße läuft. Dieses „Drehbuch" eines Testfalls wird aber in jedem Fall wie andere herkömmliche Test-Skripte auch im Rahmen der Testautomatisierung erstellt, abgelegt und ausgeführt. Die Fernsteuerung erfolgt dann über die in Abschnitt 5.1.5 beschriebene Netzwerkschnittstelle.

Die Anbindung der VL-Komponente an die Testautomatisierung geschieht auch mit dem Ziel, mehrere Kameras simultan zu stimulieren. Um hier absolut exakt konsistente Darstellungen zu erreichen, wie es beispielsweise beim Testen von Stereokamera-Systemen zur Tiefenschätzung zwingend notwendig ist, können zwei (oder mehr) parallel ablaufende Instanzen des Grafik Generator die Bilder der unterschiedlichen (häufig um wenige Zentimeter versetzten Kameras) erzeugen. Von den Fahrdynamikmodellen und der Testautomatisierungswerkzeug werden alle Informationen und Anweisungen parallel (bspw. per UDP-Broadcast) an alle Grafik Generatoren gesendet, so dass die Darstellung synchron abläuft. Somit kann während des Ladens und Initialisierens eines Szenarios gewartet werden, bis alle eingesetzten PCs damit fertig sind, bevor mit einem „Start"-Befehl die ggfs. genutzten Zufallsgeneratoren auf einen gemeinsamen Initialwert zurückgesetzt werden und die Simulation mit je nach Testfall darin ablaufenden Animationen startet.

---

[203] von „Test Steps", die in anderen Domänen üblicherweise die zeitlichen Abläufe definieren

Sonstige Bestandteile

Parallel zu den bereits genannten Anwendungen Testautomatisierung und Fahrdynamikmodelle, die Informationen über die Netzwerkschnittstelle an den Grafik Generator senden, können noch beliebig viele weitere Applikationen parallel eingesetzt werden.

So können anstelle der verhältnismäßig komplexen und aufwändigen Fahrdynamikmodelle vereinfachte Modelle verwendet werden. Ein Ansatz ist die Nutzung eines Moduls für einfache „Künstliche Intelligenz" (KI) [BAHerr10, DAMoll11], die es erlaubt, einer Vielzahl von Fahrzeugen den Anschein planvollen Handelns zu verpassen. Dazu werden entweder zufällige oder vordefinierte Routen durch das Straßennetzwerk des Szenarios abgefahren, wobei durch unterschiedliche Fahrzeug- und Fahrerprofile auch mit sehr einfachen Mitteln der Eindruck einer realen Fahrzeugflotte erzeugt wird. Gerade für Fahrzeuge, die sich nur „im Hintergrund" bzw. „als Beiwerk" des Szenarios bewegen sollen, können damit mit einfachen Mitteln eine große Anzahl von sog. „Agenten" simuliert werden.

Daneben kann die Netzwerkschnittstelle genutzt werden, um eigene selbst definierte „Fernsteuerungen" zu implementieren und damit Objekte des Szenarios zu manipulieren. Vom Einsatz eines Schiebereglers zur Wettersteuerung bis zur Beeinflussung eines Fahrzeugs durch einen menschlichen Fahrer, der über ein reales Lenkrad und eine Pedalerie Befehle an die Grafikerzeugung schickt ist hier vieles denkbar. Die offene Schnittstelle bietet eine Fülle an Möglichkeiten für unterschiedliche Anwendungsfälle.

Aber auch in die andere Richtung kann diese Schnittstelle genutzt werden: so können Daten aus der Grafiksimulation ausgelesen werden oder Daten von anderen „Fernsteuerungs-Applikationen" können auf der Netzerkschnittstelle abgefangen und ausgewertet werden. Dies kann dann genutzt werden um bspw. weitere Sensorsimulationen, wie GPS oder Radar, zu betreiben.

5.2.3. Zusammenfassung des VL-Testsystems

Die in Abschnitt 3.2 und über die Use Cases in 5.1.2 definierten Anforderungen an den VL-Editor (Abschnitt 5.2.1) und den Grafik Generator (5.2.2) werden in dieser Zusammenfassung aufgegriffen. In den genannten vorhergehenden Abschnitten wurden beide Bestandteile der VL-Komponente, sowie ihr Zusammenspiel und die Vorgehensweise bei der Erstellung von Test-Szenarien und deren Ausführung als Testfälle beschrieben.

Der Use Cases 2 stellte ausgehend von den Anforderungen A 2.1, A 2.2, A 2.3, A 3.8 sowie A 6.2, A 6.3 und A 6.5 dar, dass es möglich sein muss, einen Testfall über eine benutzerfreundliche

Benutzeroberfläche zu erstellen, der die SuT-Umgebung realistisch modelliert und es erlaubt, Geodaten über standardisierte oder offene Schnittstellen zu verwenden. In Abschnitt 5.2.1 wurde der VL-Editor vorgestellt, der dies ermöglicht. Die genannten Schritte zur Testfall-Implementierung (ausgehend von einer abstrakten Spezifikation) sind durch den Track Editor zum Importieren oder Erstellen von Straßennetzwerken, den Terrain Editor zum Importieren oder Erstellen von Geländeinformationen sowie den Szenario Editor zum einfachen Bestücken des Geländes mit einer Vielzahl von Objekten wie sie auch in der realen Welt vorkommen gegeben. Die im Use Case genannten Veränderungen von Objektparametern über der Zeit sowie die Soll-Reaktionen des SuT werden dagegen in herkömmlichen Test-Skripten der Testautomatisierungs-Software spezifiziert.

Use Case 3 fordert, ausgehend von den Anforderungen A 2.4, A 2.5, A 2.6, A 2.7, A 2.8, sowie A 6.1, A 6.4, A 6.6 und A 6.7, ein skalierbares, erweiterbares, kostengünstiges und automatisierbares HiL-Testsystem für die Durchführung von Testfällen in Echtzeit. Dieses muss beliebige Kameras mit realistischen Daten reproduzierbar bedienen können. Die Ausführungen zum Konzept des Grafik Generators in Abschnitt 5.2.2 ermöglichen diese Anforderungen sowie die im Use Case genannten Schritte des Ladens, Initialisierens und Ausführens eines Szenarios als Testfall und damit der Testdurchführung. Ergebnisse des Tests bzw. Reaktionen des SuT sind wie bei anderen Test-Domänen auch vom Testautomatisierungs-Werkzeug zu speichern.

5.3. Testfälle und Test-Szenarien

Nach der Übersicht über das Rahmenkonzept zum Testen kamerabasierter Aktiver Fahrerassistenzsysteme in Abschnitt 5.1 wurden in Abschnitt 5.2 die Bestandteile des Testsystems vorgestellt. In Abschnitt 5.3.1 werden nun die dafür bzw. für die Test-Spezifikation (vgl. Use Case 1 in Abschnitt 5.1.2) benötigten und zugrunde liegenden Testfälle beschrieben, bevor in Abschnitt 5.3.2 die Methodik zur Erzeugung dieser Testfälle hergeleitet wird.

5.3.1. Testfälle als parametrierbare Testklassen

Wie in den Anforderungen A 3.1 und A 3.3 sowie in Abschnitt 5.1.1 gefordert, müssen Testfälle effizient beschrieben werden können. Dazu ist eine (für die unterschiedlichen Anwender) intuitiv erfassbare Darstellung notwendig, da sie die Erstellung, Erfassung und Verwendung der Testfälle deutlich erleichtert. Da es sich hier um Testfälle handelt, deren Besonderheit in der grafischen Repräsentation der realen Welt geht, ist die Möglichkeit einer grafische Darstellung der Testfallinhalte naheliegend um das Ziel der intuitiven Erfassung zu erfüllen.

Im ersten Unterabschnitt werden zuerst allgemein Bestandteile von Testfällen hergeleitet und dann in das Konzept der parametrierbaren Testklassen vorgestellt. Darauf aufbauend wird ein Datenbank-Konzept skizziert. Der letzte Unterabschnitt erläutert dann die Auswahl der Parameter mit Mitteln der Versuchsplanung. Damit entsteht ein Testfallbeschreibungsformat, das es erlaubt, Testfälle direkt im Rahmen des VL-Editors grafisch darzustellen.

Bestandteile von Testfällen

Ausgehend von den klassischen Inhalten bisheriger Testfallbeschreibungen (vgl. Abschnitte 2.4.6 und 4.2) wird deutlich, dass diese von Haus aus nicht in der Lage sind, Umgebungsbeschreibungen der realen Welt in ihren vielfältigen Ausprägungen zu repräsentieren. Es muss nicht nur ein Wert gesetzt oder ein Signal für einen Parameter geändert, eine bestimmte Spannung angelegt werden. Für eine belebte Innenstadtszene müssen ggfs. hunderte wenn nicht tausende Objekte am Straßenrand und im gesamten sichtbaren Bereich bis zum Horizont vorgegeben werden. Und falls eine derart detailliert beschriebene Szene nicht nötig ist, muss auf einem höheren Abstraktionslevel „Innenstadt" vorzugeben sein. Es ist also notwendig eine hierarchische und damit auf verschiedenen Ebenen zunehmend abstrakte Beschreibung für Szenen zu erarbeiten.

Um ein Schema für eine solche Testfallbeschreibung zu erarbeiten müssen zuerst übliche Elemente von realen Situationen erkannt und klassifiziert werden. Abbildung 124 zeigt beispielhaft einige Szenen wie sie im realen Straßenverkehr vorkommen können.

Abbildung 124: Situationen und Elemente der realen Welt [Quelle: Daimler AG[204], Microsoft[205]].

Fünf Kategorien für Testfall-Elemente

Im Rahmen der Entwicklung bzw. des Testens von Fahrerassistenzsystemen in der Automobilbranche kann dabei davon ausgegangen werden, dass es immer eine zugrunde liegende Straße, ein Straßennetzwerk, oder – wie bspw. im theoretischen Fall von Offroad-Fahrzeugen – „straßenähnliche" Wege oder zumindest eine Referenz darauf gibt. Ein Testfall-Element stellt daher

---

[204] http://media.daimler.com
[205] Microsoft Office Images

der „Track" dar. Dieser kann detaillierte Informationen zu seinem Verlauf in Form von Geodaten beinhalten oder nur Angaben wie „Linkskurve", ggfs. mit Radius und Winkel. Weitere Straßeneigenschaften stellen fraglos Informationen zur Art der Straße, wie Autobahn, Bundesstraße, Wohnstraße, Feldweg, aber auch Autobahnauffahrt etc. dar, die wiederum detailliert werden können um zusätzliche Attribute wie Anzahl der Fahrspuren, Material, Verschmutzungs- und Beschädigungsgrad, und weiter zu Fahrspurmarkierungen und deren Eigenschaften wie Farbe, Breite, Strichlierung usw.

Wenn ein Test-Ingenieur bspw. seinen Testfall auf einer beliebigen typischen Bundesstraße (z. B. wie in Abbildung 107) stattfinden lassen möchte, dann muss es ausreichen, dies so anzugeben. Wenn jedoch im Fokus des Tests die Erkennungsleistung bei unterschiedlichem Verschmutzungsgrad von Fahrspurmarkierungen liegt, so wird er auch diese Informationen hinzufügen wollen und müssen.

Neben der Straße gibt es in jeder Situation der realen Welt Objekte in der Fahrzeugumgebung, die hier als Testfall-Elemente der „Surrounding" bezeichnet werden. Darunter werden, auf oberster Abstraktionsebene, die Bezeichnungen für größere Gebiete, wie Wald, Dorf, Stadt oder Feld verstanden. Diese Umgebungsobjekte können aber wieder aufgeteilt werden in einzelne Objekte wie bspw. Mischwald oder Laubwald sowie Schwarzwalddorf oder Business District einer chinesischen Großstadt. Der Freiheit sind hier erstmal keine Grenzen gesetzt, es dürfen beliebige Kategorien erstellt werden. Diese können jedoch auch verfeinert oder ganz umgangen werden durch die explizite Definition einzelner Objekte wie Birke, Buche, Ahorn oder Wohnhaus, Kiosk, Bushaltestelle, Mülltonne. Jedes dieser Objekte, das später eins zu eins einem 3D-Objekt in der grafischen Darstellung entspricht, muss relativ („rechter Straßenrand") oder an einer absoluten Position platziert werden können, je nach Anforderung an dieses Objekt im jeweiligen Testfall. Weitere Objekteigenschaften leiten sich von der Art des Objektes ab. So können bei Straßenlaternen Informationen zu Helligkeit, Öffnungswinkel und Lichtfarbe genutzt werden, bei Fußgängern dagegen werden die Bewegungsgeschwindigkeit und die Farbe der Kleidung relevante Parameter darstellen. Für all diese Objekte muss gelten, dass sie auch ohne Detaillierung in einer „Default"-Version dargestellt werden können, wenn für den Test-Spezifizierer die genauen Ausprägungen bei der Instantiierung des Objekts keine hohe Wichtigkeit haben. Die Umgebung hat auch Auswirkungen auf das Terrain, da sich hierüber bergiges oder hügeliges Gelände sowie abhängig von den Objekten am Straßenrand Waldboden oder Pflastersteine ableiten lassen.

Ebenfalls in jedem Szenario vorhanden ist die Umwelt (engl. „Environment"), insb. in Form von Wetter und Tageszeit sichtbar. So können Bewölkungsgrad, Art und Stärke eines Niederschlags, sowie Sichtweiten von Nebel und Dunst vorgegeben werden. Außerdem kann die Beleuchtung einer Szene durch Sonne oder Mond und deren Position, Lichtintensität und Farbe definiert sein. Wo man einerseits mit „tags" eine durchschnittliche gemäßigte Beleuchtung erwartet, kann die Angabe „Mittagssone" auf gleißendes Licht besonderer Farbtemperatur hinweisen. Durch die manuelle Angabe der Farbe des Himmels und der Umgebungsbeleuchtung können dagegen spezielle Atmosphäreneffekte (wie bspw. Abendrot mit Saharastaub in der Luft) gezielt simuliert werden, wenn dies gewünscht ist. So ist es zum einen möglich, die Realität durch Angabe einer Position auf der Erdkugel, Datum und Tageszeit realistisch nachzubilden, oder auch Situationen künstlich zu erzeugen in denen z. B. die Sonne im Norden scheint, was bei Tests zur Blendungsempfindlichkeit eines Kamerasystems relevant sein kann.

Nachdem mit „Track", „Surrounding" und „Environment" alle Objekte eines Testfalls beschrieben werden können, muss noch auf spezielle einzelne Objekte eingegangen werden. So gibt es das Ego-Fahrzeug, das im Testfall eine herausragende Stellung einnimmt. Zum einen, weil es sehr viele Eigenschaften besitzt die gezielt ausgelesen und beeinflusst werden, zum anderen weil es als Träger des virtuellen zu testenden Kamerasystems eine wichtige Rolle spielt und damit im Zentrum der virtuellen Welt bzw. deren grafischen Repräsentation steht. Daher erscheint es sinnvoll, das Ego-Fahrzeug besonders herauszuheben, so dass es sich leicht von den potentiell vielen anderen Objekten eines Szenarios unterscheiden lässt.

Daneben gibt es in einem Testfall möglicherweise besondere, für den Ablauf des Testfalls relevante Objekte. Dies können zu erkennende Verkehrszeichen sein, oder auch andere Fahrzeuge, die über die Netzwerkschnittstelle von außen durch Fahrer- und Fahrzeugmodelle simuliert und gesteuert werden. Analog zum Ego-Fahrzeug dient auch hier eine gesonderte Auflistung innerhalb der Testfallbeschreibung mit der Übersichtlichkeit bzw. der schnellen Auffindbarkeit und der ggfs. standardisierten Adressierungsmöglichkeit.

Das TESTE-Schema für die Beschreibung von Testfällen
Zusammenfassend können damit fünf verschiedene Kategorien für Testfall-Elemente aufgezählt werden: „Track", „Environment" und „Surrounding" sowie die „Test-relevant objects" und das „Ego-Vehicle". Die aus den Anfangsbuchstaben der fünf Kategorien abgeleitete Bezeichnung dafür lautet „TESTE-Schema" und stellt die oberste Abstraktionshierarchie in einer Testfallbeschreibung für kamerabasierte ADAS dar. Eine Verwendung für Testfälle anderer Steuergerätetypen oder Domänen wird dabei explizit ermöglicht, jedoch im Rahmen dieser Arbeit nicht weiter betrachtet. Diese fünf Kategorien werden analog zu [Inv05] in statische und dynamische Objekte unterteilt. Während die ersten drei Arten von Elementen statische, d. h. im

Lauf eines Testfalls ortsfeste und nicht weiter betrachtete Objekte darstellen, beinhalten die beiden letzten Kategorien dynamische Objekte, deren Eigenschaften über die Zeit variiert werden können. Das heißt nicht dass ihre Eigenschaften manipuliert werden müssen, doch sind sie prinzipiell ansprechbar. So könnte bspw. auch ein eigentlich ortsfestes Verkehrszeichen zur Laufzeit in seiner Position oder Aufschrift verändert werden.

Wie bereits beschrieben können Angaben zu den fünf Kategorien auf allen Abstraktionsebenen gemacht werden. Es müssen aber nicht alle Angaben gemacht werden. Wenn es eine Kategorie des TESTE-Schemas für den Test eines Systems aus Sicht des Test-Spezifizierers keine Relevanz besitzt muss dazu keine Angabe gemacht werden. Dann wird entweder ein Default-Wert dafür angenommen oder aber andere noch zu prüfende Eigenschaften können verwendet werden. So kann bspw. ein Testfall keine Information zur Umgebung (Surrounding) beinhalten, da es für das Testen der ADAS-Funktion irrelevant ist. Wenn dann erst unterdurchschnittlich viele Testfälle in einem Wald stattfinden, kann dieser Testfall als Umgebung einen Wald zugewiesen bekommen.

Eine weitere getroffene Annahme stellt eine Vereinfachung der Testfallbeschreibung dar. So wird jeder Testfall verallgemeinert und vereinfacht als rechteckige Grundfläche angesehen und in vier (potentiell auch mehr) Zonen aufgeteilt, die sich aus der linken Straßenseite, rechten Straßenseite sowie dem Testfallanfang und -ende zusammensetzen lassen. Abbildung 125 (links) zeigt dies beispielhaft für einen Testfall mit gerader zweispuriger Straße, der Weg des Ego-Fahrzeugs ist als roter Pfeil eingezeichnet. Die vier Zonen Anfang links (AL), Anfang rechts (AR) sowie Ende links (EL) und Ende rechts (ER) sind aus der Sicht der Testfalldurchführung bezeichnet. Rechts in der Abbildung ist ein Beispiel für eine kurvige Straße mit verschiedenen Umgebungsarten (Stadt, Wald, Wiese) dargestellt.

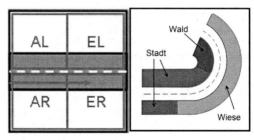

Abbildung 125: Vier Zonen eines Testfalls.

Die Längsausprägung dieser vier Zonen wird als über den Testfall symmetrisch angesehen, kann aber variiert werden. Die Querausrichtung sieht immer den Track, also die Straße auf der sich das Ego-Fahrzeug entlang bewegt, als Mittellinie an.

Nun gibt es generell zwei Arten von aus dem TESTE-Schema abgeleiteten Testfällen: solche, in denen sich die einzelnen Kategorien nicht ändern, und solche mit Übergängen. Für einen Testfall am Waldrand werden die linken und rechten Zonen am Anfang und Ende des Testfalls gleich sein. Bei einem Testfall, der eine Fahrt in einen Tunnel simuliert, wird sich dagegen die Umgebung über die Strecke verändern, aber links und rechts der Straße jeweils gleich sein. („Gleich" bedeutet dabei, der gleichen Art entsprechend.)

Die Auswahl einer Eigenschaft, eines Objekts oder eines Parameters auf einem beliebigen Niveau des TESTE-Schemas für eine der Zonen wird im Folgenden als Parametrierung bezeichnet. Dies kann also bspw. die Wahl des Wetters oder der Umgebung sein (Parameter „Regen" oder „Wald") oder deutlich spezifischer werden („Regenstärke: 85 %", „Birke mit Höhe 12 m an Position 3.5/5.0"). Dabei muss jedoch im zugrundeliegenden Datenmodell unterschieden werden zwischen Auswahlparametern und Werteparametern. Während es erstere ermöglichen, einen Eintrag boolesch oder aus einer Liste (wie „Regen", „Birke", ...) auszuwählen, erlauben es zweitere, einen kontinuierlichen bzw. numerischen Wert für einen Parameter („Regenstärke", „Größe", „Position") anzugeben. Selbst dabei kann aber frei entschieden werden ob der Anwender bei der Größe aus einem Auswahlparameter („klein", „mittel", „groß") auswählt oder tatsächlich einen Wert eingeben muss. Die Erweiterbarkeit der Auswahlmöglichkeiten ist nur von der technischen Umsetzung abhängig. Generell kann jeder Anwenderkreis (also jedes Testprojekt) ausgehend von Standard-Parametervorgaben beliebige eigene Parameter definieren.

Testfälle als hierarchisch parametrierte Testklassen

Das TESTE-Schema eines Testfalls ohne ausgewählte Objekte bzw. Parameter wird als Testklasse bezeichnet. Diese stellt die „Hülle" eines Testfalls vor und ist ursprünglich leer, also ohne ausgewählte Parameter. Möchte ein Test-Spezifizierer einen neuen Testfall anlegen, so erscheint eine leere Instanz einer Testklasse, siehe Abbildung 126. Diese beinhaltet die Möglichkeit, für die fünf Kategorien Parameter auf höchster Ebene auszuwählen oder (über eine entsprechende GUI) in die tieferen Ebenen einzutauchen und dort Details der entsprechenden Kategorie anzugeben. Die linke Seite in der Darstellung zeigt dabei den Testfallanfang und die rechte das -ende, die nach hinten gestaffelten zusätzlichen Blöcke repräsentieren die beiden Straßenseiten.

Durch die Parametrierung dieser einzelnen elementaren Testklassen werden Testfälle instantiiert. Durch die nach unten nahezu beliebige „Verästelung" in der Hierarchie können durch den Test-Ingenieur jederzeit neue Objekte und neue Eigenschaften angelegt werden. Die Verwendung von Klassen im Rahmen objektorientierter Programmierung ist dabei sinnvoll um den Überblick zu bewahren und die Vererbung von Attributen zu ermöglichen.

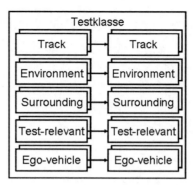

Abbildung 126: Testklasse des TESTE-Schemas.

Doch jeder Parameter kann auch mehrfach instantiiert werden, bspw. wenn ein Objekt an verschiedenen Stellen des Testfalls platziert wird. Bei der Abspeicherung des Testfalls muss dies berücksichtigt werden. Ein Testfall ist demnach definiert als eine instantiierte, d. h. mit Auswahl- und Werteparametern attributierte Testklasse definiert. Dies kann in einer hierarchischen Beschreibung auf verschiedenen Abstraktionsniveaus geschehen. Eine elementare Testklasse wiederum besteht aus den fünf parametrierbaren TESTE-Kategorien.

Testklassen können auch teilparametriert sein, dann werden sie nicht mehr als „elementar" bezeichnet. Damit entstehen Vorlagen (oder Templates) für Testfälle, die dem Test-Spezifizierer ggfs. Arbeit abnehmen indem sie lästige Parametrierungs-Arbeiten übernehmen lassen. Damit können Standard-Testsituationen wieder verwendbar genutzt werden. Wenn eine der fünf Haupt-Kategorien für einen Testfall irrelevant ist, so kann sie leer gelassen oder mit „ * " bzw. „don't care" bezeichnet werden. Damit ist bei der Implementierung sichtbar, diese diese Eigenschaft des Testfalls beliebig ausgewählt werden kann. Insb. können damit auch verschiedene Testfälle, deren Parametervorgaben und „don't cares" sich nicht widersprechen, ineinander verknüpft werden.

Testfall-Datenbank

Die technische Umsetzung des TESTE-Schemas kann in einem Datenbanksystem geschehen, vgl. Abschnitt 2.6.1. Dazu muss eine Datenbankstruktur geschaffen werden auf deren obersten Ebene die fünf TESTE-Kategorien angeordnet sind. Sie enthalten jeweils abstrakte Beschreibungen ihrer Bestandteile: so kann die Kategorie „Surrounding" bspw. „Wald", „Industriegebiet", „Feld" und „Wohngebiet" enthalten. Darunter befinden sich jeweils die üblichen Objekte der Kategorie, ggfs. der Übersichtlichkeit halber in Gruppen unterteilt. Diese Ebene beinhaltet auch noch allgemeine Beschreibungen der Objekte wie „Wohnhaus", „Baum" oder „Laterne". Erst in einer tieferen Ebene werden dann spezifische Alternativen dieser Objekte aufgelistet wie „Buche", „Birke", „Ahorn". Eigenschaften bzw. Parameter können dagegen auf allen Ebenen vorkommen. Ein Wald kann die Eigenschaften „verwildert" oder „hochgewachsen" haben, ein einzelner Baum dagegen „Größe", die noch in Metern oder als „klein/mittel/groß"-Auswahl anzugeben ist. Die Wiederverwendung und hierarchische Vererbung von Parametern ist dabei zu nutzen. Auch ist auf eine einfache Erweiterbarkeit durch den Anwender zu achten. Neue Objekte, neue Eigenschaften und neue Parameterwerte sind an eindeutigen Stellen einzufügen. Dazu ist auch eine intuitiv verständliche GUI nötig, die mit dem zugrunde liegenden Datenbankmanagementsystem über eine Datenmanipulationssprache kommuniziert.

Über die GUI – oder auch automatisiert – müssen Elemente und deren Eigenschaften auswählbar und in einem Testfall instantiierbar sein. Dadurch können einzelne Objekte mehrfach und mit unterschiedlichen Eigenschaften in einem Testfall abgelegt werden. Die Datenbankstruktur innerhalb eines Testfalls ist analog zur Struktur der TESTE-Elemente hierarchisch aufgebaut.

Automatische Testfall-Spezifikation

Die Anzahl der möglichen Parameterkombination ist bereits auf der obersten Hierarchiestufe der TESTE-Testklassen enorm. Selbst wenn man annimmt, dass die 5 Kategorien in jeweils 4 Zonen nur jeweils 5 mögliche Parameterwerte hätten, so ergeben sich bereits rund 95 Billionen möglicher verschiedener Parameterkombinationen und damit Testfälle. Tatsächlich sind die Parametrierungsmöglichkeiten aufgrund der hierarchischen und vom Anwender frei erweiterbaren Parameter-Struktur natürlich noch um viele Größenordnungen mächtiger, es wird von einer „Testfallexplosion"[206] gesprochen. Daher ist „ein vollständiger Test […] praktisch nicht durchführbar. […] Durch die Vielzahl kombinatorischer Möglichkeiten ergibt sich eine nahezu unbegrenzte Anzahl an Tests, die durchzuführen wären" [SL04].

Es erscheint also sinnvoll, die Testfälle nach Anforderung A 3.4 automatisch zu generieren und damit zum einen Aufwand und Dauer zu reduzieren und zum anderen eine „sinnvolle" Auswahl aus den theoretisch möglichen Testfällen zu treffen, da sie nicht in vertretbarer Zeit umgesetzt werden könnten. Nachdem das Implementieren eines Testfalls und die Durchführung des Tests mit Hilfe der Bestandteile der VL-Komponente Editor und Grafik Generator also in Abschnitt 5.2 gezeigt werden konnte, stellt sich nun die Frage wie es erreicht werden kann, mit diesen Werkzeugen effizient zu arbeiten. Schließlich ist das Ziel eine funktionale Produktabsicherung im Bereich der Automobilindustrie – mit den entsprechenden Randbedingungen, was verfügbare Ressourcen und Zeit, aber gleichzeitig auch den hohen Qualitätsanspruch betrifft.

---

[206] „Testfallexplosion: Bezeichnung für den (mit der Anzahl der Parameter) exponentiell steigenden Aufwand bei vollständigen Tests." [SL04]

Einen ersten Ansatz stellt die manuelle, erfahrungsbasierte Auswahl der Parameter dar. Durch die intuitive Spezifikation und Erstellung von Testfällen durch erfahrene Test-Ingenieure können viele wichtige Situationen nachgestellt und getestet werden. Der Erfahrungsschatz, die Vertrautheit mit der Materie und das Bauchgefühl können hier äußerst wertvolle Dienste leisten und schnell erfolgreiche Ergebnisse (in Form aufgedeckter Auffälligkeiten) liefern. Doch für eine systematische funktionale Absicherung, die im Rahmen des Testprozesses für ein sicherheitskritisches System quantitative Aussagen über die Qualität dieses SuT erlaubt, ist das nicht ausreichend.

Es ist also notwendig, durch die Auswahl von Parametern Testfälle logisch, reproduzierbar und sinnvoll herzuleiten. Dazu können Methoden der Versuchsplanung und die Definition von Test-Spezifikationen nach dem oben genannten Muster der TESTE-Testklassen genutzt werden, vgl. Abschnitt 2.6.2.

Zweidimensionale Testfall-Auswahl

Als Vorgehen zur Erstellung von Testfällen bzw. zur Auswahl von Parametern wird hier ein iterativer Prozess vorgeschlagen. Dieser sieht eine aufeinanderfolgende Anordnung von Testfällen vor. Die Anordnung ist dabei so zu wählen, dass eine durchgängige Abfolge der Testfälle gegeben ist. Die Parameter der einzelnen Testfälle müssen daher so gewählt werden, dass Übergänge zwischen einzelnen Testfällen minimal sind[207]. Daneben sind die Testfälle auch nach Kriterien der Teststrategie auszuwählen. Das bedeutet, dass mit Mitteln der Versuchsplanung sinnvolle Parameterkombinationen getestet werden. Sinnvoll bedeutet dabei, dass die ausgewählten Parameterkombinationen Rückschlüsse auf das Verhalten des SuT bei allen Parameterkombinationen erlauben. Dies wird in den folgenden Unterabschnitten weiter erläutert.

Aufgrund des identifizierenden Charakters der Testfälle, die häufig die bending knee Region (vgl. Abschnitt 2.4.6) herausfinden müssen und dann in der Umgebung dieser Parameter-Region weiter und im Detail nachtesten müssen, wird ein iteratives Vorgehen bei der Testdurchführung notwendig. Dazu wird im ersten Schritt mit einem grobmaschigen „Parameter-Netz" getestet und in Regionen mit erkannten Performance-Schwachstellen des SuT wird darauf aufbauend in den nächsten Test-Schritten detaillierter nachgeprüft, bis die funktionalen Grenzen des Systems ausreichend genau bekannt sind. Dies kann im Rahmen üblicher Regressionstests bei neuen Softwareständen des SuT geschehen, oder auch in höherer Taktrate. Das genaue Vorgehen ist stark von den zur Verfügung stehenden Spezifikationen, und damit der Teststrategie abhängig. Aufgrund der daraus resultierenden Anforderungen an die Anpassung

---

[207] Die Begründung sowie Details dazu werden in Abschnitt 5.3.2 erläutert.

der Parameterkombinationen der einzelnen Testfälle wird das Vorgehen als zweidimensionale Testfall-Generierung bezeichnet, vgl. Abbildung 127

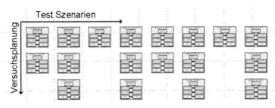

Abbildung 127: Zweidimensionale Testfall-Generierung.

Abhängigkeiten und Constraints

Ein Mittel, um die Auswahl der Parameterkombinationen zu vereinfachen ist, die Anzahl der möglichen Kombinationen zu reduzieren. Dies kann durch die Angabe von Abhängigkeiten und Constraints[208] geschehen. Während erstere zwingende Zusammenhänge zwischen verschiedenen Parametern beschreiben, beschreibt ein Constraint „eine Einschränkung der Kombinationen von Werten, die gleichzeitig von einem Variablensatz[209] angenommen werden können" [Lec09]. Variablen können dabei kontinuierlich oder diskret sein und entsprechen im Rahmen dieser Arbeit den Parametern.

Constraint-Sprachen bieten den Rahmen, um derartige Zusammenhänge zu definieren und können damit Einflüsse, die in der realen Welt vorhanden sind, in der abstrakten Testfallbeschreibung abbilden. Doch dazu muss dieses Wissen über die reale Welt vorhanden sein und angewendet werden. Das erscheint bei grundlegenden Zusammenhängen noch einfach: nachts müssen die Farbe des Sonnenlichts und die Position der Sonne nicht definiert werden, neben Feldwegen stehen keine Notrufsäulen, in Tunnels regnet es nicht, im Sommer liegt kein Schnee. Durch derartige Zusammenhänge können viele „unsinnige" Testfälle eingespart werden. Doch komplexere oder nicht sofort augenscheinliche Zusammenhänge sind entsprechend schwieriger aufzufinden und damit auch zu definieren. Auch muss beim Anlegen eines neuen Elements in der – bewusst erweiterbar konzipierten – Testfalldatenbankstruktur berücksichtigt werden, dass das neue Element überhaupt auf Abhängigkeiten und Constraints bezüglich aller bereits vorhandenen Elemente geprüft wird. Dies kann aufgrund des nötigen Wissens über die Welt nur durch den Test-Ingenieur und nicht automatisch erfolgen. Es ist auch zu bedenken dass in der hierarchischen Struktur die Eigenschaften eines Elements nicht mit anderen Elementen in einer Constraint-Beziehung stehen, wenn bereits das übergeordnete „Parent"-Element berücksichtigt wurde.

---

[208] engl. für Beschränkung, Einschränkung, Bedingung
[209] von engl. „set of variables"

Priorisierung

Neben der Auswertung von Abhängigkeiten und Contraints kann auch eine Priorisierung genutzt werden, um die Testfälle mit den „wichtigsten" Parameterkombinationen zu erstellen. Dies „garantiert, dass die kritischen Softwareteile zuerst getestet werden, falls aus Zeitgründen nicht alle geplanten Tests durchgeführt werden können" [SL04]. [SL04] priorisieren Testfälle dabei u. a. nach den folgenden Kriterien:

- 1. Eintrittswahrscheinlichkeit einer Fehlerwirkung beim Betrieb der Software
- 2. Wahrnehmung einer Fehlerwirkung durch den Endanwender
- 3. Priorität der Anforderungen
- 4. Fehlerwirkungen mit hohem Projektrisiko

Im Rahmen dieser Arbeit können sowohl alle Elemente als auch alle Parameter der TESTE-Datenbank mit den Eigenschaften „Häufigkeit" und „Wichtigkeit" versehen werden. Aus diesen beiden Eigenschaften kann dann wiederum eine Priorität des jeweiligen Elements bzw. Parameters berechnet werden. $P_{ID} = A \cdot H_{ID} + (1-A) \cdot W_{ID}$, mit der Priorität P eines Datenbankelements ID, die sich aus den mit einem Gewichtungsfaktor A versehenen Eigenschaften Häufigkeit H und Wichtigkeit W berechnet.

Die Häufigkeit bezeichnet dabei die relative Auftrittshäufigkeit dieses Elements oder Parameterwerts im Vergleich zu den anderen Elementen oder Werten auf gleicher Hierarchiestufe. Sie kann bspw. aus Studien und Statistiken wie Demographie- oder Verkehrsstatistiken abgeleitet oder qualifiziert aus dem Vorkommen in der realen Welt[210] geschätzt werden. Sie repräsentiert damit die oben genannten Kriterien 1 und 2. Die Wichtigkeit bezieht sich dagegen auf die Einstufung des Test-Ingenieurs bzgl. der Relevanz des Elements oder Werts. Dies beinhaltet den Bezug zu den Anforderungen an das SuT sowie die Erfahrung bzgl. zu erwartender Schwachstellen und Einflüsse auf das System, die in der Lage sind es in einen sicherheitskritischen Zustand zu versetzen und deckt damit die o. g. Kriterien 3 und 4 ab. Als Datenquelle können hier bspw. Unfallstatistiken herangezogen werden.

Die je nach Testprojekt ggfs. unterschiedlich aus Häufigkeit und Wichtigkeit zu gewichtende Gesamtpriorität kann sich schließlich nutzen lassen, um die insgesamt dringendsten, grundlegendsten und bedeutendsten Parameterkombinationen bevorzugt als Testfälle zu verwenden[211].

---

[210] bzw. in der für das Test-Projekt relevanten Region
[211] siehe auch [BFH08]

Versuchsplanung zur automatischen Generierung von Testfall-Spezifikationen

Nachdem in den vorigen Abschnitten die zweidimensionale Testfall-Auswahl und zwei Ansätze zur Auswahl „sinnvoller" und „wichtiger" Testfälle vorgestellt wurden, wird nun nach Methoden der Versuchsplanung die tatsächliche Parameterauswahl vorgestellt.

Ein Hilfsmittel zur Versuchsplanung muss im Rahmen dieser Arbeit als Ergebnis einen Testplan mit einzelnen Testfällen haben. Diese werden durch parametrierte Testklassen in abstrakter Beschreibung in einer Testfall-Datenbank gespeichert. Dieses Versuchsplanungswerkzeug muss über Eingänge oder eine GUI verfügen, die es erlaubt einige Angaben zu treffen, um die Auswahl der Testfälle zu beeinflussen.

Dazu zählt nach [SL04] die Angabe, „wie intensiv und wie umfangreich [das SuT] zu testen ist. Diese Entscheidung muss in Abhängigkeit zum erwarteten Risiko bei fehlerhaftem Verhalten des Programms getroffen werden". Die gewünschte Gesamt-Anzahl an Versuchen ist abhängig von den verfügbaren Ressourcen und Zeit sowie von der gewünschten Zuverlässigkeit der Aussage der Tests. Durch fest vorgegebene Parameter oder Elemente kann zudem die Testfallexplosion deutlich verringert und gleichzeitig der Testfokus gezielt auf bestimmte Test-Situationen gelenkt werden. Dies kann hilfreich und nötig sein, um speziell für die SuT-Funktionalität relevante Situationen und Szenen zu produzieren oder gezielt einzelne spezielle Situationen im Detail zu prüfen, bspw. um Auffälligkeiten des SuT zu verifizieren, die durch andere Test-Techniken gefunden wurden. Sinnvolle weitere Maßnahmen zur Reduzierung der insgesamt möglichen Parameterkombinationen sind das Erstellen von Äquivalenzklassen[212] für die Parameterwerte sowie von Testfällen für Grenzwerttests[213].

Schließlich kann das Design of Experiments (vgl. Abschnitt 2.6.2) genutzt werden, um bspw. durch „Screening" vereinfachte teilfaktorielle Versuchspläne zu erstellen, mit den Parametern der oben beschriebenen TESTE-Datenbank als Faktoren. Wenn dies auf den oberen Ebenen des TESTE-Schemas durchgeführt wird, entsteht eine verhältnismäßig überschaubare Anzahl an Testfällen, die später, je nach verfügbarer Zeit und gewünschtem Aufwand, durch die randomisierte Auswahl weiterer Unterelemente und –parameter verfeinert werden kann.

Diese zweistufige Versuchsplanungsmethodik kann durch ein den Test-Ingenieur unterstützendes Werkzeug automatisch ablaufen. Damit können große Mengen an Testfällen abstrakt spezifiziert und in der oben beschriebenen Testfalldatenbankstruktur abgelegt werden. Diese Testfälle beschreiben eine Vielzahl realitätsnaher Situationen und erfüllen die Anforderungen, die an versuchsplanerisch erzeugte Parametersets gestellt werden, insb. können daraus Rück-

---

[212] siehe auch [Schn07]
[213] siehe auch [Hof08]

schlüsse auf die Auswirkungen der einzelnen Parameter gezogen werden. Somit wird die zweidimensionale Testfall-Auswahl unterstützt da gezielt in der Nähe von Parameterkombinationen, die eine schlechte Leistung des SuT ergeben, im Detail nachgeprüft werden kann. Ein breiter Überblick mit der Sicherheit, keine wichtigen Testsituationen übersehen zu haben, erlaubt daher eine Aussage über die Qualität des SuT mit hoher Zuverlässigkeit. Dies erlaubt die quantifizierte Einschätzung der Erreichung des Abnahmekriteriums des Produkts und damit die funktionale Absicherung.

Im folgenden Abschnitt 5.3.2 werden nun, aufbauend auf den Testfall-Spezifikationen, automatisch Test-Szenarien generiert.

5.3.2. Methodik zur Erzeugung von Test-Szenarien

Nachdem in Abschnitt 5.3.1 die automatische Testfall-Spezifikation vorgestellt wurde, wird in den folgenden Unterabschnitten aufgezeigt, wie sich daraus automatisch Testszenarien generieren lassen. Die Notwendigkeit für kontinuierlich zusammenhängende Testfälle und der Aufbau eines Testszenarios aus einzelnen Testfällen werden in den folgenden Unterabschnitten vorgestellt. Darauf aufbauend wird dann die automatische Generierung der Szenarien erläutert.

Bevor diese Erzeugung von Szenarien beschrieben wird, muss jedoch noch genauer erklärt werden was Szenarien sind und wofür sie gut sind. Nach [Rätz04] sollen „Szenariotests [...] der Nutzung im Alltag möglichst nahe kommen". Szenarios „beschreiben einen Prozess oder eine Sequenz von Aktionen" [Carr95], und nach [SM08] helfen Szenarios, eine Sequenz von Ereignissen zu erzeugen, die den Verwendungszweck eines Systems darstellen[214].

Bei [SL04] wird ein Testszenario als „Zusammenstellung von Testsequenzen" definiert, und diese wiederum als „Aneinanderreihung mehrerer Testfälle, wobei Nachbedingungen des einen Tests als Vorbedingungen des folgenden Tests genutzt werden." Im Rahmen dieser Arbeit wird diese Definition übernommen, jedoch muss angemerkt werden dass dabei üblicherweise ein Testfall genau einer Testsequenz entsprechen wird und diese innerhalb eines Szenarios aufeinander aufbauend aneinandergereiht (analog zu obiger Definition) werden. Damit ergeben mehrere zusammenhängende Testfälle in definierter Reihenfolge ein Testszenario.

---

[214] engl. Original: „Scenarios help in generating sequence of events that represent the purpose of a system."

Zusammenhängende Testfälle als Test-Szenario

Wichtig bei der oben genannten Szenario-Definition ist, dass es zusammenhängende Testfälle sind. Das bedeutet, der Übergang von einem Testfall zum nächsten Testfall innerhalb des Szenarios ist möglichst fließend bzw. übergangslos.

Warum zusammenhängende Test-Szenarien?

Es gibt mehrere Gründe die dafür sprechen, die Testfälle möglichst fließend ineinander übergehen zu lassen, anstatt sie getrennt voneinander zu betrachten. Zum einen wird durch das kontinuierliche Testen ohne Sprünge zwischen einzelnen logischen Abschnitten (also Testfällen) ein eingesamt größerer übergreifender Testfall erzeugt. Neben den einzelnen, zeitlich deutlich limitierten Testfällen, entsteht damit ein das gesamte Szenario beinhaltender „Langzeit"-Testfall. Wie bei einer Dauererprobung wird das SuT dabei über einen längeren Zeitraum hinweg (implizit) beobachtet und Einflüsse, die sich innerhalb eines einzelnen Testfalls noch nicht signifikant auswirken, können ggfs. bemerkt werden. Dadurch steigt der Realitätsgrad der gesamten Testfälle und es werden zusätzliche „normale" Fahrsituationen zwischen den eigentlichen Test-Situationen überprüft.

Zum Zweiten können durch kontinuierliche Tests die Initialisierungszeiten des Testsystems und des SuT reduziert werden. Der Overhead beim Laden eines Testfalls, Parametrieren und abschließenden Zurücksetzen des Systems bedeutet sowohl für das Testsystem einen nicht unbedeutenden zeitlichen Anteil. Aber auch die Algorithmen im SuT benötigen häufig eine gewisse Einlernzeit für neue Umgebungsbedingungen. So werden unvermittelt veränderte Umgebungsbedingungen (z. B. Tageszeit) zu einer Anpassung der Bildaufbereitungs- und Erkennungsalgorithmen führen, diese Adaption benötigt jedoch einige Zeit. Auch bei plötzlich veränderten Fahrspuren und –markierungen wird ein entsprechender Steuergerätealgorithmus sein Suchmuster erst allmählich anpassen. Diese Effekte sind zwar kurz, in einer Test-Suite von ggfs. mehreren tausend Testfällen ist es aber erstrebenswert die dafür nötigen Zeiten zu reduzieren, indem Parameterwechsel zwischen zwei Testfällen möglichst kontinuierlich „fließend" vorgenommen werden[215]. Durch die eingesparte Zeit steigt die effektive Auslastung des Testsystems.

Für die Erstellung von Testfällen, die diese Bedingung erfüllen, müssen die folgenden 4 Regeln gelten:

---

[215] Innerhalb von Testfällen kann es dagegen sehr wohl möglich sein, sprungartige Parameteränderungen durchzuführen um die entsprechende Reaktion des SuT darauf zu prüfen.

- 1. Testfälle deren Spezifikationen sich nicht gegenseitig widersprechen können ineinander verknüpft werden.
- 2. Innerhalb eines Testfalls sollen Element- oder Parameteränderungen nur vorgenommen werden wenn sie für die Erfüllung des Testziels notwendig sind.
- 3. Der Anfang eines Testfalls muss dem Ende des vorangegangenen Testfalls entsprechen. Dabei dürfen zwischen zwei Testfällen nur in maximal einer der fünf TESTE-Kategorien Element- oder Parameteränderungen vorgenommen werden.
- 4. Nach einer Element-/Parameteränderung zwischen zwei Testfällen darf zwischen den nächsten beiden Testfällen nicht in der gleichen TESTE-Kategorie wieder eine Element- oder Parameteränderung vorgenommen werden.

Die erste Regel bedeutet, dass Testfälle, die in verschiedenen Kategorien des TESTE-Schemas (vgl. Abschnitt 5.3.1) keine Angaben enthalten, zu einem Testfall zusammengefasst werden können, solange sie sich nicht z. B. aufgrund von Constraints ausschließen. Die Regeln 2 bis 4 verfolgen das oben erklärte Ziel, Testfälle innerhalb eines Szenarios durchgängig anzulegen, also so wenig Element- und Parameterwechsel wie möglich auf einmal durchzuführen. Auch in der realen Welt ist es nicht realistisch, dass exakt gleichzeitig der Straßentyp, das Wetter, die Umgebungsbebauung und die Tageszeit abrupt wechseln.

Anwendung eines Kombinationsalgorithmus

Aufgrund der oben beschriebenen Regeln ist es notwendig, die in der Testfalldatenbank abstrakt beschriebenen und noch nicht sortierten Testfall-Spezifikationen in eine Reihenfolge zu bringen, so dass die Unterschiede zwischen jeweils aufeinanderfolgenden Testfällen insgesamt minimiert werden. Dies führt automatisch dazu, dass ähnliche Testfälle gruppiert werden.

Sollte es für einzelne Testfälle keine direkten Übergänge geben die den oben genannten Kriterien entsprechen, so können spezielle kurze Übergangs-Testfälle dafür eingefügt werden.

Für einen Algorithmus, der eine bzgl. der Regeln gültige Kombination der Testfälle ermittelt, kann die Graphentheorie bzw. das Problem des Handelsreisenden (vgl. Abschnitt 2.6.3) zugrunde gelegt werden. Testfälle mit n Elementen und Parametern lassen sich als Punkte in einem n-dimensionalen Raum vorstellen, in dem ein möglichst kurzer Weg zwischen allen Punkten gesucht werden muss. Je nach genutzten Randbedingungen können die gültigen Wege dabei auf solche eingeschränkt werden, die parallel zu den Achsen des Raumes verlaufen. Das bedeutet, dass nur ein Parameter auf einmal geändert werden kann. Die möglichen Wege durch diesen Raum beschreiben dann die Reihenfolge der Testfälle. Durch die Optimierung der Kosten des Weges kann die Reihenfolge mit den durchgängigsten Testfällen als Szenario ausgegeben werden.

Bewertungs- und Optimierungskriterien für Testfälle und Test-Szenarien

Um den Weg durch den beschriebenen n-dimensionalen Raum zu optimieren, muss ein Optimierungskriterium und damit auch ein Bewertungskriterium für den Weg angegeben werden. So kann eine Verringerung der Gesamtdauer aller Testfälle wünschenswert sein, was bedeutet dass die für besonders durchgängige Testfälle nötigen Übergangs-Testfälle minimiert und hier ein Kompromiss gefunden werden muss. Auch sind ggfs. Element- und Parameterwechsel in manchen TESTE-Kategorien erwünschter als in anderen. Dazu können den Kanten des Raumes verschiedene Gewichtungsfaktoren hinzugefügt werden. Dies bildet die Realität insofern ab, als dass sich bspw. die Tageszeit und das Wetter typischerweise mit niedrigerer Frequenz ändern als der Straßentyp, und dieser wiederum seltener als die Umgebung. Damit können realistische Gruppierungen und ein durchgängiger Verlauf der gefahrenen Strecke aller Testfälle innerhalb eines Szenarios erreicht werden.

Szenario aus Testfall-Kacheln

Nachdem im vorigen Abschnitt die Sortierung bzw. Reihenfolge der Testfall-Spezifikationen in einem Szenario durch einen Algorithmus festgelegt wurde, ist nun noch aus den abstrakten Beschreibungen ein ausführbarer Testfall zu implementieren. Aufgrund der möglichen Vielzahl der Testfälle und der potentiell sehr großen Anzahl an Objekten in jedem einzelnen der Testfälle scheidet eine manuelle Erstellung des gesamten Szenarios aus. Für Ansätze zur automatischen Szenario-Generierung muss nun zunächst die Anordnung der Testfälle mit ihrer fest vorgegebenen Reihenfolge auf der Szenario-Grundplatte (vgl. Abschnitt 5.2.1 bzw. Abbildung 110) ausgearbeitet werden.

Dafür gibt es mehrere denkbare Lösungsansätze, von denen drei im Folgenden beschrieben werden. Erstens ist es möglich, ein reales oder anderweitig bereits vorhandenes Straßennetzwerk zu importieren und zu verwenden. Die in den Testfall-Spezifikationen benötigten Eigenschaften der Straße könnten in diesem Netzwerk gesucht werden (bspw. „Landstraße mit scharfer Linkskurve") und um diese Stelle könnte dann der Testfall mit seinen weiteren Objekten aufgebaut werden (vgl. Abbildung 128 links). Dieser Ansatz hat jedoch die Nachteile, dass er die gegebene Fläche und Strecke nicht effizient nutzt, das Vorhandensein geeigneter Streckenabschnitte teils vom Zufall abhängt und die Reihenfolge der Testfälle nicht garantiert werden kann. Der zweite Ansatz (in der Abbildung in der Mitte) sieht einzelne Testfall-Kacheln innerhalb des Szenarios vor. Die Testfälle werden dann als eigenständige Kacheln erstellt und so auf dem Terrain platziert dass die Reihenfolge eingehalten wird und eine durchgängige Strecke durch das Szenario entsteht. Auch dieser Ansatz nutzt die vorhandene Fläche nicht optimal, und es kann nicht garantiert werden dass die Testfallreihenfolge eingehalten werden kann. So wären bspw. fünf aufeinanderfolgende Testfälle mit 90°-Rechtskurve nur schwer umsetzbar. Der dritte Ansatz (rechts in der Abbildung) nutzt ebenfalls Testfallkacheln.

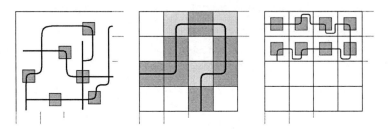

Abbildung 128: Drei Möglichkeiten zur Anordnung von Testfällen in einem Szenario.

Diese werden jedoch in einer festgelegten Matrixstruktur auf dem Terrain angeordnet, siehe auch Abbildung 129. Die Testfälle werden nun der Reihe nach zeilenweise auf die Kacheln verteilt.

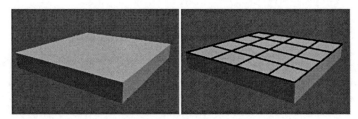

Abbildung 129: Anordnung der Testfall-Kacheln auf dem Terrain.

Damit nun beliebige Straßenverläufe der fest vorgegebenen Testfallreihenfolge in dieser Zeilenstruktur untergebracht werden können, wird das Konzept des „Aorta-Systems" eingeführt [BASchw10]. Dieses sieht für jede Testfall-Kachel eine definierte Einfahrt und Ausfahrt als Schnittstelle zu den Nachbarkacheln vor. So können alle Testfälle direkt aneinander gekoppelt werden (siehe Abbildung 130 links oben). Innerhalb jeder Kachel kann nun eine Ringstraße oder „Aorta" eingefügt werden (in der Abbildung rechts oben). Innerhalb dieser äußeren Straße können nun beliebige Straßenverläufe realisiert werden (in der Abbildung links unten), die aber über die Ringstraße wieder zur Ausfahrt der Kachel geleitet werden. Die nicht benötigten Teilstücke der Aorta-Straße können entfernt werden. So ergeben sich für die einzelnen Kacheln beliebige voneinander unabhängige Straßenverläufe. Ausnahmen durch mehrere zusammenhängende Kacheln können gemacht werden, insb. für Autobahn-Strecken ist dies sinnvoll. Ansonsten ist die Anzahl der Kacheln und deren Größe (abhängig von den Ausmaßen des Terrains) frei definierbar.

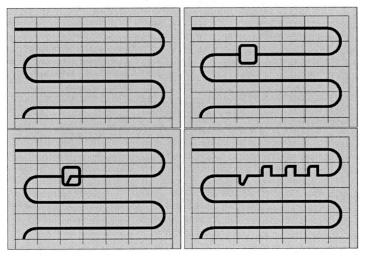

Abbildung 130: Aorta-System der Szenario-Generierung.

Die Vorteile des Aorta-Systems liegen an der einfachen Aneinanderreihung beliebiger Testfälle durch ihre definierten Kachel-Anfangs- und -Endpunkte. Damit lässt sich die Fläche des Terrains sehr gut ausnutzen und es ist jeder beliebige Verlauf von Strecken der einzelnen Testfälle möglich. Der Nachteil besteht darin, dass der „Rückweg" zur Ausfahrt einer Kachel auf der Aorta-Ringstraße nicht direkt der Realität entspricht. Wenn aber auch dieser Umweg detailliert ausgestaltet wird, so kann er als wertvolle zusätzliche Teststrecke angesehen werden. Abbildung 131 zeigt ein Beispiel für drei automatisch generierte Kacheln (Linkskurve, Gerade, U-Turn rechts) und die Umsetzung im Szenario, dargestellt durch das VL-Testsystem.

Abbildung 131: Automatisch generierter Testfall mit Testfall-Kacheln. Die unten dargestellte Linkskurve entspricht der Linkskurve in der oben dargestellten linken Kachel.

Automatische Szenario-Generierung

Durch das im vorigen Abschnitt vorgestellte Konzept der Testfall-Kacheln mit dem Aorta-System können die einzelnen Testfall-Spezifikationen, die durch den Kombinationsalgorithmus (s. o.) in eine definierte Reihenfolge eines durchgängigen Test-Szenarios gebracht wurden, wieder jeweils vollkommen separat betrachtet und erstellt werden.

Ein vergleichsweise einfaches Skript kann die einzelnen Elemente und Parameter des TESTE-Schemas jedes Testfalls aus der Datenbank auslesen und auf einer Kachel platzieren. Dafür wird das in Abschnitt 5.1.5 vorgestellte „VL-Projekt"-XML-Beschreibungsformat verwendet. Die Straßennetzwerke jedes Testfalls mit ihren Aorta-Ringstraßen zu den Anschlussstellen der Kachel werden separat als einzelne OpenDRIVE-Strecken abgespeichert und später zusammengefügt. Ebenso können die Height Maps für Höhenverläufe und die Splat Maps für die TerrainTexturierung jeder Kachel später um den Positions-Offset der Kachel auf dem Terrain verschoben und damit zu einer Gesamtkachel zusammengefügt werden.

Aus den Umgebungsinformationen werden für jeden Testfall auf seiner Kachel die benötigten Objekte instantiiert und mit einer Position versehen. Beim Zusammenfügen der Kacheln zum Gesamtszenario werden alle Positionen ebenfalls um den Positions-Offset der jeweiligen Kachel verschoben. Für die abstrakte Beschreibung der Umgebung (bspw. „Wald" oder „Stadt") werden Areale entlang des Straßenverlaufs mit den für die entsprechende Umgebung typischen Objekten mit pseudo-zufälliger Verteilung versehen, so dass der Eindruck einer realen Landschaft entsteht, vgl. auch Abbildung 131 unten.

Weitere Meta-Informationen jedes Testfalls, wie z. B. der TESTE-Kategorie „Environment", wie Wetter und Tageszeit, aber auch des Ego-Fahrzeugs, wie Geschwindigkeit und Fahrstil, werden in einer separaten XML-Datei mit Informationen zu jedem einzelnen Testfall abgespeichert. Auch Informationen für das Testorakel, also Sollwerte des Fahrzeugverhaltens, können darin hinterlegt werden. Diese können später von der Testautomatisierungs-Anwendung ausgelesen werden, so dass die entsprechenden Parameter für jede Testfallkachel über die Netzwerkschnittstelle ferngesteuert eingestellt werden können.

5.3.3. Zusammenfassung parametrierbare Testfälle und Szenarien-Erzeugung

Ausgehend von den Bestandteilen von Testfällen, insb. Objekten in der Fahrzeugumgebung, wurde in Abschnitt 5.3.1 das TESTE-Schema zur abstrakten Testfall-Spezifikation vorgestellt. Daraus wurde in den die hierarchische und erweiterbare Beschreibung von Testfall-Bestandteilen und Testfällen sowie deren Abbildung in einer Datenbankstruktur gezeigt. Für die automatische Generierung von Testfall-Spezifikationen im Rahmen der zweidimensionalen Parameterauswahl mittels Versuchsplanungsmethoden konnte ein Konzept erläutert werden. Damit konnten insb. die Anforderungen A 3.1, A 3.2, A 3.3 und A 3.6 zur Beschreibung, Speicherung und intuitiven grafischen Darstellung von Testfall-Spezifikationen, sowie die Anforderungen A 3.4, A 3.5 und A 3.7 zur automatischen Generierung mit variablen Parametern nach Prioritäten erfüllt werden.

Aufbauend auf dem TESTE-Schema, der automatischen Generierung von Testfall-Spezifikationen und der Testfalldatenbank in Abschnitt 5.3.1 wurde in Abschnitt 5.3.2 zuerst erläutert weshalb es erstrebenswert ist, zusammenhängende Testfälle zu verwenden. Diese werden durch einen Kombinationsalgorithmus als durchgängiges Szenario aneinander gereiht und in Form einzelner Kacheln mit Hilfe des Aorta-Systems auf dem Terrain platziert. Die automatische Erzeugung dieser Szenarien als „VL-Projekt"-Datei im XML-Format wurde schließlich vorgestellt. Diese erfüllt insb. die Anforderung A 3.4 zur automatischen Testfall-Generierung.

5.4. Zusammenfassung der Lösung zum Testen kamerabasierter ADAS

In diesem Kapitel wurde, ausgehend von den Anforderungen in Kapitel 3 sowie dem Stand der Technik (Kapitel 4) und unter Verwendung der Grundlagen in Kapitel 2 ein durchgängiges Verfahren zum automatisierten Testen kamerabasierter Aktiver Fahrerassistenzsysteme im

Rahmen der funktionalen Absicherung vorgestellt. Das Rahmenkonzept sieht ein Werkzeug zur Grafiksimulation und darauf aufgebautes „Visual Loop" (VL) Testsystem vor. In Abschnitt 5.1 wurden zusätzlich die benötigten internen und externen Schnittstellen und die Einbettung in bestehende Testprozesse beschrieben.

Ausgehend von drei Use Cases zum Erstellen von Testfallspezifikationen und -implementierungen sowie zum Ausführen von Testfällen wurden dann in Abschnitt 5.2 die Elemente des benötigten Editors zum manuellen Erstellen von Testfällen und der Grafik Generator zum Durchführen der Tests vorgestellt. Damit lassen sich die ersten beiden Use Cases 2 und 3 bewältigen.

Der Ansatz zum Spezifizieren von Testfällen in Abschnitt 5.3.1 sieht eine Testfallbeschreibung nach den Kategorien des hierarchischen TESTE-Schemas und die Abspeicherung in einer Datenbank vor. Für das automatische Erzeugen von Testfallspezifikationen (Use Case 1) wurden Methoden der Versuchsplanung vorgeschlagen.

In Abschnitt 5.3.2 wurden schließlich Test-Szenarien aus zusammenhängenden Testfällen motiviert und beschrieben, wie diese automatisch mit einem Kombinations-Algorithmus angeordnet werden können. Dazu wurde das Aorta-Ringstraßensystem verwendet, um auch die Erzeugung von ausführbaren Testfällen automatisch umzusetzen.

Die damit vorgestellte Testmethodik als Vorgehensweise im Umgang mit Techniken, Verfahren und Werkzeugen erfüllt damit insb. die Anforderungen, ein beliebiges kamerabasierter Aktives Fahrerassistenzsystem im Rahmen eines Hardware-in-the-Loop Testystems in Echtzeit basierend auf Ausgangsdaten der realen Welt mit fotorealistischen Stimulationen funktional zu testen. Intuitive Bedienung, offene Schnittstellen und eine kostenoptimierte skalierbare Lösung konnten berücksichtigt werden, die Integration in bestehende Prozesse und Vorgehensweisen wurde beschrieben. Die Validierung und funktionale Absicherung eines ADAS ist damit gewährleistet.

Im folgenden Kapitel 6 wird auf die erfolgte Implementierung der vorgestellten Ansätze und Konzepte eingegangen.

Kapitel 6   Implementierung des VL-Testsystems

Die in Kapitel 5 vorgestellte Methodik zum automatisierten Testen kamerabasierter Aktiver Fahrerassistenzsysteme geht deutlich über den Status eines rein theoretischen Konzepts hinaus. Größte Teile konnten in Form von Software-Anwendungen umgesetzt werden. Diese Umsetzung als Implementierung der vorgestellten Ideen, Methoden und Techniken wurde optimiert, so dass sie über ein als prototypisch zu bezeichnendes Entwicklungsstadium weit hinaus geht. Es fand vielmehr eine Kommerzialisierung und Produktentwicklung im Rahmen der PROVEtech-Toolsuite[216] der MBtech Group in enger Abstimmung zu den anderen Produkten dieser Testwerkzeugfamilie statt. Das sich inzwischen (Stand 2011) erfolgreich am Markt[217] behauptende Ergebnis der vorgestellten Ansätze der vorliegenden Arbeit wird unter dem Produktnamen „PROVEtech:VL – Visual Loop Testing" vertrieben. Einzelne Aspekte der beschriebenen Methoden und Vorgehensweisen befinden sich jedoch auch weiterhin noch in einem Prototypenstadium. Einen Überblick über die einzelnen Softwarekomponenten von PROVEtech:VL und deren Zusammenhänge bietet die Abbildung 158 in Anhang A 6.

In den folgenden Abschnitten wird auf die Elemente des VL-Testsystems PROVEtech:VL eingegangen, insb. auf den Grafik Generator und den VL-Editor (Abschnitt 6.1). Danach folgt in Abschnitt 6.2 die Beschreibung der Umsetzung von Testfall-Datenbank, Versuchsplanung und Kombinationsalgorithmik zur automatischen Generierung von Testfällen und Szenarien. In Abschnitt 6.3 werden Projekte vorgestellt, in denen das VL-Testsystem bereits eingesetzt wurde. Anschließend erfolgt in Kapitel 7 eine Zusammenfassung und Analyse der vorliegenden Arbeit.

---

[216] http://www.provetech.de
[217] Den „Markt" stellen dabei die Nutzer von Testwerkzeugen für kamerabasierte Fahrerassistenzsysteme dar.

6.1. VL-Testsystem „PROVEtech:VL"

In Abschnitt 5.1.3 wurde eine Grafik-Simulation zur Stimulation kamerabasierter ADAS und in Abschnitt 5.1.4 darauf aufbauend das Visual Loop (VL) Testsystem vorgestellt. In den Abschnitten 5.2.1 und 5.2.2 wurden die Details des VL-Editors sowie des Grafik-Generators ausgearbeitet.

Die Implementierung dieser beiden Software-Komponenten konnte in Form von Anwendungen mit GUI zur Interaktion mit dem Benutzer in enger Abstimmung erfolgen. Die Programmierung erfolgte unter Microsoft Visual Studio mit der .NET-Programmiersprache C#. Diese wurde zum einen aufgrund ihrer weiten Verbreitung im Umfeld dieser Arbeit, und zum anderen aufgrund ihrer objektorientierten Ansätze, der Verwandtschaft zu C und der engen Einbindung in Microsoft Windows und damit programmiererfreundlichen Bedienung ausgewählt.

Die beiden Komponenten, Grafik Generator und VL-Editor, nutzen beide eine GUI, auf der das erstellte Szenario angezeigt wird. Um die Programmierung zu vereinfachen, eine übersichtliche Code-Struktur zu erhalten und die funktionale „Intelligenz" des VL-Werkzeugs zentral an einer Stelle zu halten, wird für beide Komponenten die gleiche Szenario-Darstellung genutzt. Diese stellt in beiden Fällen den Grafik Generator dar. Während dieser einmal als „Stand alone"-Lösung aufgerufen wird und dazu dient, den Ablauf des Tests darzustellen und einem kamerabasierten System einzuspeisen, dient er im zweiten Fall als eingebetteter „Viewport"[218] für den Editor, siehe Abbildung 132. Die auf der GUI rundherum angeordneten Informationen stellen lediglich aus der Grafik Generator Komponente ausgelesene Daten dar ohne selbst Daten zu manipulieren. Benutzereingaben werden ebenso direkt und ohne weitere Verarbeitungsschritte von der Editor-GUI an die eingebettete Grafik Generator Komponente übermittelt. Für diese Übermittlung wird die bereits in Abschnitt 5.1.5 beschriebene Netzwerkschnittstelle genutzt. Der Test-Ingenieur als Anwender merkt davon nichts, aus seiner Sicht stehen zwei unabhängige Anwendungen zur Verfügung.

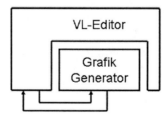

Abbildung 132: Grafik Generator in VL-Editor eingebettet und über die Netzwerkschnittstelle verbunden.

---

[218] dt.: Darstellungsfeld

Das hier vorgestellte VL-Testsystem wurde als Produkt „PROVEtech:VL" seit Anfang 2008 konzipiert, seit Sommer 2009 im Rahmen der PROVEtech-Produktfamilie entwickelt, kommerzialisiert und seitdem kontinuierlich weiterentwickelt. Es durchläuft derzeit (2011) eine Überarbeitung insb. der GUI aufgrund von Kunden-Feedbacks. Die Ansätze der Optimierungen und Erweiterungen sind bereits in diese Arbeit eingeflossen.

6.1.1. Grafik Generator

Für den in Abschnitt 5.2.2 konzipierten Grafik Generator zur Berechnung und Darstellung fotorealistischer 3D-Umgebungsgrafiken in Echtzeit musste eine Grafik- bzw. Game-Engine (vgl. Abschnitt 2.5.3) ausgewählt werden.

In Abschnitt 3.2 wurden nach [CMBG07] als Anforderungen an eine Simulationsumgebung „Physical Fidelity", „Functional Fidelity", „Ease of Development" und „Cost" aufgeführt. Die Unity Engine schneidet dabei am besten ab. „[...] commercial games and game engine based simulations have the potential to provide an environment that is as high-fidelity as is technically possible." Auch [PDFP10] vergleichen die vier Engines Quest3D, Blender, Unreal und Unity nach den in Abschnitt 3.2 vorgestellten Bewertungskriterien. Unreal gewinnt, ist jedoch auch deutlich am teuersten. Blender scheidet in jeder Kategorie aus und Quest3D und Unity sind sich sehr ähnlich, wobei Quest 3D die besseren Netzwerkfähigkeiten und Unity den besseren Support besitzt. [WMZG+10] nutzen die Unity-Engine zur „Virtual Reality"-Darstellung realer Geodaten. Die Höheninformationen werden dabei von Google Earth exportiert. Auch [Gra10] beschreibt die Unity Engine als „eine schlanke Lösung zum Erstellen und Erleben von 3D-Spielen [...] leichtgewichtig, hat aber hinsichtlich Performance und Features einiges zu bieten."

Aufgrund der genannten Bewertungen sowie bereits im Projektumfeld vorhandener Erfahrung damit wurde für die Implementierung des Grafik Generators für diese Arbeit die Unity Game Engine von Unity Technologies ausgewählt. Der damit erreichte Grad an Realismus wird aufgrund seiner Relevanz gesondert in Abschnitt 7.1.2 erläutert.

Die Unity Engine wird mit einer eigenen Entwicklungsumgebung ausgeliefert. Diese verwendet neben dem für PROVEtech:VL verwendeten C# als Programmiersprache auch JavaScript und Boo. Die damit erzeugten Scripte bauen auf dem sog. „Mono-Behaviour" der Scripting Sprache des Mono-Frameworks[219] auf und beinhalten die gesamte Funktionalität des Grafik Generators. Sie können schließlich Elementen eines Unity-Szenarios zugewiesen werden. Die GUI des VL-Editors besteht aus einem eigenen unabhängigen C#-Projekt.

---

[219] http://www.mono-project.com/Scripting_With_Mono

Die Hardware-Anforderungen an eine mit der Unity Engine erstellte Anwendung sind gering. Für die im vorliegenden Fall verwendeten Grafik-Effekte werden jedoch eine moderne Grafikkarte, die insb. das Shader Model 3 unterstützt, sowie mindestens 2 GB Hauptspeicher benötigt.

Der Grafik Generator wird über die Netzwerkverbindung ferngesteuert und lädt die im Szenario (als VL-Projekt-Datei) hinterlegten Objekte. Diese werden mit ihren Parametern instantiiert und in der Szene dargestellt. Die Grafikqualität kann eingestellt werden, ein Beispiel liefert Abbildung 133. hier sind die Effekte Regen, Reflexionen auf nasser Fahrbahn, Lichtkegel sowie die Verschmutzung des Straßenrandes durch Laub als Besonderheiten zu erwähnen. Diese werden automatisch – abhängig von entspr. Parametern – aktiviert. Die weiteren dargestellten Objekte wie Bäume, Verkehrszeichen und Häuser gehören zum Standard-Umfang der Objekt-Bibliothek. Die Darstellung erfolgt in der Abbildung links aus dem typischen Blickwinkel einer am Rückspiegelfuß angebrachten Kamera, daher ist im unteren Bildteil noch die Motorhaube zu sehen.

Abbildung 133: Ansatz einer computergenerierten aber möglichst realitätsnahen Darstellung als Annäherung an reale Darstellungen (vgl. Abbildung 3).

Auch Abbildung 134 zeigt Beispiele für eine typische der Realität nachempfundene Straßenszene mit Verschmutzungen wie sie in der realen Welt auch vorkommen können (Cola-Dose, Laub, …).

Abbildung 134: Straßenszene und Stereodarstellung (rechts).

In der Abbildung rechts wird außerdem angedeutet, dass die gleiche Szene von zwei parallel arbeitenden Instanzen des Grafik Generators gleichzeitig aus leicht versetzten Blickwinkeln berechnet wird. Dies simuliert die Warhnehmung einer Stereokamera und kann über zwei Monitore den zwei Objektiven einer solchen Kamera eingespeist werden. Abbildung 135 stellt eine weitere typische Szene im Überblick dar. Zu erkennen ist hier, dass üblicherweise nur die direkt von der Fahrzeugposition aus wahrnehmbaren Gebiete in direkter Umgebung zur Straße mit Objekten befüllt werden, um die Grafikleistung nicht allzu sehr mit für den Testfall irrelevanten Berechnungen zu fordern. Der dargestellte Blickwinkel kann bspw. genutzt werden um einen Überblick über das Geschehen im Szenario zu erhalten.

Abbildung 135: Beispiel-Szenario mit Überblicksansicht.

6.1.2. VL-Editor

Wie oben beschrieben bietet der in Abschnitt 5.2.1 konzipierte VL-Editor eine Einbettung des Grafik Generators als Viewport, sowie die benutzerfreundliche Bearbeitung aller Objekte und Parameter. Abbildung 136 zeigt das Hauptfenster mit dem großen grafischen Darstellungsfenster als Blickfeld auf das Szenario. Die Grafikqualität kann hier angepasst werden, damit auch auf weniger performanter PC-Hardware gearbeitet werden kann. Der Fokus der Anwendung liegt auf der Erstellung eines Szenarios, daher dient die Darstellung der Kontrolle und Übersicht für den Test-Ingenieur und muss nicht höchsten Fotorealismus bieten.

Abbildung 136: VL-Editor.

Die einzelnen Bereiche der Anwendung sind frei definier- und verschiebbar. In der Abbildung links zu sehen ist der Objektbaum, der alle Objekte des Szenarios hierarchisch auflistet. Darunter werden in textueller Form die Eigenschaften bzw. Parameter eines ausgewählten Objekts angezeigt. Auf der rechten Seite kann der Anwender zwischen den drei Reitern „Road Editor", „Terrain Editor" und „Object Library" wählen. Letztere dient dem in Abschnitt 5.2.1 vorgestellten „Szenario Editor".

Der Anwender kann mit Pinselwerkzeugen sowie Gizmos das Terrain und alle darauf befindlichen Objekte manipulieren. Tastatur- und Mauseingaben werden dabei abgefangen und über die Netzwerkschnittstelle an die im Viewport laufende Grafik Generator Anwendung geschickt. Alle Objektinstantiierungen und Parameteränderungen werden dort vorgenommen und wieder zur Anzeige ausgelesen.

Abbildung 137 zeigt, wie eine Strecke mit Hilfe des Track Editors importiert werden kann. Zum Vergleich ist links die Region um Bayrischzell in Google Earth dargestellt. In der Mitte findet sich die zu importierende aus OpenStreetMap konvertierte OpenDRIVE-Straßenbeschreibungs-Datei und rechts die mitsamt SRTM-Höhendaten importierte Anzeige der Region im VL-Editor.

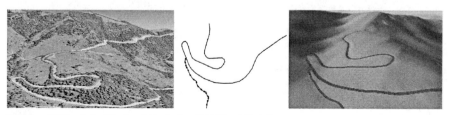

Abbildung 137: Bayrischzell in Google Earth, OpenDRIVE und VL-Editor.

Abbildung 138 zeigt das Vorgehen zur manuellen Bearbeitung des Terrains. Auf das quadratische und ursprünglich flache und gleichmäßig texturierte Terrain werden Berge „gemalt" und schließlich mit verschiedenen Landschaftstexturen die Oberfläche bearbeitet.

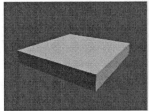

Abbildung 138: Manuelle Geländebearbeitung im VL-Editor.

Aus technischen Gründen muss das Terrain einige Zentimeter unter der Straße dargestellt werden, da die Grafikerzeugung bei zwei auf der gleichen oder fast identischen Position befindlichen Objekten Probleme mit der Darstellung bekommen würde[220]. Durch geschickte Parametrierung kann diese Höhenanpassung sehr sanft geschehen und reale Böschungen, Dämme etc. realistisch nachempfinden.

Für den Szenario Editor zeigt Abbildung 139 beispielhaft einige Elemente aus der Standard-Objektbibliothek. Hier wurde bei der Modellierung der Objekte Wert darauf gelegt, einen breiten und repräsentativen Querschnitt aus der realen Welt zu erstellen, der in einer Vielzahl von Test-Szenarien genutzt werden kann. Der Kompromiss zwischen höchstem Realitätsgrad und möglichst einfachem Modell zur schnellen Berechnung der Darstellung musste dabei für jedes Objekt individuell gesucht werden.

Abbildung 139: Elemente der Objektbibliothek

Abbildung 140 zeigt weitere Objekte im Detail.

---

[220] Technischer Hintergrund ist hier die begrenzte Auflösung der Tiefeninformation einer Szene im sog. „Z-Buffer" und die damit einhergehende mögliche Überlagerung und das „Flackern" von Objekten.

Abbildung 140: Elemente der Objektbibliothek im Detail.

6.1.3. Schnittstellen

Die in Abschnitt 5.1.5 vorgestellten Schnittstellen der VL-Komponente wurden wie dort beschrieben umgesetzt. Die Netzwerkschnittstelle bietet eine schnelle UDP-Verbindung für Broadcast-Nachrichten, insb. für die Fernsteuerung der Position von Objekten, sowie eine gesichertere TCP/IP-Verbindung für die gezielte Manipulation einzelner Parameter.

Das eigens entwickelte Protokoll auf der Anwendungsschicht sieht eine für die Aufgabe der Test-Steuerung spezialisierte TCP-Kontrollverbindung mit folgender Struktur des Datenpakets vor:

```
| Befehlskommando | Leerzeichen (0x20) |  Daten  | EoF (0x0D) |
|     3 Byte      |       1 Byte       | n Byte  |   1 Byte   |
```

Dabei muss darauf geachtet werden, dass das „\n" (0x0D) Zeichen nur als End of Frame Zeichen (EoF) verwendet wird und nicht im Daten-String enthalten ist. Die Daten enthalten vom Befehlskommando abhängige Inhalte. Für den Befehl STA (Status) können die Daten bspw. u. a. LOADING, READY, ACTIVE oder PAUSED beinhalten. Der Befehl SET (Setzen eines Objektparameters) erfordert Informationen zum Objekt, zum Parameter und zu dessen Wert, bspw. setzt „SET 345 position 6.45 9.3456 17.98\n" die Position von Objekt Nr. 345 in einem 3D-Vektor. Da diese Kontrollverbindung einzelne Zielsysteme mit getrennten Informationen bedienen kann, lassen sich hiermit u. a. verschiedene Ansichten der gleichen Umgebungssimulation auf verschiedenen VL-Simulationsrechnern realisieren.

Für die Datenverbindung, die per UDP insb. zum Senden vieler Positionsinformationen per Broadcast an alle Simulationsrechner im gleichen Netzwerksegment genutzt wird, kommt das folgende Protokoll zum Einsatz:

```
|  SoF   | Paket Länge | Paket Nr | Nutzdaten | Checksumme |  EoF   |
| 1 Byte |   1 Byte    |  2 Byte  |  n Byte   |   1 Byte   | 1 Byte |
```

Es beinhaltet ein Start und End of Frame Byte (0x00 bzw. 0xFF), die Paketlänge, einen durchlaufenden Paketzähler und eine Checksumme. Diese wird genutzt um fehlerhafte Pakete zu verwerfen. Aufgrund der UDP-Verbindung gibt es keine Wiederholung der Übertragung. Die Nutzdaten sind dann wieder abhängig vom gewünschten Befehl. Für Start, Pause, Fortsetzen und Beenden der Simulation werden nur die Buchstaben A, B, C oder D (hexadezimal) übertragen um das Datenpaket möglichst kurz und damit effizient zu halten. Für komplexere Befehle, wie das Setzen von Objekteigenschaften (dazu zählen auch Fahrzeugpositionen oder globale Wettereigenschaften), wird folgender Nutzdatenframe verwendet:

```
| Kommando | Objekt Nr | Parameter Nr | Parameter Wert |
|  1 Byte  |  4 Byte   |    2 Byte    |     n Byte     |
```

Das Kommando lautet dabei S (bzw. 0x53) für „Setzen", die Objektnummer ergibt sich aus dem gewünschten Objekt, dessen Eigenschaften beeinflusst werden sollen. Die Parameternummer ist als kurze Unsigned Short Variable in einer Dokumentation nachzulesen und der Parameterwert ergibt sich aus der Art des Parameters. So würde das Beispiel von oben im Datenverbindungsprotokoll „S 345 101 6.45 9.3456 17.98" lauten (101 ist die Nummer des Positions-Parameters).

Diese Schnittstelle wurde sowohl zwischen PC-Systemen als auch mit einem dSPACE-Simulationsrechner mit dSPACE Ethernet-Karte als Positionsdaten-sendender Einheit erfolgreich genutzt.

Die Unterstützung des offenen Straßenbeschreibungsformats OpenDRIVE (siehe auch [DSG10]) konnte vollständig umgesetzt werden. Damit ist zum einen die Kompatibilität zu vorhandenen Produkten und Straßendefinitionen hergestellt, zum anderen ist durch die Verwendung dieses anerkannten de-facto Standards sicher gestellt, dass die Beschreibung effektiv und effizient ist. Die Konvertierung von OpenStreetMap-Daten erfolgt weitestgehend automatisch (siehe Abbildung 141), eine manuelle Nachbearbeitung ist nur an Stellen nötig, wo die vorhandenen Daten zu Unstimmigkeiten führen würden, wie bspw. an eng aufeinanderfolgenden Kreuzungsbereichen.

Abbildung 141: OpenStreetMap-Rohdaten und Anzeige der Straßeninformationen im VL-Editor.

Abbildung 142 zeigt ein Beispiel für das intern verwendete „VL-Projekt"-Szenariobeschreibungsformat in XML-Struktur. Nach einem Header werden die einzelnen Szenariobestandteile als „scenario objects" mit eineindeutigen Identifiern aufgeführt. Die Objekte 0, 1 und 2 stellen dabei das Koordinatensystem, das Terrain sowie das Wettersystem dar. Danach folgen die Objekte 100 bis maximal 499, die verschiedene Kameras der Szene beinhalten. Die IDs 500 bis 999 sind für Straßennetzwerke reserviert. Danach folgen ab der ID 1000 alle sonstigen Objekte des Szenarios. Jedes einzelne Objekt beinhaltet dabei Informationen zu seinem Typ (insb. zur TESTE-Kategorie) sowie alle Parameterwerte.

Abbildung 142: VL-Projekt-Szenariobeschreibung.

6.1.4. Weitere Komponenten

Für die effiziente Verwendung des VL-Testsystems im Projekteinsatz wurden einige zusätzliche Software-Komponenten entwickelt, die die Arbeit oder einzelne Arbeitsschritte erleichtern. Ein Werkzeug stellt eine Bibliothek dar, die Funktionen der Netzwerkschnittstelle in das bestehende Testautomatisierungswerkzeug der MBtech Group, PROVEtech:TA, einbindet.

Darüber hinaus wurde ein Fernsteuerungswerkzeug entwickelt, mit dem über eine einfache GUI Eigenschaften des Wettersystems sowie Objektparameter im Grafik Generator mit Hilfe von intuitiv verständlichen Bedienelementen manipuliert werden können. Dieses „Remote Control"-Tool nutzt ebenfalls die Netzwerkschnittstelle und kann somit von einem beliebigen Bedienrechner aus genutzt werden.

Außerdem wurde ein Werkzeug zur Simulation von GPS-Daten entwickelt [MAYan09]. Dieses konvertiert selbst generierte oder über eine GUI auf einer Karte ausgewählte Positionen in das von GPS-Empfängern genutzte NMEA 0183 Format und kann damit dazu verwendet werden, ein Steuergerät über seine GPS-Schnittstelle (wie bspw. RS-232) mit Positionsinformationen zu bedienen, die der vom VL-System dargestellten Situation entsprechen.

Schließlich wurde eine Simulation für „Künstliche Intelligenz" (KI) entwickelt [BAHerr10, DAMoll11], siehe dazu auch [Lent07, JFP10]. Dieses Modul simuliert die realistisch wirkende Bewegung vieler Verkehrsteilnehmer, um die manuelle Arbeit beim Zuweisen einzelner Bewegungsprofile durch den Test-Ingenieur zu minimieren. Ziel des Ansatzes ist dabei die vereinfachte Modellierung von Fahrer- und Fahrzeugverhalten (siehe dazu auch [BBMG07, Car07]) als sog. „Agenten" auf „mikroskopischer" und „makroskopischer" Ebene. Das bedeutet, dass zum einen die Bewegung des Fahrzeugs als Fahrer-Aufgabe der Routenplanung und im gezielten Verhalten auf der Straße, sowie das physikalisch korrekte Modell eines Fahrzeugs beschrieben wird. Dabei wurde auf eine vereinfachte Umsetzung geachtet, um sowohl die Rechen- als auch die Netzwerkkapazität zum Übertragen der Fahrzeugpositionen zu schonen.

6.1.5. Gesamt-Testsystem

Die beschriebenen einzelnen Komponenten eines VL-Testsystems konnten im Rahmen von Evaluierungs- und realer Entwicklungsprojekte in ihrem Zusammenspiel getestet werden. Dabei wurden verschiedene Aufbauten genutzt (vgl. auch Abschnitt 6.3). Die Einbettung in bestehende „klassische" HiL-Testsysteme, basierend auf Hardware von ETAS oder dSPACE sowie mit der Hardware-Abstraktionsschicht PROVEtech:RE[221] auf PC-Systemen konnte realisiert werden. Das Zusammenspiel von Editor und Grafik Generator, als auch mit verschiedenen Tools, die über die Netzwerkschnittstelle mit dem Grafik Generator kommunizierten, konnte erfolgreich validiert werden. Gerade die Laufzeiten der „Visual Loop", also insb. die Auswirkungen der aufwändigen Berechnung der Grafik auf das Gesamttestsystem – wie im Unterabschnitt zu Echtzeit in Abschnitt 5.2.2 beschrieben – wurde eingehend untersucht. Das Ergebnis ist wie erwartet eine deutliche jedoch nicht vermeidbare Verzögerung. Diese ist weitgehend unabhängig vom Inhalt der dargestellten Szene und beträgt für alle Komponenten der „Loop" mit Ausnahme des SuT je nach Aufbau rund 80 ms, siehe Abbildung 143.

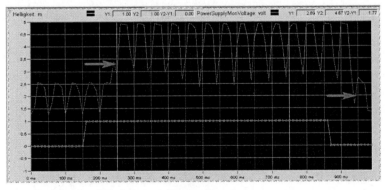

Abbildung 143: Messung der Signallaufzeit durch die „Visual Loop".

---

[221] PROVEtech:RE (Runtime Environment) der MBtech Group.

Für die Messung wurde mit einer Photodiode gemessen, wie lange es dauert bis die Farbänderung von Pixeln am Monitor abgeschlossen ist, nachdem vom Testautomatisierungssystem aus über die Netzwerkschnittstelle ein Befehl zur Positionsänderung ausgegeben wurde. Dabei wurde ein schwarzes Fahrzeug durch ein weißes Fahrzeug ausgetauscht. Die grün-orange Linie (in der Abbildung unten) stellt die Objektposition dar, die rote Linie (oben) repräsentiert die in einem kleinen Bereich des Monitors gemessene Helligkeit. Die in der Messung enthaltene Dauer der A/D-Wandlung der Photodiode bzw. der dafür benötigten Treiber des verwendeten Windows-Systems sind jedoch unbekannt. Eine detaillierte Messung kann in weiteren Schritten durchgeführt werden, war jedoch für die vorliegende Abschätzung zu auftretenden Verzögerungen nicht notwendig. Es ist nochmals darauf hinzuweisen, dass aufgrund des Pipeline-Charakters der Grafikerzeugung die Verzögerung von 80 ms nicht bedeutet, dass nur alle 80 ms ein Bild generiert wird. Die Pipeline kann stattdessen durchaus mit 60 fps durchlaufen werden.

Eine Kompensation der Verzögerung könnte bereits bei der Bilderzeugung durch Prädiktion der zu erwartenden Fahrzeug-Position geschehen. In [BF09] werden die Bilder (für das Display eines Kampfflugzeugs) prognostiziert und eine Sekunde im Voraus gerechnet um dann jeweils zum exakten Zeitpunkt das richtige Bild anzeigen zu können.

6.2. Erzeugung von Testfällen und Szenarien

Neben dem VL-Testsystem als Werkzeug wurden auch die in den Abschnitten Abschnitt 5.3.1 und 5.3.2 vorgestellten Verfahren der Methodik zum Erzeugen von Testfällen und Szenarien in Form von Software-Anwendungen prototypisch umgesetzt.

In Unterabschnitt 6.2.1 wird im Folgenden die Implementierung der Testfalldatenbank sowie des Versuchsplanungs-Ansatzes zur automatischen Generierung von Testfall-Spezifikationen vorgestellt. Danach folgt in 6.2.2 die Beschreibung der automatischen Szenario-Erzeugung.

6.2.1. Versuchsplanung und automatische Testfallspezifikations-Generierung

Ausgehend von dem in Abschnitt 5.3.1 beschriebenen TESTE-Schema wurde eine Datenbank für Testfall-Elemente und -Parameter sowie für Testfälle konzipiert (vgl. Abschnitte 2.6.1 und 2.6.1). Dazu wurde ein relationales, normalisiertes und damit redundanzfreies Datenbankschema entwickelt (siehe auch [Schä10]). Die Implementierung und damit auch der Zugriff erfolgten mit PostgreSQL. Abbildung 144 zeigt einen Ausschnitt der darin enthaltenen, am TESTE-Schema orientierten Submodelle. [BAKral10]

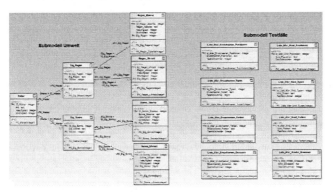

Abbildung 144: Submodelle-Aufbau mit Beispieltabellen.

Die Auswahl von Testfällen erfolgte nach Ansätzen der Versuchsplanung, vgl. Abschnitt 5.3.1. Es gibt für das vorliegende Problem keine Standard-Lösung. Daher wurde ein teilfaktorieller Versuchsplan mit w^{n-p} Faktoren erstellt (vgl. Abschnitt 2.6.2). w stellt dabei das durch Äquivalenzklassenbildung erreichte Maximum von 10 Faktorstufen dar, n sind 4 Faktoren und mit $p=2$ kann eine deutliche Vereinfachung des Versuchsplans erreicht werden. Die Reduzierung auf die 4 Faktoren „Track", „Environment", „Surrounding" und „Test-relevant object" des TESTE-Schemas erfolgte aufgrund starker Vereinfachungen der Zusammenhänge im ersten Schritt der prototypischen Umsetzung. Durch das Aufstellen eines parametrierbaren Standard-Versuchsplans mit wie oben angegeben 10^{4-2} Versuchen entstehen bspw. 100 Kombinationen. Die einzelnen Elemente bzw. Parameterwerte dafür werden nun mit Hilfe der über Häufigkeit und Wichtigkeit berechneten Prioritäten ausgewählt. Elemente bzw. Parameter mit höherer Priorität kommen somit mit höherer Wahrscheinlichkeit im tatsächlich ausgeführten Versuchsplan vor. Jedoch auch die Parameter und Elemente mit niedrigen Prioritäten können – mit entsprechend geringerer Wahrscheinlichkeit – für Testfälle ausgewählt werden. Zusätzlich kann über eine GUI die Gesamt-Anzahl gewünschter Testfälle festgelegt werden, sowie einzelne Elemente oder Parameter können fest vorgegeben werden. [BAHein10]

Logische Verknüpfungen zwischen einzelnen Elementen und Parametern sind bereits beispielhaft hinterlegt. So findet in Testfällen mit Umgebung „Tunnel" kein Regen statt. Die Verwaltung derartiger Abhängigkeiten muss jedoch aufwändig gepflegt werden, vgl. dazu auch [RAZR06].

6.2.2. Kombinations-Algorithmik und automatische Szenario-Generierung

Für die Verknüpfung von Testfällen zum Erreichen zusammenhängender Szenarien, wie in Abschnitt 5.3.2 vorgestellt, wurde für die prototypische Implementierung im ersten Schritt ein Algorithmus, angelehnt an den Algorithmus von Prim aus der Klasse der Greedy-Algorithmen gewählt, vgl. dazu auch Abschnitt 2.6.3. Die Versuche bzw. Testfälle werden dabei als Knoten mit ungerichteten aber gewichteten Kanten betrachtet. Der Algorithmus wählt einen Startknoten aus der Kostenmatrix der einzelnen Kanten aus und folgt dann immer der günstigsten Kante. Die Berechnung der Kosten erfolgt nach einer manuell festgelegten Bewertung einzelner Elemente des TESTE-Schemas. So ist bspw. der Übergang von Feldweg zu Autobahn mit einem höheren Unterschied und damit höheren Kosten verbunden als ein Übergang von Landstraße zu Autobahn. [BAHein10]

Logische Verknüpfungen der realen Welt, wie bspw. die Tatsache dass nach einem Testfall mit Tunneleinfahrt zwingend ein Tunnel, und danach wieder eine Tunnelausfahrt kommen muss, müssen noch manuell vorgegeben werden.

Neben der Festlegung der Reihenfolge wurde auch die automatische Erzeugung einer VL-Projekt-Szenariodatei angestrebt. Dies konnte ebenfalls mit einem in C# programmierten Werkzeug prototypisch umgesetzt werden. Das in Abschnitt 5.3.2 vorgestellte Aorta-Schema für Ringstraßen in den einzelnen Testfallkacheln wurde umgesetzt, siehe Abbildung 145. Aus Standard-Straßenelementen konnten dabei automatisiert gültige OpenDRIVE-Streckenbeschreibungen erstellt werden. Die einzelnen, separat erzeugten Testfall-Kacheln können auf dem Terrain eines Szenarios frei aneinander gefügt werden.

Abbildung 145: Vier Kurvenverläufe mit definierten Anschlussstellen innerhalb von Aorta-Ringstraßen.

Für die automatische Erzeugung der Umgebungsparameter (wie „Wald" oder „Stadt") wurde ein Schema entwickelt, das Bereiche entlang des Straßenverlaufs in Zonen einteilt, siehe Abbildung 146 links. Damit wird ein Polygon aufgespannt, in dem automatisch die Splat Maps (vgl. Abschnitt 5.2.2) mit einer entsprechend passenden Textur ausgefüllt werden. Außerdem werden, abhängig vom gewählten Umgebungstyp, bis zu vier virtuelle Parallelen entlang zum Straßenverlauf gezogen (in der Abbildung rechts). Auf diesen Linien werden dann typische Objekte des Umgebungstyps ausgewählt und mit ihren typischen Abständen platziert. Für eine realistische Darstellung werden die Positionen mit pseudo-zufälligen Abweichungen versehen. Damit entsteht die realistisch wirkende aber einfach umsetzbare Umgebungsmodellierung.

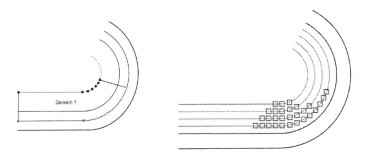

Abbildung 146: Bereiche am Straßenrand für die Terraintexturierung und das Platzieren von Objekten.

Neben den Angaben zu Objekten in der VL-Projekt-Datei und den Splatmaps werden in einer weiteren XML-Datei auch Meta-Informationen zu jeder Testfallkachel abgespeichert. Abbildung 147 zeigt beispielhaft Geschwindigkeitsdaten für zwei Objekte eines Testfalls innerhalb eines Szenarios. [BASchw10]

```
1   <?xml version="1.0"?>
2   <Metadata>
3       <testcase id="1">
4           <weatherdata>
58          <!-- Geschwindigkeitsdaten -->
59          <speed id="123" position="50m">80</speed>
60          <speed id="0815" position="0m">50</speed>
61          <!-- weitere Geschwindigkeiten -->
62          <!-- Sonstige Metadaten -->
63      </testcase>
64      <testcase id="2">
65          <!-- ... -->
66      </testcase>
67      <!-- ... -->
68  </Metadata>
```

Abbildung 147: Testfall-Metainformationen.

6.3. Anwendungsfälle, Projekte

Das VL-Testsystem „PROVEtech:VL" wurde in einzelnen Projekten im industriellen Umfeld eingesetzt. Dies diente sowohl der internen Validierung des Konzepts aus Kapitel 5 und der Präsentation des Testsystems vor Fachexperten (Abschnitte 6.3.1 und 6.3.2), als auch zum produktiven Einsatz in Testprojekten (6.3.3 und 6.3.4).

6.3.1. Fahrspurverlassenswarnung

In diesem Projekt wurde zur internen Validierung der gesamten Werkzeugkette ein Testsystem entlang der Regelschleife eines HiL-Systems aufgebaut. Das SuT stellt dabei ein System zur Fahrspurverlassenswarnung (engl. Lane Departure Warning, LDW) dar. Dafür wurde ein Nachrüstsystem der Firma Albrecht, das „F-A-S 100", gewählt (siehe Abbildung 148). Es kann an der Windschutzscheibe eines Fahrzeugs installiert werden und erkennt nach einer einmaligen Justierung die Markierungen der eigenen Fahrspur. Bei Fahrten mit Geschwindigkeiten über 70 km/h wird der Fahrer beim Überfahren der Fahrspurmarkierungen optisch und akustisch gewarnt.

Abbildung 148: Fahrspurverlassenswarner „F-A-S 100" [Quelle: http://www.alan-electronics.de].

Im Testsystem nimmt das SuT über seine Kamera das auf einem Monitor dargestellte Bild auf, siehe

Abbildung 149. Im Sinne einer Marketing-Lösung wurde die Kamera in ein Fahrzeug-Modell eingebaut, um das Funktionsprinzip zu veranschaulichen.

Abbildung 149: Aufbau des LDW-Testsystems, für Vorführungszwecke mit Modellfahrzeug.

Das aufgenommene Bild wird nun zur Kontrolle auf einem kleinen Display (in der Abbildung links in der schwarzen Box) ausgegeben. In der schwarzen Box befindet sich außerdem das eigentliche Steuergerät. Dessen Reaktionen werden optisch und akustisch als Warnung ausgegeben. Diese werden wiederum von einem A/D-Wandler (Multifunktions-Datenerfassungsmodul USB-6008 von National Instruments) eingelesen und über einen entsprechenden Treiber am PC dargestellt. Hier wird die Information über die bereits in 6.1.5 beschriebene Hardware-Abstraktionsschicht PROVEtech:RE als Signal an das Testautomatisierungswerkzeug PROVEtech:TA geleitet. Die Testautomatisierung wiederum verwendet die Information über eine erfolgte Warnung, um zu prüfen ob rechtzeitig gewarnt wurde, und um das Fahrermodell zu einer entsprechenden Korrektur zu beeinflussen. Abhängig von Fahrer- und dem zugrunde liegenden Fahrzeugmodell wird dann die Darstellung der Umgebung beeinflusst und ferngesteuert. Die Berechnung der 3D-Grafik dieser Umgebung für die Ausgabe auf dem Monitor übernimmt PROVEtech:VL.

Damit ist die Regelschleife geschlossen. Die Wahrnehmung der dargestellten Umgebung durch das SuT erfolgte reibungslos, sowohl bei der Darstellung „schwieriger" Situationen (wie Nacht) als auch bei der Darstellung unter erschwerten Bedingungen (wie Reflexionen durch die Beleuchtung eines Messestandes). Dies lässt zum einen darauf schließen, dass die Spurerkennung des SuT sehr robust ausgelegt ist. Zum anderen aber zeigt es auch, dass die Darstellung so realistisch ist, dass sie vom SuT in vielen Fällen korrekt erkannt wird.

6.3.2. Verkehrszeichenerkennung

In einem weiteren Projekt wurde ein mobiles Navigationssystem (Blaupunkt TravelPilot 700) eingesetzt. Dieses verfügt über eine Kamera und eine damit durchgeführte Verkehrszeichenerkennung. Die Verkehrszeichen werden dem Fahrer dann auf dem Display des im Fahrzeug montierten Gerätes zur Information angezeigt.

Durch eine Referenzfahrt mit dem System in einem realen Fahrzeug konnte die Funktionsweise und die Erkennungsqualität unter Bedingungen der echten Welt verifiziert werden. Das System erkennt bei mäßigen Geschwindigkeiten und guter Beleuchtung zum Fahrzeug ausgerichtete Verkehrszeichen die sich direkt am Fahrbahnrand befinden mit ausreichender Qualität.

Die Justierung des Systems vor einem Monitor des PROVEtech:VL-Testsystems erfolgte problemlos, der dargestellte Blickwinkel wurde dem der realen Testfahrt angepasst. Es wurden einige manuelle virtuelle Fahrten mit verschiedenen Geschwindigkeiten auf geraden zweispurigen Straßen durchgeführt. Verschiedene Verkehrszeichen mit Geschwindigkeitsbeschränkungen wurden bei simuliert guten Wetterbedingungen zuverlässig erkannt. Aber auch hier brach die Erkennungsleistung bei Regen, Dunkelheit oder verschmutzen Verkehrszeichen deutlich ein.

Dies liegt – wie aus den Referenzfahrten ersichtlich – nicht an der Darstellungsqualität des VL-Systems, sondern an der Leistungsfähigkeit der Erkennungsalgorithmen. Die in der Realität erkannten Defizite sind somit im Labor experimentell bestätigt worden.

6.3.3. Fahrsimulator Assistenzsysteme

Für einen wie den in Abbildung 91 vorgestellten „Fahrsimulator Assistenzsysteme" wurde die Visualisierung von PROVEtech:VL übernommen. Die dafür errechnete 3D-Grafik wurde in einem ersten Implementierungsschritt auf einem ebenen Terrain mit einem Rundkurs als Strecke umgesetzt. Das vom Fahrsimulator („PROVEtech:RP") verwendete und durch den Fahrer gesteuerte Fahrdynamik-Modell („FADYS"[222]) sendet dabei Positionsdaten des Ego-Fahrzeugs über einen zusätzlich implementierten Konvertierer an den Grafik Generator.

In der Gegenrichtung werden Informationen über Objekte, die in eine virtuelle Kamera- und Radarkeule eindringen übermittelt, damit das Fahrsimulator-System auf den Daten basierend Informationen anzeigen und Aktionen, wie Notbremsungen, ausführen kann.

Der Aufbau zeigt, dass die in Abschnitt 5.1.5 vorgestellte Schnittstelle so offen und flexibel ist, um nicht nur Daten eines komplexen und unabhängig zu den Anforderungen des VL-Systems entstandenen Fahrdynamik-Werkzeugs verarbeiten zu können, sondern auch Informationen über in der 3D-Darstellungen enthaltene Objekte über einem Rückkanal auszugeben. Die Qualität der grafischen Darstellung genügt darüber hinaus den (subjektiven) hohen Ansprüchen für einen Fahrsimulator.

6.3.4. Stereo Multi Purpose Camera

Ein produktiver Einsatz des gesamten VL-Systems findet in der Absicherung einer Mehrzweck-Stereokamera (engl. Stereo Multi Purpose Camera, SMPC) statt. In enger Abstimmung mit der für die Testtechnologie verantwortlichen Forschungs-Abteilung der Daimler AG wurde ein HiL-System mit VL-Komponente für die zuständige Fachabteilung „Software-Integration und Test für Assistenz- und Fahrwerkssysteme" entwickelt [WWS10]. Die benötigten Positionsinformationen der Fahrzeugmodelle werden hier auf einem Echtzeitrechner eines HiLs der Firma dSpace berechnet und dann über die Netzwerkschnittstelle an den Grafik Generator übermittelt. Die beiden daraus berechneten und leicht versetzten Bilder werden auf zwei Monitoren dargestellt und über ein Spiegel-System umgelenkt und in die beiden Kameras eingespeist,

---

[222] vgl. Pressemitteilung der Daimler AG vom 11.06.2002: Die Erprobung der neuen Highend-Luxuslimousine Maybach: Marter mit Methode. http://media.daimler.com.

siehe Abbildung 150. Erste Tests zeigen, dass die Tiefeninformationen dargestellter Objekte sehr genau und zuverlässig erkannt werden. Probleme bei der Erkennung treten einzig bei einförmigen oder „gekachelten", d. h. sich regelmäßig wiederholenden Texturen auf.

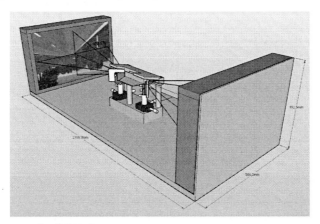

Abbildung 150: Kameraaufbau [WWS10].

Für einen Anwendungsfall im Rahmen des Projekts wurde ein Abschnitt der Autobahn A81 zwischen Stuttgart und Sindelfingen als Test-Szenario umgesetzt. Dafür musste ein 8 km langer komplexer Autobahnabschnitt mit Anschlussstellen als Straße von OpenStreetMap importiert und automatisch mit Leitplanken, Leitpfosten und Vegetation am Straßenrand versehen werden, siehe Abbildung 151. Um den Realitätsgrad zu maximieren wurde der Höhenverlauf der realen Landschaft inklusive Böschungen und Straßengräben nachgebildet. Auch typische Bebauung am Straßenrand (Verkehrszeichen, Wasserturm, Einkaufszentrum, Erlebnispark, Industrieanlage, ...) wurden als 3D-Objekte nachgebildet und an der entsprechende Stelle im Szenario platziert, um den Wiedererkennungswert zu erhöhen. Damit konnte teilautomatisiert und damit mit vergleichsweise geringem Aufwand trotz hohem Grad an Realismus ein sehr großes Szenario der realen Welt umgesetzt werden.

Abbildung 151: Terrain und Autobahnkreuz sowie Objekte am Straßenrand der A81.

6.4. Zusammenfassung der Implementierung

In diesem Kapitel wurde die Umsetzung der in Kapitel 5 erarbeiteten Lösung zum automatisierten funktionalen Testen kamerabasierter Aktiver Fahrerassistenzsysteme vorgestellt. Die Implementierung des VL-Testsystems konnte dabei, wie in Abschnitt 6.1 gezeigt, über einen Prototypenstatus deutlich hinaus gehen und als kommerzielles Produkt erfolgreich vermarktet werden. Sowohl der Grafik Generator zur Umsetzung der Testfälle und Darstellung der fotorealistischen 3D-Grafik in Echtzeit als auch der Szenario Editor zum Import von vorhandenen Daten der realen Welt und zum Erstellen neuer Szenarien konnten damit umgesetzt werden.

In Abschnitt 6.2 wurde die prototypische Umsetzung einer vereinfachten Version der Versuchsplanung zum Erzeugen und Ablegen von Testfallspezifikationen in einer Testfalldatenbank nach dem TESTE-Schema gezeigt. Auch die automatische Sortierung der Testfälle und daraus die Generierung von Test-Szenarien konnte implementiert werden.

Erste interne Projekte zur Validierung des Ansatzes und der Werkzeuge sowie Kundenprojekte zum produktiven Einsatz in der Absicherung kamerabasierter Fahrerassistenzsysteme wurden in Abschnitt 6.3 vorgestellt.

Kapitel 7 **Ergebnisse, Zusammenfassung, Ausblick**

In der Einleitung in Kapitel 1 wurde die Zunahme elektrischer und elektronischer Systeme in modernen Fahrzeugen, und insb. die Zunahme kamerabasierter Aktiver Fahrerassistenzsysteme gezeigt. Dies motiviert die genaue Untersuchung, wie derartige Systeme funktional abgesichert werden können. Ausgehend von Grundlagen zu Fahrerassistenzsystemen, zum Testen von Automobilelektronik und zur 3D-Grafik in Kapitel 2 wurden in Kapitel 3 die Anforderungen an eine Lösung zur funktionalen Absicherung aufgestellt.

Der aktuelle Stand der Technik zu verfügbaren in Wissenschaft und industrieller Praxis vorgestellten und eingesetzten Testmethoden und insb. visueller Simulationsumgebungen wurde in Kapitel 4 aufgezeigt. Der daraus verbleibende Handlungsbedarf zum automatischen funktionalen Testen kamerabasierter Aktiver Fahrerassistenzsysteme, eingebettet in Testprozesse, wurde in Kapitel 5 mit einer Lösung aus Rahmenkonzept, HiL-Testsystem (mit „Visual Loop Komponente") sowie einer Methodik zur Erzeugung von Szenarien aus Testfallspezifikationen beantwortet. In Kapitel 6 konnte die erfolgreiche Realisierung des Konzepts in Form des Produkts „PROVEtech:VL" sowie weiterer prototypischer Implementierungen gezeigt werden.

Im folgenden Abschnitt 7.1 werden nun die Methode sowie das Werkzeug in Hinblick auf die in Kapitel 3 aufgestellten Ziele und Anforderungen bewertet. Danach folgen in Abschnitt 7.2 eine Zusammenfassung der vorliegenden Arbeit und schließlich in Abschnitt 7.3 ein Ausblick.

7.1. Ergebnisse

Die Ergebnisse dieser Arbeit werden durch einen Abgleich mit den Zielen und Anforderungen aus Kapitel 3 dargestellt und bewertet. Diese Bewertung ist unterteilt in die Methode (Abschnitt 7.1.1), das dafür genutzte Werkzeug (7.1.2) und die Umsetzung (7.1.3). Dabei wird insb. untersucht, inwieweit der Anspruch dieser Arbeit, eine Methodik für die „funktionale Absicherung kamerabasierter Aktiver Fahrerassistenzsysteme durch Hardware-in-the-Loop-Tests" zu ermöglichen bzw. zu verbessern, erfüllt werden konnte.

7.1.1. Methode: Testprozess mit Szenarien aus parametrierten Testklassen

Die in Abschnitt 3.1 aufgestellten Ziele Z 1, Z 3 und Z 5 und die daraus in Abschnitt 3.2 abgeleiteten Anforderungen wurden in den Abschnitten 5.1, 5.3.1 sowie 5.3.2 bearbeitet.

Z 1 Darstellung eines durchgängigen Gesamtkonzepts zur funktionalen Absicherung kamerabasierter Aktiver Fahrerassistenzsysteme

Z 3 Definition eines Testfallbeschreibungsformats und einer Methode zur automatischen Testfallgenerierung

Z 5 Einbettung in bestehende Vorgehensweisen und Testprozesse

Für die Betrachtung der im Rahmen dieser Arbeit entstandenen Ansätze als durchgängiges Gesamtkonzept (Ziel Z 1) kann der vorgestellte Überblick in Form eines Rahmenkonzepts in Abschnitt 5.1 herangezogen werden. Darin wird die Notwendigkeit für die Stimulation kamerabasierter Fahrerassistenzsysteme durch in Echtzeit berechnete 3D-Grafiken einer Fahrzeugumgebung und das dafür benötigte „Visual Loop" (VL) Testsystem hergeleitet. Außerdem wird das Verfahren in bestehende Testprozesse integriert und diese werden am Beispiel von PROVEtech:TP5 um nötige Anmerkungen bzw. Handlungsanweisungen erweitert. Auch die internen und externen Schnittstellen der Prozessschritte sowie des VL-Testsystems werden in diesem Abschnitt beschrieben. Eine „ganzheitliche Betrachtung" und die Durchgängigkeit ohne „logische Brüche" (siehe auch [LRRA98]) sowie ein wissenschaftliches Vorgehen bei der Klassifikation und Bewertung existierender Ansätze aus Wissenschaft und Praxis (in Kapitel 4) konnten sichergestellt werden. Das vorgeschlagene VL-Testsystem ist „adäquat" (nach [Lig93]) für die Aufgabe, da gerade die sicherheitskritischen Fälle im Bereich der funktionalen Absicherung moderner kamerabasierter Aktiver Fahrerassistenzsysteme im Detail untersucht werden können und die vorgeschlagene Testmethode quantitative Aussagen im Rahmen identifizierender Tests liefert. Damit gelang es, das Ziel Z 1 eines durchgängigen Gesamtkonzepts aus Methoden und Werkzeugen zu erreichen.

Das Ziel Z 3, die Entwicklung eines Testfallbeschreibungsformats und einer Methode zur automatischen Testfallgenerierung wurde in Abschnitt 5.3.1 verfolgt. Hier wurde mit dem TESTE-Schema ein Format zur Beschreibung von Testfällen in Form abstrakter Testfallspezifikationen entwickelt, das alle für den Testfall relevanten Informationen beinhaltet. Die hierarchische Darstellung der möglichen Elemente, Parameter und Parameterwerte lässt die manuelle, und über

Methoden der Versuchsplanung auch die automatische Erstellung von Testfallspezifikationen aus auf verschiedenen Abstraktionsebenen parametrierten Testklassen zu. Die Auswahl der „sinnvollsten" Testfälle aus der sehr großen Anzahl aller möglichen Testfälle geschieht durch eine Priorisierung der einzelnen Elemente und Parameterwerte nach Häufigkeit und Test-Wichtigkeit. Die „zweidimensionale Testfall-Auswahl" lässt eine Optimierung der verwendeten Parameter bezüglich der Aufgabe des identifizierenden Testens zu. Sowohl die Elemente und Parameter des TESTE-Schemas als auch die daraus generierten und eindeutig beschriebenen Testfälle können in einer Datenbankstruktur abgelegt und damit reproduzierbar durchgeführt werden. Variationen der Parameter können jederzeit in der Datenbank, aber auch zur Laufzeit der Testfalldurchführung getätigt werden. In Abschnitt 5.3.2 wurde die Sortierung der einzelnen Testfallspezifikationen mit Hilfe eines Kombinationsalgorithmus zur durchgängigen Anordnung zusammenhängender Testfälle als Test-Szenario vorgestellt. Mit Hilfe des Konzepts der „Aorta-Ringstraßen" können die einzelnen Testfall-Kacheln variabel auf dem Terrain angeordnet werden. Die Erzeugung der Straße, des Terrains sowie der Umgebungsobjekte aus den abstrakten Spezifikationen in der Testfalldatenbank konnte damit umgesetzt werden. Die Verwendung realer Geo-Daten, wie bspw. realer Straßennetzwerke, wurde bei der abstrakten Testfallbeschreibung nicht berücksichtigt, eine Referenzierung auf Daten der realen Welt scheint jedoch denkbar und muss weiter untersucht werden. Damit wurde das Ziel Z 3 zur automatischen Generierung von Testfällen in einem geeigneten abstrakten Testfallspezifikationsformat erfüllt.

Die Einbettung der vorgestellten Lösung zur funktionalen Absicherung kamerabasierter Aktiver Fahrerassistenzsysteme in bestehende Vorgehensweisen und Testprozesse (Ziel Z 5) konnte, wie bereits beschrieben, in Abschnitt 5.1 am Beispiel des Referenz-Testprozesses PROVEtech:TP5 sowie durch die Verwendung geeigneter organisatorischer wie technischer Schnittstellen gezeigt werden. Damit ist die Anbindung der vorgestellten „VL-Komponente" an beliebige bestehende (HiL-) Testsysteme möglich. Die Vorgehensweise zur Spezifikation, Realisierung und Umsetzung von Testfällen erfolgt analog zu bestehenden Testfällen. Es mussten nur in geringem Umfang Erweiterungen und Anmerkungen zu den existierenden Beschreibungen der Prozesse und Arbeitsergebnisse vorgenommen werden. Die in Wissenschaft und Praxis etablierten Vorgehensweisen und Testprozesse zur funktionalen Absicherung von Automobilelektronik konnten damit weitestgehend weiterverwendet werden und das Ziel Z 5 kann als erfüllt angesehen werden.

7.1.2. Werkzeug: VL-Testsystem für kamerabasierte Aktive Fahrerassistenzsysteme

Die in Abschnitt 3.1 aufgestellten Ziele Z 2, Z 4 und Z 6 und die daraus in Abschnitt 3.2 abgeleiteten Anforderungen wurden in den Abschnitten 5.1 und 5.2 bearbeitet.

Z 2   Erarbeitung eines HiL-Testsystems zum Testen kamerabasierter Aktiver Fahrerassistenzsysteme

Z 4   Erarbeitung einer Methode zur Durchführung von Tests

Z 6   Berücksichtigen von Anwenderforderungen aus der industriellen Praxis

Dazu wurde in Abschnitt 5.2 zur Erreichung des Ziels Z 2 die „Visual Loop" Komponente eingeführt als Bestandteil eines Visual Loop Testsystems, welches die Erweiterung eines konventionellen HiL-Testsystems um die Möglichkeit der Stimulation kamerabasierter Aktiver Fahrerassistenzsysteme darstellt. Mit dem Grafik Generator können dabei beliebige derartige Systeme automatisierbar und reproduzierbar funktional getestet werden. Der VL-Editor erlaubt das Erstellen von Testfällen und soweit erwünscht den Import realer Geo-Daten, wie Geländeinformationen und Straßennetzwerke. Mit Hilfe einer Objektbibliothek lassen sich Testsituationen sehr realitätsnah nachstellen.

Der erreichte Grad an Realismus der Stimulation des Kamerasystems wird nach [DASchü10] als Fotorealismus bezeichnet und durch eine eigene Metrik gemessen. Dazu werden die Bildeigenschaften Farbe, Textur und Kontur für einzelne Segmente jedes Bildes einer Bildsequenz gemessen und ihr Durchschnittswert berechnet. Die Segmente stehen für einzelne Objekte oder Objektbestandteile der dargestellten Umgebung. Ein Vergleich „ähnlicher" Bildsequenzen führt dazu, qualitative Aussagen über den Grad des Fotorealismus und damit die Qualität der Darstellung zu machen. Ähnliche Sequenzen bedeuten dabei, dass nur vergleichbare Situationen oder Umgebungstypen, wie Wald, Dorf, Innenstadt sowie Tag, Dämmerung oder Nacht verglichen werden. Der Vergleich führt dabei zu einer relativen Aussage und bietet an einem Ende der Skala minimalen Fotorealismus durch Weißes Rauschen und am optimalen Ende der Skala den Vergleich mit Videoaufnahmen der realen Welt. Nachdem sich auch Videoaufnahmen ähnlicher Umgebungen nie absolut ähneln liegt der Bereich mit optimalem Fotorealismus zwischen rund 95 und 100 %. Die Darstellung einer idealisierten Labor-Grafik, wie bspw. in Abbildung 59 gezeigt, führt dabei immerhin zu einem Realismusgrad von rund 40 %, nachdem hier zumindest das grobe Schema einer Straße, des Himmels sowie eines begrünten Fahrbahnrandes zu erkennen ist. Sequenzen des aus dieser Arbeit hervorgegangenen VL-Testsystems PROVEtech:VL mit der Unity-Engine zur Grafikberechnung liegen bei rund 85 % Fotorealismus, und kommen damit bereits nah an den optimalen Bereich heran. Neben dieser objektiven Bewertung überzeugt die Grafik aber auch die subjektive Wahrnehmung eines menschlichen Betrachters durch hohen Realismus, vgl. Abbildung 152. Die Anforderungen an derartige Abbildungen (vgl. Abschnitt 4.3.2) konnten damit ebenfalls erfüllt werden. Die Darstellung ist unabhängig vom Tester, reproduzierbar und alle genutzten Merkmale können quantitativ gemessen werden.

Abbildung 152: Vergleich reale Umgebung (lins) und nachgestellte computergenerierte Szene (rechts).

Die Erzeugung der benötigten Grafiken zur Stimulation eines SuT benötigt aufgrund der Komplexität der Umgebung und des gewünschten hohen Realismusgrades einige Zeit (im Millisekundenbereich). Damit kann eine Stimulation in Echtzeit nicht in jedem Fall gewährleistet werden (vgl. Abschnitt 6.1.5). Es wird nach Expertenauffassung davon ausgegangen, dass die unvermeidlich auftretenden Verzögerungen keine erheblichen Auswirkungen auf das Verhalten des SuT haben. Auch reale Fahrzeuge beinhalten durch ihre Mechanik gewisse Verzögerungen. Steuergeräte für Aktive Fahrerassistenzsysteme können bezüglich des zeitlichen Eingangs erwarteter Sensorwerte, im Gegensatz zu bspw. Regelsystemen wie ESP, als robust bzw. tolerant angesehen werden. Somit kann das Ziel Z 2, ein HiL-Testsystem zum Testen kamerabasierter Aktiver Fahrerassistenzsysteme, als erfüllt angesehen werden.

Die Verfolgung des Ziels Z 4, die Entwicklung einer Methode zur Durchführung von Tests unter Verwendung des VL-Testsystems, wurde in Abschnitt 5.1 beschrieben. Die VL-Komponente konnte an bestehende Testautomatisierungssoftware angebunden werden und das notwendige Vorgehen zur Spezifikation, Implementierung und Durchführung von Testfällen wurde Anhand von drei Use Cases in Abschnitt 5.2 beschrieben. Damit ist die Testdurchführung mit Betreibermodellen analog zu bestehenden Vorgehensweisen möglich, und kamerabasierte Aktive Fahrerassistenzsysteme können funktional getestet und abgesichert werden. Das Ziel Z 4 wurde damit erreicht.

Die Berücksichtigung von Anwenderanforderungen als Ziel Z 6 wurde ebenfalls in Abschnitt 5.2 aufgegriffen. So kann das vorgestellte VL-Testsystem kostengünstig auf Standard-Hardware betrieben und mit mehreren Instanzen des Grafik Generators beliebig skaliert werden. Die Kompatibilität zu Testsystemen verschiedener Größenordnungen erlaubt eine einfache Anpassung an unterschiedliche Bedürfnisse und Testprojekte. Zusätzliche Komponenten konnten und können insb. aufgrund der offenen und einfachen Definition der Netzwerkschnittstelle leicht realisiert werden. Bei der grafischen Bedienoberfläche der konzipierten und umgesetzten Software-Anwendungen wurde großer Wert auf die Verwendung üblicher und damit weitestgehend intuitiver Bedienelemente gelegt. Die dargestellten Grafiken, insb. beim Erstellen eines Szenarios, sind sehr realitätsnah und damit anschaulich. Obwohl es sich bei dem VL-Editor um ein Expertensystem handelt, kann die Bedienung mit wenigen einfachen Befehlen erfolgen. Die Reaktionszeit des Systems auf Benutzereingaben ist weitestgehend als sehr schnell zu bewerten. Die Verwendung offener, standardisierter und verbreiteter Schnittstellen und Datenformate wurde an vielen Stellen berücksichtigt, wie bspw. bei der Unterstützung von Collada-3D-Modellen, PNG-Grafiken, sowie OpenStreetMap- und OpenDRIVE-Straßenbeschreibungen. Damit wurden die Benutzeranforderungen des Ziels Z 6 erfüllt.

7.1.3. Prototypische Umsetzung

Die in Kapitel 5 vorgestellte Lösung zum funktionalen Testen kamerabasierter Aktiver Fahrerassistenzsysteme konnte, wie in Kapitel 6 beschrieben, in Form von Software-Anwendungen realisiert werden. Das in Abschnitt 6.1 vorgestellte VL-Testsystem geht dabei in Form des kommerziellen Produkts „PROVEtech:VL" der MBtech Group weit über ein Prototypenstadium hinaus. Erste interne Evaluations- und produktive Kunden-Projekte wurden in Abschnitt 6.3 vorgestellt. Das Ergebnis kann aufgrund des großen Interesses, des positiven Feedbacks und der Nachfrage aus großen Bereichen der Automobilindustrie, aber auch aus Bereichen der Wissenschaft, als Erfolg gewertet werden. Die Umsetzung der Versuchsplanung und Szenariogenerierung erfolgte, wie in Abschnitt 6.2 beschrieben, im ersten Schritt als prototypische Realisierung. Diese ist vielversprechend und mit einfachen Ansätzen erfolgreich, muss jedoch noch weiter vorangetrieben und ausgebaut werden.

7.1.4. Zusammenfassung der Ergebnisse

Die in den vorstehenden Abschnitten beschriebenen Ergebnisse bezüglich der Ziele aus Kapitel 3 müssen nun noch mit dem in Abschnitt 4.3.2 aus dem Stand der Technik abgeleiteten verbleibenden Handlungsbedarf für diese Arbeit abgeglichen werden.

Angestrebt war dabei ein durchgängiges Gesamtkonzept zur funktionalen Absicherung kamerabasierter Aktiver Fahrerassistenzsysteme in Form eines HiL-Testsystems als Werkzeug der Wahl. Dieses sollte den erreichbaren Grad des Realismus bei gleichbleibenden oder sogar sinkenden Kosten erhöhen, insb. durch die Darstellung komplexer Situationen oder ungünstiger Umweltbedingungen (Beleuchtung, Wetter). Die Testmethode sollte in Testprozesse eingebunden werden und automatisierte Abläufe ermöglichen. Zusätzlich musste ein Format zur Beschreibung geeigneter Testfälle, und ein Verfahren zur effizienten Erstellung dieser Testfälle und zur Nutzung des Testequipments erarbeitet werden, das in bestehende Testprozesse und in der Praxis etablierte Vorgehensweisen integriert werden kann.

Diese für die vorliegende Arbeit wichtigen Punkte stellen die Erweiterung des Stands der Technik und damit das Neue der vorgestellten Methoden, Vorgehen und Werkzeuge dar. Eine Gesamtbewertung, basierend auf diesen Anforderungen, lässt das Ziel der funktionalen Absicherung kamerabasierter Aktiver Fahrerassistenzsysteme durch Hardware-in-the-Loop-Tests als erreicht erscheinen. Der Stand der Technik wurde um ein schlüssiges Gesamtkonzept eines Absicherungsprozesses erweitert und die nötigen Testwerkzeuge konnten um die nötige fotorealistische Grafikerzeugung durch eine Spiele-Engine ausgebaut werden. Beschreibungen zu Verfahren zum Anwenden dieser Techniken vervollständigen die Testmethodik.

7.2. Zusammenfassung der Arbeit

Die vorliegende Arbeit beschreibt eine Lösung zur funktionalen Absicherung kamerabasierter Aktiver Fahrerassistenzsysteme durch Hardware-in-the-Loop-Tests. Diese Lösung besteht aus einem Testwerkzeug, der sog. VL-Komponente, sowie einem methodischen Vorgehen zur Verwendung des Werkzeugs in Testprozessen und -projekten. In den folgenden Unterabschnitten wird die Arbeit zusammengefasst.

7.2.1. Grundlagen, Anforderungen und Stand der Technik

In Kapitel 1 wird die Zunahme kamerabasierter Steuergeräte in der Automobilbranche als Ausgangssituation und Motivation für eine Untersuchung zu bestehenden Testverfahren für derartige Fahrerassistenzsysteme beschrieben. Darauf aufbauend werden in Kapitel 2 die Grundlagen der Automobilelektronik (Abschnitt 2.1) sowie eine Klassifizierung von Fahrerassistenzsystemen (2.2) und Beispiele für Fahrerassistenzsysteme vorgestellt (2.3). Abschnitt 2.4 erläutert das Testen von Automobilelektronik. Darauf folgen in Abschnitt 2.5 die für diese Arbeit wichtigen Grundlagen zur Erzeugung von 3D-Grafik und schließlich in Abschnitt 2.6 weitere Grundlagen zu Datenbanken, Versuchsplanung und Algorithmik.

Kapitel 3 stellt die Ziele Z 1 bis Z 6 für die nötige funktionale Absicherung der kamerabasierten Aktiven Fahrerassistenzsysteme vor, sowie davon abgeleitete spezifische Anforderungen. Der aktuelle Stand der Technik in Kapitel 4 beschreibt existierende Ansätze und eine Klassifikation von Testmethoden zum Testen kamerabasierter Fahrerassistenzsysteme (Abschnitt 4.1), sowie bestehende Testfallbeschreibungen (4.2). Abschließend wird der für diese Arbeit verbleibende Handlungsbedarf abgeleitet.

7.2.2. Konzept, Implementierung und Ergebnisse

Kapitel 5 stellt das Konzept einer Lösung der verbleibenden offenen Fragestellungen zur Absicherung kamerabasierter Aktiver Fahrerassistenzsysteme durch funktionales Testen dar. Dafür wird in Abschnitt 5.1 zuerst ein Rahmenkonzept vorgestellt mit der Hinleitung zur Notwendigkeit der Generierung fotorealistischer 3D-Grafiken als Stimulation des zu testenden Kamerasystems. Daraus wird die „Visual Loop" (VL) Komponente als Bestandteil eines Hardware-in-the-Loop (HiL) Systems abgeleitet und mitsamt ihren Schnittstellen und der Einbettung in bestehende Testprozesse beschrieben. Das Verfahren zum HiL-testen wird in Abschnitt 5.2 detailliert, und die Bestandteile VL-Editor und Grafik Generator des VL-Systems werden ausgearbeitet.

Es folgt die Beschreibung der Testfallspezifikation nach dem für VL-Tests spezifischen TESTE-Schema (Abschnitt 5.3.1) und die durch Methoden der Versuchsplanung erreichbare automatische Erzeugung von abstrakten Testfallspezifikationen in einer Testfalldatenbank. Dafür werden hierarchische, parametrierbare und mit Prioritäten versehene Testklassen verwendet.

Die Notwendigkeit für zusammenhängende, durchgängige Testfall-Abläufe wird in Abschnitt 5.3.2 hergeleitet. Durch einen Sortierungs- und Kombinationsalgorithmus lassen sich die Übergänge zwischen aufeinander folgenden Testfällen minimieren und schließlich automatisch zu einem Szenario anordnen. Die Verwendung des „Aorta-Ringstraßensystems" führt zu einfach automatisch aus einzelnen Testfall-Kacheln generierbaren Szenarien.

Kapitel 6 beschreibt die Umsetzung des VL-Systems im Produkt „PROVEtech:VL" der MBtech Group (Abschnitt 6.1) sowie die prototypische Realisierung der Testfall- und Szenarioerzeugung (6.2). Erste Projekte zur Anwendung der Software-Anwendungen werden in Abschnitt 6.3 präsentiert. Die Bewertung der Ergebnisse dieser Arbeit durch einen Abgleich mit den Zielen und Anforderungen wird in Abschnitt 7.1 durchgeführt.

7.2.3. Wissenschaftlicher Mehrwert

Wie bereits in der Zusammenfassung der Ergebnisse in Abschnitt 7.1.4 gezeigt wurde, konnten die in Abschnitt 4.3.2 aus dem Stand der Technik abgeleiteten Anforderungen an dieser Arbeit erfüllt werden.

Diese Arbeit bietet einen breiten Überblick über Fahrerassistenzsysteme und bettet diese in den Kontext des Testens ein. Der aktuelle Stand wissenschaftlicher wie industrieller Ansätze dazu wird vorgestellt, klassifiziert, analysiert und bewertet. Aus den Herausforderungen, die eine funktionale Absicherung derart sicherheitskritischer Software-Systeme mit sich bringt, werden allgemeine sowie für diese Arbeit spezifische Anforderungen abgeleitet. Aus dem „Delta" zwischen Anforderungen und Stand der Technik ergibt sich ein Handlungsbedarf, um neue Methoden, Vorgehensweisen und Werkzeuge zu entwickeln bzw. bestehende zu erweitern und an die durch neue Technologien geschaffenen Bedingungen anzupassen. Die Lösung für das Problem konnte aus Erfahrung und gezielter Forschung abgeleitet werden – beide Methoden haben sich im Rahmen dieser Arbeit gegenseitig sehr stark befruchtet (vgl. [Pre01]).

Wissenschaftliches Ergebnis der Arbeit ist die Erforschung und Vorstellung einer Methode zur Absicherung sicherheitskritischer Software-Systeme. Diese beinhaltet mit der Visual-Loop Komponente eine neue Test-Technologie, die zur Anwendung Ansätze aus einem gänzlich anderen Fachgebiet, nämlich der Computergrafik aus dem Spiele-Bereich, einsetzt. Zusätzlich wird eine Testfall-Bescheibungssprache vorgestellt, mit der die nötigen Testfälle effizient erstellt und repräsentiert werden können. Die Einbindung von Ansätzen der Versuchsplanung und der Algorithmik wird vorgeschlagen, um die Effizienz der Absicherungs-Methode zu erhöhen.

Dies bedeutet, dass ein wissenschaftlich analytisches und ingenieurmäßig pragmatisches Vorgehen zu einem deutlichen Fortschritt führen konnte. Alle Schritte konnten dabei im Kontext der wissenschaftlichen Fachwelt hergeleitet, gut begründet und bewertet werden. Dadurch konnte im wichtigen Bereich der Absicherung sicherheitskritischer funktionaler Software moderner Steuergeräten der Automobilindustrie eine neue Methodik und ein aus den nötigen Anforderungen abgeleitetes innovatives Werkzeug vorgestellt werden. Dies führt dazu, dass Fahrzeuge mit modernen Assistenzfunktionen gleichzeitig effizienter, zuverlässiger, sicherer und kostengünstiger entwickelt werden können und weltweit die Sicherheit auf den Straßen erhöhen. Die erste empirische Bewertung, d. h. „die praktische Verwendung und Erprobung" [Pre01] bestärkt diese Einschätzung.

7.3. Ausblick

Sowohl erste Einsätze der vorgestellten Methoden und Techniken in Testprojekten, als auch der Austausch mit Fachexperten führen zu weiteren notwendigen Schritten. So muss die bisher prototypische Implementierung der vorgestellten Ansätze zu Versuchsplanung und Szenario-Kombination weiter untersucht werden. Die komplexe zugrunde liegende Algorithmik muss weiter optimiert, und die bisherige beispielhafte Implementierung über das Prototypenstadium hinaus ausgebaut werden. Die Validierung dieser Ansätze im industriellen Einsatz steht noch aus, verspricht jedoch Erkenntnisse, die zu einer deutlich gesteigerten Test-Effizienz führen können. Des Weiteren ist die Ableitung von „Testfall-Katalogen" aus bestehenden Normen und Prüfvorschriften zu betrachten, und die Erweiterungsmöglichkeiten der Grafik-Darstellung um Komponenten zur Stimulation von Infrarot-Kameras sind zu untersuchen. Optimierungs-Ansätze der Performance bei der Grafik-Generierung müssen ebenfalls geprüft werden, um auch zukünftigen kamerabasierten Fahrerassistenzsystemen, die ggfs. höhere räumliche wie zeitliche Auflösungen mitbringen, eine adäquate Grafik einspeisen zu können.

Anhang

A 1 Navigations-, Stabilisierungs- und Collision Mitigation Systeme

Navigationssysteme verwenden intern gespeicherte Kartendaten mit aktuellen GPS[223]-Signalen sowie ggfs. Inertialsensoren und TMC[224]-Verkehrsdaten des Fahrzeugs um dem Fahrer seine Position, spezielle „Points of Interest" sowie Stauwarnungen anzuzeigen und Routen zu berechnen. Des Weiteren existieren kartenbasierte Assistenten für vorausschauendes Fahren, so z. B. für Kurvenwarnungen und Energiemanagement [EA10]. Auch Information und Warnungen, die durch „Car-to-X"-Funk von anderen Fahrzeugen oder Infrastrukturobjekten (z. B. Ampeln) empfangen wurden, können dem Fahrer über Displays angezeigt werden.

Stabilisierungssysteme wie ABS[225], ESP[226], ASR[227] und Anhängerstabilisierungssysteme helfen dem Fahrer automatisch, das Fahrzeug durch gezielte Eingriffe in die Bremsen- oder Motorsteuerung zu stabilisieren. Dabei wird davon ausgegangen, dass dies dem Fahrerwillen eindeutig entspricht, da die Systeme in kritischen Situationen zu schnell reagieren müssen, als dass der Fahrer sie erst aktivieren oder bestätigen könnte. Üblicherweise sind die Eingriffe daher auch deutlich schneller und gezielter als es einem Menschen möglich wäre. Ein weiteres Assistenzsystem dieser Kategorie ist der Tempomat (engl. Cruise Control), der selbständig eine fest eingestellte Soll-Geschwindigkeit durch Motor- und ggfs. geringe Bremseingriffe hält. Bremsassistenten unterstützen, indem sie bei einem erkannten Notbrems-Manöver des Fahrers den maximalen Bremsdruck aufbauen und damit die Fahrzeugverzögerung optimieren.

Pre-Crash-Systeme beinhalten auch autonome Notbremsassistenten, diese zählen jedoch zu den Aktiven Fahrerassistenzsystemen. Daneben bieten sie aber primär Funktionen zur Collision Mitigation, also zur Verringerung der Unfallfolgen. Beispielsweise werden bei erkannter Kollisionsgefahr die Gurte gestrafft, die Sitze und Kopfstützen in eine günstige Position gebracht,

---

[223] Global Positioning System
[224] Traffic Message Channel
[225] Anti-Blockier-System
[226] Elektronisches Stabilitätsprogramm
[227] Antriebsschlupf-Regelung

die Fenster und das Dach geschlossen, die Türen entriegelt, die optimale Airbagwirkung berechnet und direkt nach dem Aufprall Licht und Warnblinker aktiviert sowie die Batterie- und Kraftstoffversorgung unterbrochen. Auch kann bei entsprechend ausgerüsteten Fahrzeugen ein Notruf mit Übertragung der Fahrzeugdaten und –position gestartet werden.

Gemeinsam haben diese Assistenten, dass sie interne Sensoren oder infrastrukturgestützte Informationen verwenden.

A 2 Radar-, Lidar- und Ultraschall-Sensoren

Entfernungssensoren auf Basis von Radar[228] senden charakteristische kurze Pulse elektromagnetischer Wellen im Bereich 24 GHz oder 77 - 79 GHz aus und messen die Laufzeit der an Hindernissen reflektierten Wellen. Aus Gruppierungen dieser „Echos" lassen sich Abstände und Bewegungen von Objekten errechnen. Abbildung 153 zeigt ein typisches Radarmodul für die Anwendung im Automobil. Der Einbauort liegt häufig im Bereich des Kühlergrills oder der Frontschürze.

Abbildung 153: Radar-Modul von TRW [Cos07].

Die Funktionsweise von Lidar-Sensoren ist ähnlich, jedoch mit Laser-Aussendungen. Sie haben üblicherweise eine deutlich höhere Auflösung als Radarsensoren. Einen Überblick über Radar-, Lidar- und Kamerasensoren im Rahmen einer Sensordatenfusion für Fahrerassistenzsysteme zeigt Abbildung 154. Die Kombination aus Videokamera und Radarsensor stellt nach [KKS07] durch die hohe Auflösung der Kamera gepaart mit der Entfernungsinformation des Radars „eine besonders günstige Kombination dar."

---

[228] Radio Detection and Ranging, dt. Funkortung und -abstandsmessung

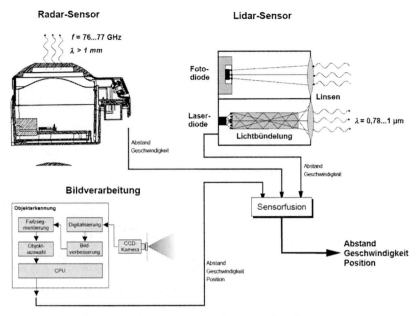

Abbildung 154: Arbeitsprinzip der Umfeldsensoren Radar, Lidar, Kamera [DN00].

Ultraschallsensoren berechnen ebenfalls die Laufzeit ausgesendeter und von Objekten reflektierter Signale. Als Ultraschall werden dabei Schallfrequenzen über dem menschlichen Wahrnehmungsbereich bezeichnet. Im Automotive-Bereich verwenden nur Hilfen bzw. Assistenten zur Einparkunterstützung in den Stoßfängern integrierte Ultraschallsensoren mit Reichweiten bis 2,5 m und üblichen Frequenzen um 43,5 kHz [WR06].

A 3 ISO/DIS 26262

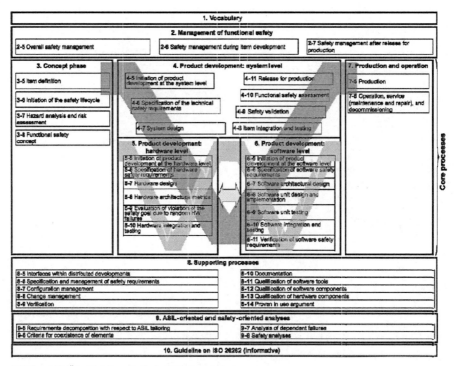

Abbildung 155: Überblick über die Norm ISO/DIS 26262.

A 4 V-Modelle

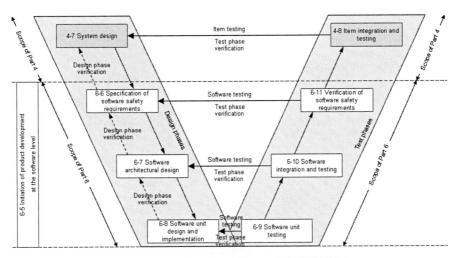

Abbildung 156: Referenz-Phasenmodell der Software-Entwicklung nach ISO/DIS 26262-6.

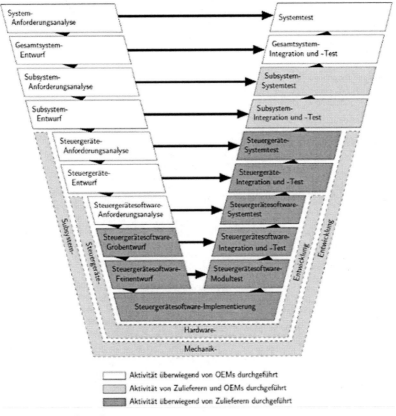

Abbildung 157: V-Modell [Hut06]

A 5 Überblick PROVEtech:TP5 nach [Bäro08]

Teststrategie

Teststrategie	TST	1		**Ermitteln und Überwachen von Inhalt, Umfang und Zielen**
Teststrategie	TST	1	a	Identifikation der Personen, die von dem Projekt betroffen sind.
Teststrategie	TST	1	b	Festlegung von Komponenten, die das zu überprüfunde System bilden.
Teststrategie	TST	1	c	Identifikation von Dokumenten, die das System beschreiben und als Basis zur Testfallermittlung geeignet sind.
Teststrategie	TST	1	d	Festlegung des Ziels der Überprüfung des Systems.
Teststrategie	TST	1	e	Festlegung der Beschreibung der zu Überprüfenden Inhalte und Umfänge.
Teststrategie	TST	1	f	Beschreibung der Umfänge, die explizit von der Prüfung ausgeschlossen sind.
Teststrategie	TST	1	g	Erstellung des Konzepts der Vorgehensweise im Testprojekt.
Teststrategie	TST	1	h	Regelmäßige Überwachung der aktuellen Inhalte, Umfänge und Ziele.
Teststrategie	TST	2		**Erstellen und Überwachen der Teststrategie**
Teststrategie	TST	2	a	Aufteilung des Systems in Teile, die eine eigenständige Risikobewertung zulassen
Teststrategie	TST	2	b	Definition der Regeln zur Bestimmung von Risiken
Teststrategie	TST	2	c	Ermittlung der Risiken für die Systemteile
Teststrategie	TST	2	d	Beschreibung der Level of Confidence
Teststrategie	TST	2	e	Festlegung des Level of Confidence für die Systemteile
Teststrategie	TST	2	f	Festlegung der Teststufen
Teststrategie	TST	2	g	Zuordnung der Systemteile zu Teststufen
Teststrategie	TST	2	h	Auswahl der Testmitteltypen
Teststrategie	TST	2	i	Festlegung der Testsituationen
Teststrategie	TST	2	j	Festlegung der Testauswahlregeln für Testsituationen
Teststrategie	TST	2	k	Festlegung der Priorisierungsregeln
Teststrategie	TST	2	l	Regelmäßige Überprüfung der Risiken
Teststrategie	TST	2	m	Regelmäßige Überprüfung des Level of Confidence für die Systemteile
Teststrategie	TST	2	n	Regelmäßige Überprüfung der Testauswahlregeln für die Testsituation
Testplanung & Management				
Testplanung & Management	TPM	1		**Planen und Überwachen von Arbeitspaketen**
Testplanung & Management	TPM	1	a	Festlegung von Arbeitspaketen
Testplanung & Management	TPM	1	b	Erstellung von Arbeitspaketbeschreibungen
Testplanung & Management	TPM	1	c	Definition von eingehenden Arbeitsprodukten für jedes Arbeitspaket
Testplanung & Management	TPM	1	d	Definition von ausgehenden Arbeitsprodukten für jedes Arbeitspaket
Testplanung & Management	TPM	1	e	Definition von Abnahmekriterien für jedes Arbeitspaket
Testplanung & Management	TPM	1	f	Priorisierung von Tätigkeiten innerhalb von Arbeitspaketen
Testplanung & Management	TPM	1	g	Priorisierung von Arbeitspaketen
Testplanung & Management	TPM	1	h	Regelmäßige Überprüfung der Gültigkeit der Arbeitspakete
Testplanung & Management	TPM	1	i	Anpassung der Arbeitspakete
Testplanung & Management	TPM	2		**Planen und Überwachen benötigter Ressourcen**

Testplanung & Management	TPM	2	a	Festlegung der Anforderungen an Ressourcen
Testplanung & Management	TPM	2	b	Abschätzung der benötigten Menge an Ressourcen
Testplanung & Management	TPM	2	c	Identifikation von Ressourcen
Testplanung & Management	TPM	2	d	Identifikation der Verfügbarkeit jeder Ressource
Testplanung & Management	TPM	2	e	Regelmäßige Überprüfung der Eignung der Ressourcen
Testplanung & Management	TPM	2	f	Regelmäßige Überprüfung der Ressourcenverfügbarkeit
Testplanung & Management	TPM	2	g	Anpassung verfügbarer Fähigkeiten der Ressourcen an den Bedarf
Testplanung & Management	TPM	3		**Entwickeln und Überwachen des Terminplans**
Testplanung & Management	TPM	3	a	Zuordnung der Ressourcen zu Arbeitspaketen
Testplanung & Management	TPM	3	b	Synchronisierung der Arbeitspakete mit übergeordneten Terminplänen
Testplanung & Management	TPM	3	c	Identifikation von Terminpuffern terminkritischer Arbeitspakete im Terminplan
Testplanung & Management	TPM	3	d	Bereitstellung der Ressourcen
Testplanung & Management	TPM	3	e	Regelmäßige Erhebung des Status der Arbeitspakete
Testplanung & Management	TPM	3	f	Regelmäßige Überprüfung des Terminplans
Testplanung & Management	TPM	3	g	Anpassung des Terminplans
Testplanung & Management	TPM	4		**Planen und Überwachen der Kommunikationsstrukturen**
Testplanung & Management	TPM	4	a	Erfassung von Informationsanforderungen der Projektbeteiligten
Testplanung & Management	TPM	4	b	Festlegung eines Projektglossars
Testplanung & Management	TPM	4	c	Festlegung von Struktur und Detaillierungsgrad der Kommunikation
Testplanung & Management	TPM	4	d	Festlegung von Eskalationswegen
Testplanung & Management	TPM	4	e	Regelmäßige Überprüfung der Effektivität und Effizienz der Kommunikation
Testplanung & Management	TPM	4	f	Anpassung der Kommunikation
Testplanung & Management	TPM	4	g	Nachweis der Kommunikation
Testplanung & Management	TPM	5		**Management von Projektbeteiligten**
Testplanung & Management	TPM	5	a	Regelmäßige Erhebung und Bewertung der Anliegen der Projektbeteiligten
Testplanung & Management	TPM	5	b	Definition von Maßnahmen als Reaktion auf Anliegen
Testplanung & Management	TPM	5	c	Dokumentation der durchgeführten Maßnahmen
Testplanung & Management	TPM	6		**Planen, identifizieren und überwachen der Projektrisiken**
Testplanung & Management	TPM	6	a	Identifizierung von Kategorien von Projektrisiken
Testplanung & Management	TPM	6	b	Identifizierung von Kategorien möglicher Auswirkungen
Testplanung & Management	TPM	6	c	Festlegung der Vorgehensweise zur Erhebung und Kommunikation von Projektrisiken
Testplanung & Management	TPM	6	d	Regelmäßige Erhebung und Kategorisierung neuer Risiken
Testplanung & Management	TPM	6	e	Regelmäßige Überprüfung der Kategorisierung
Testplanung & Management	TPM	6	f	Definition von Maßnahmen zur Eingrenzung möglicher

ment				Auswirkungen der Risiken
Testplanung & Management	TPM	6	g	Kommunikation der definierten Maßnahmen

Testspezifikation

Testspezifikation	TSP	1		**Planen der Testfallspezifikationsphase**
Testspezifikation	TSP	1	a	Identifizierung von Teilsystemen, für die Testfallspezifikation
Testspezifikation	TSP	1	b	Festlegung der zeitlichen Reihenfolge der Erstellung von Testspezifikationen
Testspezifikation	TSP	1	c	Festlegung der zu testenden Qualitätsmerkmale
Testspezifikation	TSP	1	d	Festlegung von Kriterien für das Review der Testfallspezifikationen
Testspezifikation	TSP	1	e	Festlegung der abgestimmten Vorgehensweise zur Anpassung von Testfallspezifikationen
Testspezifikation	TSP	1	f	Festlegung von Struktur und Detaillierungsgrad der Testfallspezifikation
Testspezifikation	TSP	2		**Ermitteln, überwachen und pflegen von Testfallspezifikationen**
Testspezifikation	TSP	2	a	Auswahl von Testdesigntechniken zur Erstellung der Testfallspezifikationen
Testspezifikation	TSP	2	b	Festlegung der Testintensität, gemäß des identifizierten Risikograds des Testobjekts
Testspezifikation	TSP	2	c	Ableitung der Testfallspezifikationen
Testspezifikation	TSP	2	d	Zuweisung der Priorität zu den Testfällen
Testspezifikation	TSP	2	e	Überprüfung der Testfallspezifikationen
Testspezifikation	TSP	2	f	Freigabe der Testfallspezifikationen
Testspezifikation	TSP	2	g	Regelmäßige Überprüfung der Dokumentation des Testobjekts auf Änderungen
Testspezifikation	TSP	2	h	Anpassung der Testfallspezifikationen
Testspezifikation	TSP	3		**Archivieren von Testfallspezifikationen**
Testspezifikation	TSP	3	a	Festlegung von abgestimmten Kriterien, die erfüllt sein müssen, damit Testspezifikationen archiviert werden dürfen
Testspezifikation	TSP	3	b	Festlegung von abgestimmte Richtlinien zur Archivierung von Testspezifiktaionen
Testspezifikation	TSP	3	c	Regelmäßige Überprüfung ob Archivierungskriterien für Testfallspezifikationen erfüllt sind
Testspezifikation	TSP	3	d	Regelmäßige Archivierung gemäß der Archivierungsrichtlinie

Testrealisierung

Testrealisierung	TRE	1		**Erstellen von Testfallimplementierungen**
Testrealisierung	TRE	1	a	Zuordnung der Testfallspezifikationen zu Testmitteln
Testrealisierung	TRE	1	b	Identifikation solcher Anteile der Testfallspezifikation, die das Erstellen wiederverwendbarer Bausteine rechtfertigen
Testrealisierung	TRE	1	c	Erstellung der wiederverwendbaren Bausteine
Testrealisierung	TRE	1	d	Überprüfung der wiederverwendbaren Bausteine
Testrealisierung	TRE	1	e	Umsetzung der Testfallspezifikationen
Testrealisierung	TRE	1	f	Überprüfung der Testfallimplementierung
Testrealisierung	TRE	1	g	Festlegung von abgestimmten Kriterien für die Freigabe der Testfallimplementierung
Testrealisierung	TRE	1	h	Festlegung von abgestimmten Richtlinien für die Freigabe der Testfallimplementierung
Testrealisierung	TRE	1	i	Freigabe der Testfallimplementierung
Testrealisierung	TRE	2		**Ausführen von Testfallimplementierungen**
Testrealisierung	TRE	2	a	Überprüfung der Testanfangskriterien
Testrealisierung	TRE	2	b	Ordnung von Testfällen zu optimierten Abläufen
Testrealisierung	TRE	2	c	Ausführung der Testfälle
Testrealisierung	TRE	2	d	Dokumentation der verwendeten Konfiguration
Testrealisierung	TRE	2	e	Dokumentation der relevanten Daten bei der Testausführung
Testrealisierung	TRE	2	f	Überprüfung der Testendekriterien
Testrealisierung	TRE	3		**Archivieren von Testfallimplementierungen**

Testrealisierung	TRE	3	a	Festlegung von abgestimmten Kriterien, die erfüllt sein müssen, damit Testfallimplementierungen archiviert werden dürfen
Testrealisierung	TRE	3	b	Festlegung von abgestimmte Richtlinien zur Archivierung von Testfallimplementierungen
Testrealisierung	TRE	3	c	Regelmäßige Überprüfung ob Archivierungskriterien für Testfallimplementierungen erfüllt sind
Testrealisierung	TRE	3	d	Regelmäßige Archivierung gemäß der Archivierungsrichtlinie
Testauswertung				
Testauswertung	TAW	1		**Konsolidieren von Testergebnissen**
Testauswertung	TAW	1	a	Festlegung von abgestimmten Richtlinien zur Auswertung von Ergebnissen
Testauswertung	TAW	1	b	Festlegung von Strukturen und Detaillierungsgrad für die Auswertung von Ergebnissen
Testauswertung	TAW	1	c	Untersuchung der Testergebnisse auch auf Fehlerquellen außerhalb des Testobjektes
Testauswertung	TAW	1	d	Aufbereitung der Ergebnisse gemäß der definierten Strukturen und Umfänge
Testauswertung	TAW	1	e	Klärung unklarer Testergebnisse
Testauswertung	TAW	2		**Freigeben von Testergebnissen**
Testauswertung	TAW	2	a	Definition von abgestimmten Richtlinien zur Freigabe von Testergebnissen
Testauswertung	TAW	2	b	Freigabe von Testergebnissen gemäß der Freigaberichtlinie
Testauswertung	TAW	2	c	Definition von abgestimmten Richtlinien zur Kommunikation von Testergebnissen
Testauswertung	TAW	2	d	Verteilung der Testergebnisse gemäß der Kommunikationsrichtlinien
Testauswertung	TAW	3		**Archivieren von Testergebnissen**
Testauswertung	TAW	3	a	Festlegung von abgestimmten Kriterien, die erfüllt sein müssen, damit Testergebnisse archiviert werden dürfen
Testauswertung	TAW	3	b	Festlegung von abgestimmten Richtlinien zur Archivierung von Testergebnissen
Testauswertung	TAW	3	c	Regelmäßige Überprüfung ob Archivierungskriterien für Testergebnisse erfüllt sind
Testauswertung	TAW	3	d	Regelmäßige Archivierung gemäß der Archivierungsrichtlinie

A 6 Überblick Bestandteile und Zusammenspiel der PROVEtech:VL-Softwarekomponenten

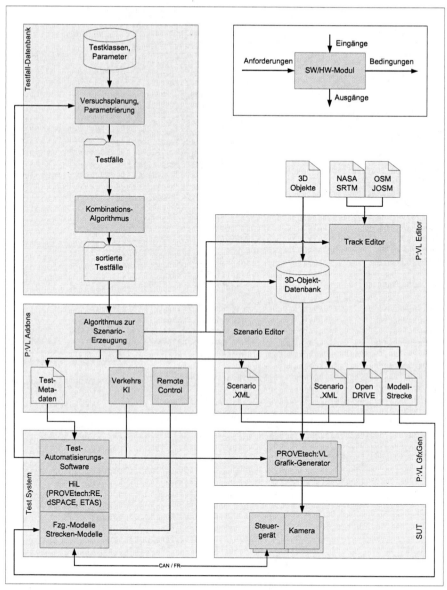

Abbildung 158: Bestandteile und Zusammenspiel der PROVEtech:VL-Softwarekomponenten.

Abbildungsverzeichnis

Abbildung 1: Zunahme der Anzahl an Fahrerassistenzsystemen weltweit [StrA07]. _____ 2
Abbildung 2: Übersicht der Steuergeräte und Datenbusse der Mercedes-Benz C-Klasse (Baureihe 204). _____ 3
Abbildung 3: Beispiele für idealisierte, computergenerierte (links) und reale (rechts) Umgebungen. ___ 9
Abbildung 4: Beispiel-Blockschaltbild eines Steuergeräts [GG06]. _____ 14
Abbildung 5: Technischer Aufbau eines Steuergeräts als rückgekoppeltes System [Mül07]. _____ 14
Abbildung 6: Klassifikation von Assistenzsystemen. _____ 19
Abbildung 7: Überblick und Reichweiten von Fahrerassistenzsystem-Sensoren [Quellen: http://media.daimler.com, http://www.ftronik.de/files/glossar_sensoren3.jpg] _____ 25
Abbildung 8: Überblick über Abstandsensoren [Fle08]. _____ 25
Abbildung 9: CMOS-Bildsensor. _____ 26
Abbildung 10: Kamera-Module von TRW, Omrom [Cos07], und Bosch [Kno05]. _____ 26
Abbildung 11: PMD-Kamera und daruas farbcodiertes Entfernungsbild [Quelle: PMDTechnologies GmbH, RSP09] _____ 28
Abbildung 12: Anzeigen von NIR-(links) und FIR (rechts) Infrarotsystemen [KKKS07]. _____ 28
Abbildung 13: MAN „Lane Guard System": Einbauort der Kamera an der Windschutzscheibe und Darstellung des Erkennungsprinzips [Quelle: MAN, www.man-mn.com]. _____ 30
Abbildung 14: Prinzip der Fahrspurerkennung: a) Kamerabild mit Suchlinien; b) Detailausschnitt; c) Luminanzsignal (hoher Pegel bei heller Fahrspurmarkierung); d) Hochpassfilterung des Luminanzsignals (Spitzen an den Hell-dunkelÜbergängen) [Reif10] _____ 30
Abbildung 15: Ländervarianten von Geschwindigkeitsbeschränkungen: Deutschland (neu und alt), Schweiz, Spanien (neu und alt), Korea, USA. _____ 31
Abbildung 16: Verkehrszeichenerkennung unter verschiedenen Umweltbedingungen. Die Verkehrszeichen in den ersten 5 Bildern wurden korrekt erkannt, im letzten Bild zurückgewiesen [NZG+07]. _____ 31
Abbildung 17: Totwinkelwarnung mit Kameras in den Außenspiegeln von SMR. _____ 32
Abbildung 18: Ergebnis einer 2D/3D-Fusion: 2D-Videobild (links) und Fusionsergebnis mit einer PMD-Kamera (rechts) [Jes07]. _____ 33
Abbildung 19: BMW FIR-Nachtsichtsystem: Kameramodul, Funktionsprinzip mit elektronischem Zoom und schwenkbarem Displayausschnitt, Anzeige [RD05]. _____ 34
Abbildung 20: Spiegelkamera eines 5er BMW (2009) und Umfelderfassung mit 3 Kameras (BMW „Surround View"). _____ 34
Abbildung 21: Umfelderfassende Kameras am Heck des Mercedes-Benz „CapaCity" und Anzeige der Kamerabilder über dem Fahrerarbeitsplatz [Quelle: http://rycon.wordpress.com]. ___ 35
Abbildung 22: 4 am Dach eines Omnibus angebrachte Kameras als Nachrüstlösung (MITO Corporation „AirCam"). _____ 35
Abbildung 23: Mit Kamera- und Radarsensoren wird der komplette Straßenraum überwacht [Beh07]. 37
Abbildung 24: Warnung des Spurhalteassistenten [Quelle: media.daimler.com, Meldung vom 01.06.2010]. _____ 38
Abbildung 25: Entwicklung eines automatischen Notbrems-Systems bei BMW [Quelle: Heise Verlag]_ 39
Abbildung 26: Daimler Baustellenassistent [Quelle: Heise Verlag]. _____ 40
Abbildung 27: Funktionsweise des Continental Ausweich-Assistenten. Schwarz: Ausweich-Manöver ohne, weiß: Ausweich-Manöver mit Assistent [Quelle: Continental AG]. _____ 40
Abbildung 28: Daimler Ausweich-Assistent: Stereokamera und Anzeige im Prototypen-Fahrzeug, Ausweich- und Bremsmanöver [Wüs09]. _____ 41
Abbildung 29: Prinzip des BMW Nothalteassistent [WH10]. _____ 41
Abbildung 30: Skizze zur Funktionsweise von „Magic Body Control", der Serienanwendung von „PREVIEW" [Quelle: http://www.caranddriver.com, September 2010]. _____ 42
Abbildung 31: Kamerasystem im Cockpit des Airbus A380 und Anzeige im Entertainment-System [Quelle links: Süddeutsche Zeitung, rechts: http://www.reflektion.info/2436_280307_1_380-prov_cam-1000.jpg] _____ 43
Abbildung 32: Andock-Assistenzsystem „Aircraft Situation Monitoring and Positioning Segment". ___ 44
Abbildung 33: Assistenzsysteme „Tele Cam" und „Cam Pilot" der Fa. Claas [Quelle: Claas KGaA mbH]. _____ 45

Abbildung 34: V-Modell nach [SL04]. 50
Abbildung 35: PROVEtech:TP5 [SH07]. 56
Abbildung 36: Testen – Begriffe und ihr Zusammenhang nach Spillner 58
Abbildung 37: Der Prozess des modellbasierten statistischen Testens [Esch09]. 62
Abbildung 38: Test-Technologien nach [Har08]. 63
Abbildung 39: Klassische Darstellung eines Simulationssystems. [Quelle: http://www.validate-stuttgart.de/was-ist-validate/]. 64
Abbildung 40: Vereinfachte Darstellung eines HiL-Testsystems [DAMoll11]. 65
Abbildung 41: Zusammenhang der Schritte und Dokumente beim Softwaretest, nach IEEE 829. 67
Abbildung 42: Beispiel für einen Scheinwerfer-Testfall in TPT-Notation [BK06]. 68
Abbildung 43: Testfälle für Features, Funktionen und Testtiefe [SM10]. 69
Abbildung 44: Beispiele für Bending-Knee-Regionen. 71
Abbildung 45: Beispiel für einen Use Case im Bereich der Mobilkommunikation [Quelle: http://de.wikipedia.org/wiki/Anwendungsfall, User „Gubaer"]. 71
Abbildung 46: Beispiele für reale und computergenerierte Bilder [DASchü10]. 73
Abbildung 47: Einzelschritte einer Computergrafik-Pipeline [DASchü10]. 74
Abbildung 48: Editor und Darstellung des Szenarios für einen Fahrsimulator [DB06]. 74
Abbildung 49: Oberflächenmodellierung von 3D-Modellen [Quelle chromesphere.com]. 75
Abbildung 50: Back Face Culling, View Frustrum Culling, Occlusion Culling. Die rot markierten Flächen werden in der Bildberechnung nicht berücksichtigt [BAWagn11]. 75
Abbildung 51: Beispiele für Dynamikumfänge [Kuh07]. 77
Abbildung 52: Beispiel-Szenen mit Echtzeit-Lichteffekten einer modernen 3D-Grafik-Engine (CryENGINE3) [Quelle: Crytek GmbH, www.crytek.com]. 78
Abbildung 53: Stufen der Bildverarbeitung [Reif10]. 80
Abbildung 54: Zusammenhänge 1. und 2. Ordnung zwischen einem Parameter (bzw. Faktor) und dem Ergebnis (oder Zielgröße). Bei w=2 könnten unter der Annahme eines linearen Zusammenhangs falsche Rückschlüsse auf die Auswirkung des Faktors gezogen werden. 83
Abbildung 55: Darstellung der simulierten Straße für Spurwechseltests [ISO 26022]. 96
Abbildung 56: Vergleich verschiedener NCAP Tests [Quelle: carhs gmbh]. 97
Abbildung 57: Virtual Reality in der Entwicklung bei Daimler [Quelle: Daimler AG]. 98
Abbildung 58: Algorithmen-Test in einer „3D Simulation Debugging Scene" (links) [LCXL08]. 99
Abbildung 59: Algorithmentests [DAFend09] 100
Abbildung 60: Objektmarkierung in aufgezeichneten Datenströmen [EKK+08]. 101
Abbildung 61: Visualisierung eines HiL-Fahrdynamiktests (ABS) [SV99] 102
Abbildung 62: „VeHIL" mit dem Vehicle-under-Test (links) und einer Darstellung des Prinzips der relativen Bewegungen bei einem Fahrmanöver (rechts) [HTPB+10]. 102
Abbildung 63: „VeHIL" mit echten (Roboter-) Fahrzeugen und Rollenprüfstand [PHS08]. 103
Abbildung 64: Fahrsimulator der Northeastern University, Boston zum Fahrertraining in Gefahrensituationen. 103
Abbildung 65: Dynamischer Fahrsimulator der BMW Group, Zentrum für Fahrsimulation und Bediensicherheit, verwendet zum Test der Benutzerfreundlichkeit des Bedienkonzepts iDrive. [Quelle: Pressemitteilung der BMW AG vom 31.10.2008]. 104
Abbildung 66: Dynamischer Fahrsimulator der TU München. 104
Abbildung 67: FKFS-Fahrsimulator, Projekt VALIDATE. [Quelle: http://www.validate-stuttgart.de/was-ist-validate/, http://www.validate-stuttgart.de/deutsch/projekte/visualisierung/] 104
Abbildung 68: FKFS-Fahrbahnmodell, Projekt VALIDATE [Quelle: http://www.validate-stuttgart.de/deutsch/projekte/fahrbahn/]. 105
Abbildung 69: „Testfeld Deutschland" für Tests im Rahmen des sim^{TD}-Projekts. [Quelle: http://www.simtd.de]. 107
Abbildung 70: Testfahrzeug EVITA der TU Darmstadt für Notbrems- und Auffahrwarnsysteme [Quelle: Unfallforschung der Versicherer GDV], Testsystem „b.rabbit" von Audi [MG09]. 108
Abbildung 71: Test von Assistenzsysytemen bei Continental, Active-Safety-Testcenter von Autoliv. 108
Abbildung 72: Daimler „Automated Driving" [Quelle: http://media.daimler.com 07.05.2010]. 109
Abbildung 73: Familie der „Full Body Pedestrian Dummy" Modelle [KFS07]. 109
Abbildung 74: Visualisation-Cluster des HLRS für den FKFS-Fahrsimulator [Nie06]. 110
Abbildung 75: Licht- und Schattenberechnung mit der CryENGINE 3 [Quelle: Crytek GmbH]. 111
Abbildung 76: Editor und Visualisierung des „SILAB" Fahrsimulators [http://www.wivw.de]. 112

Abbildung 77: Szenario Editor für ein Kurvenwarnungssystem [Rei08]. _____ 112
Abbildung 78: Oktal SCANeR Studio: Komponenten, Fahrsimulator-Aufbau, grafische Darstellung [Quelle: http://www.oktal.fr]. _____ 113
Abbildung 79: Beispiele für Tests mit SCANeR [http://www.scanersimulation.com] _____ 113
Abbildung 80: Verkehrssituationen in „IPG CarMaker" der Firma IPG [SHLK08]. _____ 114
Abbildung 81: TESIS DYNAanimation [Quellen: http://dynaware.tesis.de9, ATZ online Nachricht vom 18.06.2010, http://www.atzonline.de/index.php;do=show/alloc=1/id=11934] _____ 114
Abbildung 82: TESIS Fahrerassistenzsystem-Prüfstand bei BMW: Straßeneditor, Hardware-Aufbau, visuelle Stimulation [http://tesis-dynaware.com]. _____ 115
Abbildung 83: Bestandteile und Workflow von TNO PreScan [http://www.tass-safe.com]. _____ 115
Abbildung 84: Vires Editor „ROD" und Darstellung durch v-IG [http://www.vires.com]. _____ 116
Abbildung 85: AUDI „Vehicle in the Loop": links Fahrer mit Videobrille, rechts Augmented-Reality-Darstellung [BMMM08]. _____ 117
Abbildung 86: Darstellung in dSPACE MotionDesk. _____ 117
Abbildung 87: Gerenderte Szene, Fußgängergenerator und Beispiel-Fußgänger in SiVIC [BGFB10] 118
Abbildung 88: blueberry3D von Bionatics. _____ 118
Abbildung 89: Aufbau des RWTH-Aachen Fahrsimulators „Niobe" und Darstellung der virtuellen Welt [BC06]. _____ 119
Abbildung 90: Daimler Fahrsimulator [Zeit10e]. _____ 119
Abbildung 91: Daimler Fahrsimulator Assistenzsysteme [Quelle linkes Bild: Daimler AG: RD Inside. Stuttgart, Juli 2009. Quelle rechtes Bild: http://blog.mercedes-benz-passion.com, Meldung vom 20.06.2010]. _____ 120
Abbildung 92: 3D-Modell eines Tankflugzeugs zum Testen einer automatischen Luftbetankung [CNF09]. _____ 121
Abbildung 93: Szenario-Grundelemente für ein PreCrash-Assistenzsystem [PHS08]. _____ 123
Abbildung 94: Beispiele für Test-Szenarien [Lese09]. _____ 125
Abbildung 95: Hierarchie der Abstraktionsebenen (vgl. auch [Balz96]). _____ 133
Abbildung 96: Überblick Rahmenkonzept, Teilkonzepte. _____ 134
Abbildung 97: Use Cases für die Benutzung eines VL-Testsystems _____ 143
Abbildung 98: links: linsenabhängiger Reflexions-Effekt, rechts: „Sonnenstrahlen" durch Schatten im Dunst. _____ 145
Abbildung 99: links: HiL-System, rechts: zusätzliche Visual Loop (VL) Komponente. _____ 147
Abbildung 100: OpenDRIVE-Beispiele für Fahrspuren und Kreuzungen [XODR10]. _____ 152
Abbildung 101: Worst Case des Versatzes zwischen Kamera- und Monitorpixeln. _____ 155
Abbildung 102: Beispiel für unzureichende Auflösung: derselbe Stern wird durch ein leicht verschobenes Teleskop in sehr unterschiedlichen Formen dargestellt [Quelle: Wallis, Provin]. _____ 155
Abbildung 103: Maximaler Versatz bei 3x3 Monitorpixel pro Kamerapixel. _____ 156
Abbildung 104: Zusammenhang zwischen VL-Testsystem, VL-Komponente und den einzelnen Editoren innerhalb des VL-Editors. _____ 158
Abbildung 105: Beispiele für Level Editoren (dt.: Karteneditor) in Computerspielen [Quelle: Wikipedia]. _____ 159
Abbildung 106: Beispiel-Ausschnitt der freien Weltkarte OpenStreetMap in Sindelfingen. _____ 160
Abbildung 107: Beispiele für den bei Staats- bzw. Bundesstraßen üblichen Regelquerschnitt RQ 9,5 [Quelle: Wikipedia]. _____ 162
Abbildung 108: Ausschnitt aus der Abbildung „A.1 – Highway Roadmarking" von [ISO 17361]. _____ 163
Abbildung 109: Straße mit Verschmutzungsüberlagerungen: links Laub, rechts Schnee. _____ 163
Abbildung 110: Terrain-Höhen und –Texturen [Quelle: Unity 3D]. _____ 164
Abbildung 111: Terrain-Texturen für Lehm-, Gras- und Gesteinsboden sowie Pflastersteine. _____ 166
Abbildung 112: Beispiel für eine Heightmap und deren Darstellung als Gelände [Quelle: Wikipedia]. 166
Abbildung 113: Der realen Welt nachempfundene „unansehnliche" Szene. _____ 167
Abbildung 114: Haus-Textur ohne und mit Verschmutzungs-Überlagerung. _____ 168
Abbildung 115: Beispiel für Bäume und ein „Blattelement" sowie helligkeitscodierte Stärke der Bewegung der Blattelemente eines Baumes abhängig von der Entfernung zu seinem Mittelpunkt. _____ 169
Abbildung 116: Haus-Objekt sowie dessen Color Map, Light / Dirt Map, Reflection / Illumination Map und die Color Map der Bodenplatte. _____ 170
Abbildung 117: Nächtliche Szene mit zwei Straßenlaternen unterschiedlicher Farbe und Öffnungswinkel (bei gleicher Lichtintensität). _____ 171
Abbildung 118: Verkehrszeichen mit verschiedenen Verschmutzungsausprägungen. _____ 172

Abbildung 119: Bewegungs-, Rotations- und Skalierungs-Gizmo [Quelle: Autodesk] _____ 173
Abbildung 120: Mögliche Ansichten beim Erstellen eines Testfalls. _____ 175
Abbildung 121: Regelschleife eines VL-Testsystems.. _____ 176
Abbildung 122: Grafik-Effekte für Licht und Schatten (links) sowie Dunst [Quelle: Crytek GmbH]. _ 180
Abbildung 123: Beispiel-Szene und Reflexion an der rechten Seitenscheibe des Fahrzeugs. _____ 181
Abbildung 124: Situationen und Elemente der realen Welt [Quelle: Daimler AG, Microsoft]. _____ 185
Abbildung 125: Vier Zonen eines Testfalls. _____ 188
Abbildung 126: Testklasse des TESTE-Schemas. _____ 190
Abbildung 127: Zweidimensionale Testfall-Generierung. _____ 193
Abbildung 128: Drei Möglichkeiten zur Anordnung von Testfällen in einem Szenario. _____ 200
Abbildung 129: Anordnung der Testfall-Kacheln auf dem Terrain. _____ 200
Abbildung 130: Aorta-System der Szenario-Generierung. _____ 201
Abbildung 131: Automatisch generierter Testfall mit Testfall-Kacheln. Die unten dargestellte Linkskurve entspricht der Linkskurve in der oben dargestellten linken Kachel. _____ 202
Abbildung 132: Grafik Generator in VL-Editor eingebettet und über die Netzwerkschnittstelle verbunden. _____ 206
Abbildung 133: Ansatz einer computergenerierten aber möglichst realitätsnahen Darstellung als Annäherung an reale Darstellungen (vgl. Abbildung 3). _____ 208
Abbildung 134: Straßenszene und Stereodarstellung (rechts). _____ 208
Abbildung 135: Beispiel-Szenario mit Überblicksansicht. _____ 209
Abbildung 136: VL-Editor. _____ 210
Abbildung 137: Bayrischzell in Google Earth, OpenDRIVE und VL-Editor. _____ 210
Abbildung 138: Manuelle Geländebearbeitung im VL-Editor. _____ 211
Abbildung 139: Elemente der Objektbibliothek _____ 211
Abbildung 140: Elemente der Objektbibliothek im Detail. _____ 212
Abbildung 141: OpenStreetMap-Rohdaten und Anzeige der Straßeninformationen im VL-Editor. _____ 213
Abbildung 142: VL-Projekt-Szenariobeschreibung. _____ 214
Abbildung 143: Messung der Signallaufzeit durch die „Visual Loop". _____ 215
Abbildung 144: Submodelle-Aufbau mit Beispieltabellen. _____ 217
Abbildung 145: Vier Kurvenverläufe mit definierten Anschlussstellen innerhalb von Aorta-Ringstraßen. _____ 218
Abbildung 146: Bereiche am Straßenrand für die Terraintexturierung und das Platzieren von Objekten. _____ 219
Abbildung 147: Testfall-Metainformationen. _____ 219
Abbildung 148: Fahrspurverlassenswarner „F-A-S 100" [Quelle: http://www.alan-electronics.de]. _ 220
Abbildung 149: Aufbau des LDW-Testsystems, für Vorführungszwecke mit Modellfahrzeug. _____ 220
Abbildung 150: Kameraaufbau [WWS10]. _____ 223
Abbildung 151: Terrain und Autobahnkreuz sowie Objekte am Straßenrand der A81. _____ 223
Abbildung 152: Vergleich reale Umgebung (lins) und nachgestellte computergenerierte Szene (rechts). _____ 229
Abbildung 153: Radar-Modul von TRW [Cos07]. _____ 236
Abbildung 154: Arbeitsprinzip der Umfeldsensoren Radar, Lidar, Kamera [DN00]. _____ 237
Abbildung 155: Überblick über die Norm ISO/DIS 26262. _____ 238
Abbildung 156: Referenz-Phasenmodell der Software-Entwicklung nach ISO/DIS 26262-6. _____ 239
Abbildung 157: V-Modell [Hut06] _____ 239
Abbildung 158: Bestandteile und Zusammenspiel der PROVEtech:VL-Softwarekomponenten. _____ 244

Literaturverzeichnis

ADES05	Andreoli, Roberto; De Chiara, Rosario; Erra, Ugo; Scarano, Vittorio: Interactive 3D Environments by using videogame engines. Proceedings of the Ninth International Conference on Information Visualisation (IV), 2005.
AFP10	Amsel, Christian; Florissen, Georg; Pietzonka, Steffen: Die nächste Generation lichtbasierter Fahrerassistenzsysteme. ATZ 10/2010.
AFPB10	Ahrens, D.; Frey, A.; Pfeiffer, A.; Bertram, T.: Entwicklung eines objektiven Bewertungsverfahrens für Softwarearchitekturen im Bereich Fahrerassistenz. Software Engineering 2010, Gesellschaft für Informatik, Paderborn, Februar 2010.
AML+10	Anderson, Eike; McLoughlin, Leigh; Liarokapis, Fotis; Peters, Christopher; Petridis, Panagiotis; de Freitas, Sara: Developing serious games for cultural heritage: a state-of-the-art review. Virtual Reality, Vol. 14, Iss. 4, Dez. 2010.
And08	Andersen, Richard A.: How We See. IEEE A&E Systems Magazine, August 2008
Ant03	Antony, Jiju: Design of experiments for engineers and scientists. Butterworth-Heinemann, Oxford, 2003.
AR66	Ackley, Robert A.; Rogers, Stanley: A manned systems simulator for design and research. Supplement to IEEE Transactions on Aerospace and Electronic Systems, Juli 1966.
Balz96	Balzert, Helmut: Lehrbuch der Software-Technik – Software-Entwicklung. Spektrum Akademischer Verlag, Heidelberg, 1996.
Balz98	Balzert, Helmut: Lehrbuch der Software-Technik – Software-Management, Software-Qualitätssicherung, Unternehmensmodellierung. Spektrum Akademischer Verlag, Heidelberg, 1998.
Bäro08	Bäro, Thomas: Analyse und Bewertung des Test-Prozesses von Automobilsteuergeräten. Dissertation, Universität Karlsruhe, 2008.
Bast01	Bundesanstalt für Straßenwesen: Sicherheitsanalyse der Systeme zum Automatischen Fahren. Bericht zum Forschungsprojekt 82.081/1995, Berichte der Bundesanstalt für Straßenwesen, Fahrzeugtechnik, Heft F 35, Wirtschaftsverlag, Bremerhaven, 2001.
Bast06	Bundesanstalt für Straßenwesen: Ableitung von Anforderungen an Fahrerassistenzsysteme aus Sicht der Verkehrssicherheit. Bericht zum Forschungsprojekt 82.214/2001, Berichte der Bundesanstalt für Straßenwesen, Fahrzeugtechnik, Heft F 60, Wirtschaftsverlag, Bremerhaven, 2006.
Bau03	Baumann, Gerd: Werkzeuggestützte Echtzeit-Fahrsimulation mit EInbindung vernetzter Elektronik. Dissertation, Universität Stuttgart, 2003.
Bau09	Bauer, Thomas: Combining combinatorial and model-based test approaches for highly configurable safety-critical systems. Workshop Digitale Nutzfahrzeugtechnologie DNT der Science Alliance Kaiserslautern, 20.05.2009.
BB06	Bender, Michael; Brill, Manfred: Computergrafik. 2. Auflage, Carl Hanser Verlag, München, 2006.
BBBE+07	Bauer, Thomas; Beletski, Taras; Böhr, Frank; Eschbach, Robert; Landmann, Dennis; Poore, Jesse: From Requirements to Statistical Testing of Embedded Systems. IEEE Computer Society, 29th International Conference on Software Engineering Workshops (ICSEW'07), 2007.
BBMG07	Bellet, Thierry; Bailly, Béatrice; Mayenobe, Pierry; Georgeon, Oliver: Cognitive Modelling and Computational Simulation of Drivers Mental Activities. In: Cacciabue, Carlo P. (Hrsg.): Modelling Driver Behaviour in Automotive Environments. Springer-Verlag, London, 2007.
BC05	Benmimoun, Ahmed; Christen, Frederic: Integrierte Fahr- und Verkehrssimulation zur Entwicklung von Fahrerassistenzsystemen. Princess Interactive Technology-Conference 2005.

Literaturverzeichnis

BC06	Benmimoun, Ahmed; Christen, Frederic: Das Verkehrsflusssimulationsprogramm PELOPS zur Entwicklung und Auslegung von Fahrerassistenzsystemen. RWTH Themenheft, Aachen, Mai 2006.
BDS07	Bender, Eva; Darms, Michael; Schorn, Matthias; Stählin, Ulrich; Isermann, Rolf; Winner, Herrmann; Landau, Kurt: Antikollisionssystem Proreta – Auf dem Weg zum unfallvermeidenden Fahrzeug. Automobiltechnische Zeitschrift ATZ 04/2007 und ATZ 05/2007, Jahrgang 109, 2007.
Beh07	von Behr, Diederich: Sensorfusion als strategischer Ansatz für Sicherheits- und Assistenzsysteme. ATZ elektronik 03/2007.
Berger05	Roland Berger strategy consultants GmbH: How to master the electronics challenge? - A Roland Berger trend study on in-vehicle electronics. München, 2005.
BEWF+98	Bishop, Lars; Eberly, Dave; Whitted, Turner; Finch, Mark; Shantz, Michael: Designing a PC Game Engine. IEEE Computer Graphics and Applications, January/February 1998.
BF09	Bojda, Petr; Frantig, Petr: Multipurpose Visualization System. IEEE A&E Systems Magazine, April 2009.
BFH08	Barltrop, K.J.; Friberg, K.H.; Horvath, G.A.: Automated Generation and Assessment of Autonomous Systems Test Cases. IEEE Aerospace Conference 2008, März 2008.
BFP09	Badino, Hernán; Franke, Uwe; Pfeiffer, David: The Stixel World – A Compact Medium Level Representation of the 3D-World. Proceedings of the 31st DAGM Symposium on Pattern Recognition, Jena, 2009.
BGFB10	Bossu, Jérémie; Gruyer, Dominique; Smal, Jean Christophe; Blosseville, Jean Marc: Validation and Benchmarking for Pedestrian Video Detection based on a Sensors Simulation Platform. 2010 IEEE Intelligent Vehicles Symposium, San Diego, June 2010.
Bil05	Bildstein, Frank: 3D City Models for Simulation & Training. Workshop Next Generation City Models, Bonn, http://www.ikg.uni-bonn.de/fileadmin/nextgen3dcity/pdf/ NextGen3DCity2005_Bildstein.pdf, 21.-22. Juni 2005.
BK06	Bringmann, Eckard; Krämer, Andreas: Systematic Testing of the Continuous Behavior of Automotive Systems. ACM 3rd International Workshop on Software Engineering for Automotive Systems (SEAS), Shanghai, 2006.
BK08	Bringmann, Eckard; Krämer, Andreas: Model-based Testing of Automotive Systems. IEEE International Conference on Software Testing, Verification, and Validation, 2008.
BKPS07	Broy, Manfred; Kruger, Ingolf H.; Pretschner, Alexander; Salzmann, Christian: Engineering Automotive Software. Proceedings of the IEEE, Volume 95, Issue 2, Feb. 2007.
BKVR+09	Biddlestone, Scott; Kurt, Arda; Vernier, Michael; Redmill, Keith; Özgüner, Ümit: An Indoor Intelligent Transportation Testbed for Urban Traffic Scenarios. Proceedings of the 12th International IEEE Conference on Intelligent Transportation Systems, St. Louis, MO, USA, October 3-7, 2009.
BM10	Bath, Graham; McKay, Judy: Praxiswissen Softwaretest – Test Analyst und Technical Test Analyst. dpunkt.verlag, Heidelberg, 2010.
BMMM08	Bock, Thomas; Maurer, Markus; van Meel, Franciscus; Müller, Thomas: Vehicle in the Loop – Ein innovativer Ansatz zur Kopplung virtueller mit realer Erprobung. Automobiltechnische Zeitschrift ATZ 01/2008, Jahrgang 110, 2008.
BNM08	Biswal, Baikuntha Narayan; Nanda, Pragyan; Mohapatra, Durga Prasad: A Novel Approach for Scenario-Based Test Case Generation. IEEE International Conference on Information Technology, 2008.
Bock09	Bock, Thomas: Bewertung von Fahrerassistenzsystemen mittels der Vehicle in the Loop-Simulation. In: Winner, Herrmann; Hakuli, Stephan; Wolf, Gabriele (Hrsg.): Handbuch Fahrerassistenzsysteme. Vieweg+Teubner, Wiesbaden, 2009.
Born08	Borngräber, Kati: Ein Schwachpunkt namens Fahrer – Grenzen von Sicherheitssystemen. Spiegel Online, http://www.spiegel.de/auto/aktuell/0,1518,590196,00.html, 16.11.2008.

Literaturverzeichnis

Bra09 — Brandt, Thorsten: Virtuelle Testfahrt – Fahrsimulator-Konzept schließt Lücke zwischen Simulation und realen Versuchen mit Prototypen. AutomobilKONSTRUKTION, 4/2009.

Bre09 — Breuer, Jörg: Bewertungsverfahren von Fahrerassistenzsystemen. In: Winner, Herrmann; Hakuli, Stephan; Wolf, Gabriele (Hrsg.): Handbuch Fahrerassistenzsysteme. Vieweg+Teubner, Wiesbaden, 2009.

BRZ03 — Benson, E. R.; Reid, J. F.; Zhang, Q.: Machine Vision-based Guidance System for Agricultural Grain Harvesters using Cut-edge Detection. Biosystems Engineering, Volume 86, Issue 4, December 2003.

BS89 — Brown, W. M.; Swonger, C. W.: A Prospectus for Automatic Target Recognition. IEEE Transactions on Aerospace and Electronic Systems, Vol. 25, No. 3, Mai 1989.

Butt10 — Butting, Björn: Der Einsatz der Hardware-in-the-Loop-Technologie in Virtuellen Test Centern – Ein neuer technologischer Ansatz für den Test von Automobilelektronik. Dissertation, Universität Karlsruhe (TH), Shaker Verlag, Aachen, 2010.

Car07 — Carsten, Oliver: From Driver Models to Modelling the Driver: What Do We Really Need to Know About the Driver? In: Cacciabue, Carlo P. (Hrsg.): Modelling Driver Behaviour in Automotive Environments. Springer-Verlag, London, 2007.

Carr95 — Carroll, John M.: Scenario-Based Design – Envisioning Work and Technology in System Development. Verlag John Wiley & Sons, 2005.

CDF07 — Chen, Jian; Deutschle, Stefan; Fuerstenberg, Kay: Evaluation Methods and Results of the INTERSAFE Intersection Assistants. Proceedings of the 2007 IEEE Intelligent Vehicles Symposium, Juni 2007.

CFGK05 — Conrad, Mirko; Fey, Ines; Grochtmann, Matthias; Klein, Torsten: Modellbasierte Entwicklung eingebetteter Fahrzeugsoftware bei DaimlerChrysler. Informatik - Forschung und Entwicklung, Vol. 20, Nr. 3-10, 2005.

Cha09 — Charette, Robert N.: This Car Runs on Code. IEEE Spectrum Online, http://www.spectrum.ieee.org, Ausgabe Februar 2009.

Chr08 — Christoffel, Jörg: Simulation macht komplexe Systeme testbar. ATZ, 1/2008.

CLRS07 — Cormen, Thomas H.; Leiserson, Charles E.; Rivest, Ronald L.; Stein, Clifford: Algorithmen – Eine Einführung. Oldenbourg Verlag, München, 2. Auflage, 2007.

CMBG07 — Craighead, Jeff; Murphy, Robin; Burke, Jenny; Goldiez, Brian: A Survey of Commercial & Open Source Unmanned Vehicle Simulators. IEEE International Conference on Robotics and Automation, Rom, April 2007.

CMS97 — Chatterji, G. B.; Menon, P. K.; Sridhar, B.: GPS/Machine Vision Navigation System for Aircraft. IEEE Transactions on Aerospace and Electronic Systems, Vol. 33, No. 3, Juli 1997.

CN05 — Cheah, Thomas C. S.; Ng, Kok-Why: A Practical Implementation of a 3-D Game Engine. Proceedings of the Computer Graphics, Imaging and Vision: New Trends (CGIV), 2005.

CNF09 — Campa, Giampiero; Napolitano, Marcello R.; Fravolini, Mario L: Simulation Environment for Machine Vision Based Aerial Refueling for UAVs. IEEE Transactions on Aerospace and Electronic Systems, Vol. 45, No. 1, Januar 2009.

Cobb98 — Cobb, George W.: Introduction to Design and Analysis of Experiments. Springer-Verlag, New-York, 1998.

Cos07 — Costlow, Terry: Radar and cameras will work together to help drivers avoid accidents. Automotive engineering international aei, April 2007.

CW07 — Canzler, Ulrich; Wiratanaya, Andreas: Den Fahrer im Visier. Elektronik automotive, 8 / 2007.

DAI08 — Daimler AG: Die Hüter der Software – Fehlersuche und Qualitätssicherung im Softwarelabor der Daimler-Forschung. Daimler HighTechReport, 1/2008.

DAI09 — Daimler AG: Milestones in Driving Safety – The Vision of Accident-free Driving. Broschüre, 2009.

DB06	Dresia, Heinz; Bildstein, Frank: Simulation und virtuelle Welten — IT-Technologien der Zukunft, In: Dietrich, Lothar; Schirra, Wolfgang: Innovationen durch IT – Erfolgsbeispiele aus der Praxis. Springer Verlag, Berlin Heidelberg, 2006.
Dick05	Dickmann, Ernst Dieter: Vision – Von Assistenz zum Autonomen Fahren. In: Maurer, Markus; Stiller, Christoph (Hrsg.): Fahrerassistenzsysteme mit maschineller Wahrnehmung. Springer Verlag, Berlin Heidelberg, 2005.
DKK05	Dietmayer, Klaus; Kirchner, Alexander; Kämpchen, Nico: Fusionsarchitekturen zur Umfeldwahrnehmung für zukünftige Fahrerassistenzsysteme. In: Maurer, Markus; Stiller, Christoph (Hrsg.): Fahrerassistenzsysteme mit maschineller Wahrnehmung. Springer Verlag, Berlin Heidelberg, 2005.
DN00	Domsch, Christian; Neunzig, Dirk: Werkzeuge und Testverfahren zur Entwicklung und Analyse von ACC-Systemen. 9. Aachener Kolloquium Fahrzeug- und Motorentechnik, 2000.
DN08	Domsch, Christian; Negele, Herbert: Einsatz von Referenzfahrsituationen bei der Entwicklung von Fahrerassistenzsystemen. Tagung aktive Sicherheit durch Fahrerassistenz, München, 2008.
DNW10	Dupuis, Marius; von Neumann-Cosel, Kilian; Weiss, Christian: Virtual Test Drive – Vereinheitlichung der Simulationsumgebung für SiL-, HiL-, DiL- und ViL-Tests bei der Entwicklung von Fahrerassistenz- und aktiven Sicherheitssystemen. FKFS AutoTest 2010, Stuttgart, Okt. 2010.
Döl08	Dölle, Mirko: Straßenmeister - Straßendaten erfassen und eigene Karten herstellen mit OpenStreetMap. c't Magazin für Computertechnik, Heise Verlag, 19/2008.
DSG10	Dupuis, Marius; Strobl, Martin; Grezlikowski, Hans: OpenDRIVE 2010 and Beyond – Status and Future of the De Facto Standard for the Description of Road Networks. Driving Simulator Conference (DSP), Paris, 2010.
Dsp09	dSPACE GmbH: Test gut, alles gut. dSPACE Magazin 1/2009, März 2009.
DVR06	Deutscher Verkehrssicherheitsrat e. V. (DVR): Fahrerassistenzsysteme – Innovationen im Dienste der Sicherheit. Schriftenreihe Verkehrssicherheit. Dokumentation des 12. DVR Forums Sicherheit und Mobilität, München 21.09.2006.
EA10	Elektronik Automotive: Zukunftsweisende Kooperationen. Elektronik Automotive, 4/5 2010.
Ebe07	Eberhardt, Bernhard; Hahn, Jens-Uwe: Computergrafik und Virtual Reality. In: Schmitz, Roland (Hrsg.): Kompendium Medieninformatik. Springer-Verlag, Berlin Heidelberg, 2007.
ECE 46	ECE Regelung Nr. 46: Einheitliche Bedingungen für die Genehmigung von Rückspiegeln und die Anbringung von Rückspiegeln an Kraftfahrzeugen. Revision 2, 2005.
EG 661/2009	Verordnung (EG) 661/2009 des Europäischen Parlaments und des Rates vom 13. Juli 2009 über die Typgenehmigung von Kraftfahrzeugen, Kraftfahrzeuganhängern und von Systemen, Bauteilen und selbstständigen technischen Einheiten für diese Fahrzeuge hinsichtlich ihrer allgemeinen Sicherheit. 2009.
EGZ09	Entin, Vladimir; Ganslmeier, Thomas; Zawicki, Krystian: Formale und formatunabhängige Fahrszenarienbeschreibung für automatisierte Testvorgänge im Bereich der Entwicklung von Fahrer-Assistenzsystemen. In: Fischer, Stefan; Maehle, Erik; Reischuk, Rüdiger (Hrsg.): Informatik 2009 – Im Focus das Leben. GI-Edition, Lecture Notes in Informatics, Proceedings der 39. Jahrestagung der Gesellschaft für Informatik e. V. (GI), Lübeck, 28.09.-02.10.2009.
EH07	Eberhardt, Bernhard; Hahn, Jens-Uwe: Computergrafik und Virtual Reality. In: Schmidt, Roland (Hrsg.): Kompendium Medieninformatik, Springer Verlag Berlin Heidelberg, 2007.
EKK+08	Eisenknappl, Lorenz; Kagerer, Walter; Koppe, Harald; Lamprecht, Martin; Meske, Alexander; Kless, Alfred: Fahrerassistenzsysteme optimieren. Hanser automotive, 9/2008.
EnBr10	Encyclopædia Britannica: Robot. In: Encyclopædia Britannica Online. <http://www.britannica.com/EBchecked/topic/505818/robot>, Onlineressource vom 25.08.2010.
Esch09	Eschbach, Robert: Model-Based Statistical Testing. Workshop Digitale Nutzfahrzeugtechnologie DNT der Science Alliance Kaiserslautern, 20.05.2009.

Literaturverzeichnis

EuE08	E&E Select Automotive: Mehr Sicherheit und weniger Unfälle durch Fahrerassistenzsysteme. E&E Select Automotive, www.EuE24.net, 1/2008.
FDFH97	Foley, James D.; van Dam, Andries; Feiner, Steven K.; Hughes, John F.: Computer Graphics – Principles and Practice in C. 2. Auflage, Addison-Wesley, 1997.
FFLS08	Fabbrini, Fabrizio; Fusani, Mario; Lami, Giuseppe; Sivera, Edoardo: Software Engineering in the European Automotive Industry – Achievements and Challenger. Annual IEEE International Computer Software and Applications Conference, 2008.
FHW08	Friese, Karl-Ingo; Herrlich, marc; Wolter, Franz-Erich: Using Game Engines for Visualization in Scientific Applications. In: Ciancarini, Paolo, Nakatsu, Ryohei; Rauterberg, Matthias; Roccetti, Marco (Hrsg.): New Frontiers for Entertainment Computing. Springer Verlag, Boston, 2008.
Fle08	Fleming, William J.: New Automotive Sensors – A Review. IEEE Sensors Journal, Vol. 8, No. 11, November 2008.
FLGZ05	Fletcher, Luke; Loy, Gareth; Barnes, Nick; Zelinsky, Alexander: Correlating driver gaze with the road scene for driver assistance systems. Robotics and Autonomous Systems, vol. 52, no. 1, July 2005.
FLHE+09	Friedrich, Andreas; Lindau, Joachim; Heinrich, Jörg; Ebner, Andreas; Haug, Ralf; Schmidt, Michael: Erprobung und Abstimmung. ATZextra Mercedes-Benz E-Klasse, Januar 2009.
FRG07	Franke, Uwe; Rabe, Clemens; Gehrig, Stefan: Kollisionsvermeidung durch raum-zeitliche Bildanalyse. it – Information Technology, 1 / 2007.
Fuc11	Fuchs, Sebastian: Eine Modellierungssprache für das Erfassen, Generieren und Optimieren von Systemkonfigurationen am Beispiel von Hardware-in-the-Loop Prüfständen. Dissertation, Universität Karlsruhe, 2011.
FZ03	Früh, Christian; Zakhor, Avideh: Constructing 3D City Models by Merging Aerial and Ground Views. IEEE Computer Graphics and Applications, November/December 2003.
Gay05	Gayko, Jens: Evaluierung eines Spurhalteassistenten für das „Honda Intelligent Driver Support System". In: Maurer, Markus; Stiller, Christoph (Hrsg.): Fahrerassistenzsysteme mit maschineller Wahrnehmung. Springer Verlag, Berlin Heidelberg, 2005.
GDK08	Gwehenberger, Johann; Daschner, Dieter; Kubitzki, Jörg: Chancen und Risiken mit Fahrerassistenzsystemen – Aktuelle Erkenntnisse der AZT Unfallforschung. Tagung aktive Sicherheit durch Fahrerassistenz, München, 2008.
GG06	Gevatter, Hans-Jürgen; Grünhaupt, Ulrich: Handbuch der Mess- und Automatisierungstechnik im Automobil. 2. Auflage, Springer, Berlin, 2006.
GHCC07	Gaskell, Robert; Husman, Laura Ekroot; Collier, James B.; Chen, Richard L.: Synthetic Environments for Simulated Missions. IEEE A&E Systems Magazine, Juli 2007.
GI	Gesellschaft für Informatik e. V.: Informatiklexikon. http://www.gi-ev.de/service/informatiklexikon.html oder http://www.informatikbegriffsnetz.de (Onlineressource 27.10.2009)
Gle07	Gleich, Clemens: Auto-Pilot – Wie der Computer Autofahren lernt. heise Autos, Heise Verlag, http://www.heise.de/autos/artikel/s/print/3869, Onlineressource vom 04.05.2010, 16.05.2007.
GLSG10	Gerónimo, David; López, Antonio M.; Sappa, Angel D.; Graf, Thorsten: Survey of Pedestrian Detection for Advanced Driver Assistance Systems. IEEE Transactions on Pattern Analysis and Machine Intelligence, Vol. 32, No. 7, July 2010.
GNC+10	Griffon, Sebastien; Nespoulous, Amélie; Cheylan, Jean-Paul; Marty, Pascal; Auclair, Daniel: Virtual reality for cultural landscape visualization. Virtual Reality, April 2010.
Gra10	Grau, Oliver: Spielend entwickeln – Unity 3D: Game Engine mit Authoring-Software. iX – Magazin für professionelle Informationstechnik, Heise Zeitschriften Verlag, 2/2010.
Gri05	Grimm, Klaus: Software-Technologie im Automobil. In: Liggesmeyer, Peter; Rombach, Dieter (Hrsg.): Software Engineering eingebetteter Systeme. Spektrum akademischer Verlag, München, 2005.

Literaturverzeichnis

GSB+07	T. Gumpp, T.; Schamm, T.; Bergmann, S.; Zöllner, J.M.; Dillmann, R.: PMD basierte Fahrspurerkennung und –verfolgung für Fahrerassistenzsysteme. In: Karsten Berns, Tobias Luksch (Hrsg.): Autonome Mobile Systeme. 20. Fachgespräch Informatik Aktuell, Springer Verlag, Berlin Heidelberg, 2007.
Gup08	Gupta, Vishal: Latest Trends in Radar System Testing. IEEE A&E Systems Magazine, Mai 2008.
GW07	Gericke, Jörg; Wiemann, Matthias: Optimierte Fehlerfindung im Funktionstest durch automatisierte Analyse vonTestprotokollen. Software Engineering 2007, Beiträge zu den Workshops Fachtagung des GI-Fachbereichs Softwaretechnik, Hamburg, März 2007.
Hag08	Hagel, Jochen: Der Testprozess. In: Sax, Eric (Hrsg.): Automatisiertes Testen Eingebetteter Systeme in der Automobilindustrie. Hanser Verlag, München, 2008.
Har01	Hartmann, Nico: Automation des Tests eingebetteter Systeme am Beispiel der Kraftfahrzeugelektronik. Dissertation, Universität Karlsruhe, 2001.
Har08	Hartmann, Nico: Test Automatisierung im Labor. In: Sax, Eric (Hrsg.): Automatisiertes Testen Eingebetteter Systeme in der Automobilindustrie. Hanser Verlag, München, 2008.
HC07	Hertel, Dirk W.; Chang, Edward: Image Quality Standards in Automotive Vision Applications. Proceedings of the 2007 IEEE Intelligent Vehicles Symposium, Juni 2007.
Hei10	heise Autos: GM erforscht neue Technik von Head-up-Displays. heise Autos, Heise Verlag, http://www.heise.de/autos, 19.03.2010.
Hei10b	heise online: Von Street View zum "Street Drive" – Autonome Fahrzeuge. heise online, www.heise.de, 10.10.2010.
Hei10c	heise online: Berliner Forscher zeigen autonomes Auto. heise online, www.heise.de, 13.10.2010.
Hei10d	heise Autos: Autonome Fahrzeuge im öffentlichen Straßenverkehr. heise Autos, 11.10.2010.
Heit10	Heitmüller, Stefanie: "Leonie" rollt durch Braunschweig. Spiegel Online, www.spiegel.de/auto/aktuell/0,1518,722182,00.html, 08.10.2010.
Hen09	Henning, Josef: Simulation Methods to Evaluate and Verify Functions, Quality and Safety of Driver Assistance Systems in the Continuous MiL/SiL/HiL Process. 9th Stuttgart International Symposium – Automotive and Engine Technology, 2009.
Herr07	Herrlich, Marc: A Tool for Landscape Architecture Based on Computer Game Technology. IEEE 17th International Conference on Artificial Reality and Telexistence 2007.
HG10	Hofer, Ron; Götzfried, Stefanie: User Centered Product Innovation – Innovation, User Centered Design, usability Engineering, User Research, User Centered Product Innovation. i-com – Zeitschrift für interaktive und cooperative Medien. Oldenbourg Verlag, Volume 9, Number 1, May 2010.
HHL09	Hwang, Junyeon; Huh, Kunsoo; Lee, Donghwi: Vision-based vehicle detection and tracking algorithm design. Optical Engineering, December 2009.
Hil07	Hillenbrand, Jörg: Fahrerassistenz zur Kollisionsvermeidung. Dissertation, Universität Karlsruhe, 2007.
HM09	Hillenbrand, Martin; Müller-Glaser, Klaus D.: An approach to supply simulations of the functional environment of ECUs for hardware-in-the-loop test systems based on EE-architectures conform to AUTOSAR. IEEE International Symposium on Rapid System Prototyping, 2009.
HMSW10	Hohm, Andree; Mannale, Roman; Schmitt, Ken; Wojek, Christian: Vermeidung von Überholunfällen. ATZ 10/2010.
Hof08	Hoffmann, Dirk W.: Software-Qualität. Springer Verlag, Berlin Heidelberg, 2008.
Höy05	Höynck, Michael: Automatic Object Detection in Video Sequences for Application in Multimedia Content Analysis and Driver Assistance Systems. Dissertation, Universität Aachen, 2005.
HR06	Hicks, Richmond; Raghavan, Venkata S.: CMOS-Kamera mit großem Dynamikbereich. elektronik industrie 5 / 2006.

HRH+03	Hsieh, Sheng-Jen; Rash, Clearence E.; Harding, Thomas H.; Beasley, Howard H.; Martin, John S.:Helmet-mounted display image quality evaluation system. IEEE Transactions on Instrumentation and Measurement, vol.52, no.6, pp. 1838-1845, Dez. 2003.
HS07	Hochdorfer, Siegfried; Schlegel, Christoph: Bearing-Only SLAM with an Omnicam. In: Karsten Berns, Tobias Luksch (Hrsg.): Autonome Mobile Systeme. 20. Fachgespräch Informatik Aktuell, Springer Verlag, Berlin Heidelberg, 2007.
HTPB+10	Hendriks, F.; Tideman, M.; Pelders, R.; Bours, R.; Liu, X.: Development tools for active safety systems – Prescan and VeHIL. IEEE International Conference on Vehicular Electronics and Safety (ICVES), 2010.
Hut06	Hutter, Alexander: Eine Systematik zur Erstellung virtueller Steuergeräte für Hardware-in-the-Loop-Integrationstests. Dissertation, TU München, Herbert Utz Verlag, München, 2006.,
Hut08	Hutter, Alexander: Einsatz von Simulationsmodellen beim Test elektronischer Steuergeräte. In: Sax, Eric (Hrsg.): Automatisiertes Testen Eingebetteter Systeme in der Automobilindustrie. Hanser Verlag, München, 2008.
HW08	Hoffmann, Jens; Winner, Hermann: EVITA – Das Untersuchungswerkzeug für Gefahrensituationen. Tagung Aktive Sicherheit durch Fahrerassistenz. München, 7.-8. April 2008
HW08b	Hanna, William B.; Widmann, Glenn R.: A Strategy to Partition Crash Data to Define Active-Safety Sensors and Product Solutions. SAE Convergence 2008, Detroit, Okt. 2008.
HWB09	Häring, Jürgen; Wilhelm, Ulf; Branz, Wolfgang: Entwicklungsstrategie für Kollisionswarnsysteme im Niedrigpreis-Segment. Automobiltechnische Zeitschrift ATZ 03/2009 Jahrgang 111, 2009.
HZB00	Hochstädter, Almut; Zahn, Peter; Breuer, Karsten: Ein universelles Fahrermodell mit den Einsatzbeispielen Verkehrssimulation und Fahrsimulator. 9. Aachener Kolloquium Fahrzeug- und Motorentechnik, 2000.
IEEE 1008	ANSI/IEEE Std 1008-1987: IEEE Standard for Software Unit Testing. 1986.
IEEE 1012	IEEE Std. 1012-2004: IEEE Standard for Software Verification and Validation. 2005.
IEEE 610	IEEE Std. 610.12-1990: IEEE Standard Glossary of Software Engineering Terminology. 1990.
IEEE 829	IEEE Std 829-2008: IEEE Standard for Software and System Test Documentation. 2008.
Inv05	INVENT: Ergebnisbericht Fahrumgebungserfassung und Interpretation – FUE. BMBF-geförderte Initiative INVENT (Intelligenter Verkehr und nutzergerechte Technik), http://www.invent-online.de, 2005.
Ipek11	Ipek, Mesut: Eine Testfallspezifikationssprache für das funktionsorientierte Testen von reaktiven eingebetteten Systemen im Automobilen Bereich. Unveröffentlichte, eingereichte Dissertation, TU Kaiserslautern, 2011.
ISO 15622	ISO 15622: Intelligent transport systems – Adaptive Cruise Control systems – Performance requirements and test procedures. 2010.
ISO 15623	ISO 15623: Transport information and control systems – Forward vehicle collision warning systems – Performance requirements and test procedures. 2002.
ISO 17361	ISO 17361: Intelligent Transport systems – Lane departure warning system – Performance requirements and test procedures. 2007.
ISO 17387	ISO 17387: Intelligent Transport systems – Lane change decision aid system (LCDAS) – Performance requirements and test procedures. 2008.
ISO 22179	ISO 22179: Intelligent transport systems — Full speed range adaptive cruise control (FSRA) systems — Performance requirements and test procedures. 2009.
ISO 26022	ISO 26022: Road vehicles — Ergonomic aspects of transport information and control systems — Simulated lane change test to assess in-vehicle secondary task demand. 2010.
ISO/FDIS 26262	ISO/FDIS 26262: Road vehicles – Functional safety. 2010.

ISO/IEC 9126-1	ISO/IEC 9126-1: Software engineering – Product quality – Part 1: Quality model. 2001.
iSup07	iSuppli: Auf dem Weg zum autonomen Fahren. Elektronik automotive, 3/2009.
Jäh05	Jähne, Bernd: Digitale Bildverarbeitung. Springer-Verlag, Heidelberg, 6. Auflage, 2005.
Jes07	Jesorsky, Oliver: Fusion von Video und Abstandsinformation. Hanser Automotive, 10/2007.
JFP10	Jepp, Pauline; Fradinho, Manuel; Pereira, Joao Madeiras: An Agent Framework for a Modular Serious Game. IEEE Computer Society, Second International Conference on Games and Virtual Worlds for Serious Applications, 2010.
JHWL07	Jia, Lianxing; Han, Shigang; Wang, Lin; Liu, Hua: Development and Realization of A Street Driving Simulator for Virtual Tour. IEEE Computer Society, Proceedings of the 40th Annual Simulation Symposium (ANSS'07), 2007.
Joch07	Jochim, Markus: Zeitig steuern – Sichere Datenübertragung im Automobil. c't Magazin für Computertechnik, Heise Verlag, 02/2007.
JP08	Ji, Zhengping; Prokhorov, Daniel: Radar-vision fusion for object classification. 11th International Conference on Information Fusion, Juni 2008.
JSXK10	Jianqiang, W.; Shengbo, L.; Xiaoyu, H.; Keqiang, L.: Driving simulation platform applied to develop driving assistance systems. IET Intelligent Transport Systems, Vol. 4, Iss. 2, 2010.
Kada07	Kada, Martin: Zur maßstabsabhängigen Erzeugung von 3D-Stadtmodellen. Dissertation, Universität Stuttgart, 2007.
KB10	Kern, Andreas; Belke, Ralf: dSPACE, ADTF und Virtual Test Drive – Durch Synergie effektiv zu komplexen Testsystemen für FAS. 6. dSPACE Anwenderkonferenz, Paderborn, Nov. 2010.
KD07	Kumpakeaw, Saman; Dillmann, Rüdiger: Semantic Road Maps for Autonomous Vehicles. In: Karsten Berns, Tobias Luksch (Hrsg.): Autonome Mobile Systeme. 20. Fachgespräch Informatik Aktuell, Springer Verlag, Berlin Heidelberg, 2007.
KFS07	Kühn, Matthias; Fröming, Robert; Schindler, Volker: Fußgängerschutz – Unfallgeschehen, Fahrzeuggestaltung, Testverfahren. Springer Verlag, Berlin Heidelberg, 2007.
KK10	Katzwinkel, Reiner; Kopischke, Stephan: VW TOUAREG – Fahrerassistenzsysteme. ATZextra, März 2010.
KKKS07	Kallenbach, R.; Knoll, P.; Kropf, Th.; Schäfer, B.-J.: Fahrerassistenzsysteme für Komfort und Sicherheit – Status und Perspektive. VDI Berichte Nr. 2000, 2007.
Kla07	Klasche, Günther: Versagen verhindern – Kamerasensorik und Sensorfusion als Technologietreiber. Elektronik automotive, 4/2007.
Klei07	Klein, Bernd: Versuchsplanung – DoE – Einführung in die Taguchi/Shainin-Methodik. 2. Auflage, Oldenbourg Verlag, München, 2007.
Klep08	Kleppermann, Wilhelm: Taschenbuch Versuchsplanung – Produkte und Prozesse optimieren. 5. Auflage, Carl Hanser Verlag, München, 2008.
KLPO03	Köhl, Susanne; Lemp, Daniel; Plöger, Markus; Otterbach, Rainer: Steuergeräteverbundtest mittels Hardware-in-the-Loop-Simulation. VDI - Mess- und Versuchstechnik in der Fahrzeugentwicklung, Apr 2003.
KN09	Krumke, Sven Oliver; Noltemeier, Hartmut: Graphentheoretische Konzepte und Algorithmen. Vieweg + Teubner Verlag, Wiesbaden, 2. Auflage, 2009.
Kno05	Knoll, Peter M.: Prädiktive Fahrerassistenz – Vom Komfortsystem zur aktiven Unfallvermeidung. Automobiltechnische Zeitschrift ATZ 3/2005, Jahrgang 107, 2005.
KO08	Kyo, Shorin; Okazaki, Shin'ichiro: In-vehicle vision processors for driver assistance systems. Proceedings of the 2008 Asia and South Pacific Design Automation Conference, 2008.
Koc06	Kochem, Michael: Parkassistent. In: Isermann, Rolf (Hrsg.): Fahrdynamik-Regelung – Modellbildung, Fahrerassistenzsysteme, Mechatronik. Vieweg Verlag, Wiesbaden, 2006.

Kom08	Kompaß, Klaus: Fahrerassistenzsysteme der Zukunft – auf dem Weg zum autonomen Pkw? In: Schindler, Volker; Sievers, Immo (Hrsg.): Forschung für das Auto von Morgen Springer Verlag, Berlin Heidelberg, 2008.
KPBB08	Khanafer, Ali; Pusic, Daniel; Balzer, Dirk; Bernhard, Ulrich: Nutzenabschätzung bei aktiven Fahrerassistenzsystemen. ATZelektronik, Jahrgang 3, 01/2008.
KR09	Kirchner, Kathrin; Rösler, Roberto: Flächenland selbst gebaut – Geografische Daten: Werkzeuge und Dienstleister. iX Magazin für professionelle Informationstechnik, 04/2009.
Kram07	Kramer, Ulrich: Kraftfahrzeugführung – Modelle – Simulation – Regelung. Hanser Fachbuch, 2007.
KSB08	Kiss, Miklos; Schmidt, Gerrit; Babbel, Eckhard: Das Wizard of Oz Fahrzeug. Tagung aktive Sicherheit durch Fahrerassistenz, München, 2008.
KSKK10	Karkee, Manoj; Steward, Brian L.; Kelkar, Atul G.; Kemp, Zachary T. II: Modeling and real-time simulation architectures for virtual prototyping of off-road vehicles. Virtual Reality, Springer Verlag, London, Januar 2010.
KSKL03	Kircher, Bernd; Schernus, Christof, Kinoo, Bert, Lütkemeyer, Georg: Einbindung in den Motorenentwicklungsprozess. In: Röpke, Karsten (Hrsg.): Design of Experiments (DoE) in der Motorenentwicklung. Haus der Technik Fachbuch, expert verlag, Renningen, 2003.
Kuh07	Kuhlmann, Ulrike: Lichtspiele - Leuchtstarke Displays für kontrastreiche HDR-Aufnahmen. c't 22/2007.
KWHA10	Kämpchen, Nico; Waldmann, Peter; Homm, Florian; Ardelt, Michael: Umfelderfassung für den Nothalteassistenten – ein System zum automatischen Anhalten bei plötzlich reduzierter Fahrfähigkeit des Fahrers. AAET 2010 Automatisierungssysteme, Assistenzsysteme und eingebettete Systeme für Transportmittel, Braunschweig, 02 /2010.
Laz04	Lazic, Zivorad R.: Design of Experiments in Chemical Engineering. Wiley Verlag, Weinheim, 2004.
LCXL08	Liu, Chu; Chen, Jie; Xu, Yifan; Luo, Feng: Intelligent Vehicle Road Recognition Based on the CMOS Camera. IEEE Vehicle Power and Propulsion Conference (VPPC), September 2008.
Lec09	Lecoutre, Christophe: Constraint Networks – Techniques and Algorithms. John Wiley & Sons, Hoboken, USA, 2009.
Leh03	Lehmann, Eckard: Time Partition Testing – Systematischer Test des kontinuierlichen Verhaltens von eingebetteten Systemen. Dissertation, Technische Universität Berlin, 2003.
Lent07	van Lent, Michael: Game Smarts. IEEE Computer Society, Computer, Vol. 40, Iss. 4, April 2007.
Lese09	Lesemann, Micha: eVALUE – A Test Programme for Active Safety Systems. 21st International Technical Conference on the Enhanced Safety of Vehicles (ESV), Stuttgart, Juni 2009.
Lese10	Lesemann, Micha: A Test Programme for Active Safety Systems - Latest Developments of the eVALUE Project. Transport Research Arena Europe 2010 (TRA), Brüssel, 07.-10.06.2010.
LH07	Luebke, David; Humphreys, Greg: How GPUs Work. IEEE Computer Society, Computer, February 2007.
Lie99	Liebscher, Ulrich: Anlegen und Auswerten von technischen Versuchen. Manz Verlag, Wien, 1999.
Lieb92	Liebe, Carl Christian: Pattern Recognition of Star Constellations for Spacecraft Applications. IEEE AES Magazine,. Juni 1992.
Lien89	Lienert, Gustav A.: Test Aufbau und Test Analyse. 4. Auflage, Psychologie Verlags Union, München, Weinheim, 1989.
Lig02	Liggesmeyer, Peter: Software-Qualität. Spektrum Akademischer Verlag, Heidelberg, Berlin, 2002.
Lig05	Liggesmeyer, Peter: Prüfung eingebetteter Software. In: Liggesmeyer, Peter; Rombach, Dieter (Hrsg.): Software Engineering eingebetteter Systeme. Spektrum akademischer Verlag, München, 2005.
Lig05b	Liggesmeyer, Peter: Software Engineering eingebetteter Systeme – Einleitung und Überblick. In: Liggesmeyer, Peter; Rombach, Dieter (Hrsg.): Software Engineering eingebetteter Systeme. Spektrum akademischer Verlag, München, 2005.

Lig07	Liggesmeyer, Peter: Formal Techniques in Software Engineering – Correct Software and Safe Systems. In: Schneider, K.; Brandt, J.: International Conference on Theorem Proving in Higher Order Logics (TPHOLs) 2007, Lecture Notes in Computer Science (LNCS) 4732, Springer-Verlag Berlin Heidelberg, 2007.
Lig90	Liggesmeyer, Peter: Modultest und Modulverifikation – State of the Art. BI-Wissenschaftsverlag, Mannheim, 1990.
Lig93	Liggesmeyer, Peter: Wissensbasierte Qualitätsassistenz zur Konstruktion von Prüfstrategien für Software-Komponenten. BI-Wissenschaftsverlag, Mannheim, 1993.
Lin08	Linder, Paul: Constraintbasierte Testdatenermittlung für Automatisierungssoftware auf Grundlage von Signalflussplänen. Dissertation Universität Stuttgart, Shaker Verlag, Aachen, 2008.
Lip09	Lipinski, Klaus (Hrsg.): Farbmodelle. DATACOM-Buchverlag GmbH, E-Book http://www.itwissen.info/fileadmin/user_upload/EBOOKS/2009_10_Farbmodelle.pdf, 2009.
Lit01	Litwiller, Dave: CCD vs. CMOS – Facts and Fiction. Photonics Spectra, January 2001.
LLW08	Liu, Bin; Liu, Gang; Wu, Xue: Research on Machine Vision Based Agricultural Automatic Guidance Systems. In: Computer And Computing Technologies In Agriculture, Volume I. Springer Verlag, Boston, 2008.
LM06	Lohr, Steve; Markoff, John: „Windows is so Slow, but Why?", The New York Times, 27.03.2006.
Lor07	Lorenzen, Thorsten: Effiziente Implementierung einer Verkehrszeichen-Erkennung. Elektronik Automotive, www.elektroniknet.de, 20.12.2007.
LRRA98	Liggesmeyer, Peter; Rothfelder, Martin; Rettelbach, Michael; Ackermann, Thomas: Qualitätssicherung Software-basierter technischer Systeme – Problembereiche und Lösungsansätze. Informatik-Spektrum, Vol. 21, 1998.
LS08	Lim, Meike; Sadeghipour, Sadegh: Fettnäpfchen vermeiden – Richtiges Testen automobiler Steuergeräte-Software. Elektroniknet Automotive, www.elektroniknet.de, 02. Juni 2008.
LT09	Liggesmeyer, Peter; Trapp, Mario: Trends in Embedded Software Engineering. IEEE Software, May/June 2009.
Lud06	Ludewig, Jochen: Software-Prozesse und Software-Qualität. In: WechselWirkungen, Jahrbuch aus Lehre und Forschung der Universität Stuttgart. Jahrbuch 2006, http://www.uni-stuttgart.de/wechselwirkungen/ (Onlineressource 29.12.2009)
LVH08	Leneman, Floris; Verburg, Dirk; De Hair-Buijssen, Stefanie: PreScan, testing and developing active safety applications through simulation. Tagung aktive Sicherheit durch Fahrerassistenz, München, 2008.
Mau09	Maurer, Markus: Entwurf und Test von Fahrerassistenzsystemen. In: Winner, Herrmann; Hakuli, Stephan; Wolf, Gabriele (Hrsg.): Handbuch Fahrerassistenzsysteme. Vieweg+Teubner, Wiesbaden, 2009.
May05	Mayer, Alfred: Verwendung von ODX für Diagnose-Tools. In (Robert Bosch GmbH, Automotive Aftermarket, Produktbereich Diagnostics): Bosch Diagnostics Academy. 17.11.2005..
MB01	Menéndez, Ricardo G.; Bernard, James E.: Flight Simulation in Synthetic Environments, IEEE AESS Systems Magazine, September 2001.
MBtech07	MBtech Group GmbH: Methodenschulung Requirements Engineering. Schulungsunterlagen der MBtech Group GmbH, Sindelfingen, 2007.
MBW+09	Müller, Sven-Oliver; Brand, Marcus; Wachendorf, Sven; Schröder, Henning; Szot, Thomas; Schwab, Sebastian; Kremer, Birgit: Integration vernetzter Fahrerassistenz-Funktionen mit HiL für den VW Passat CC. ATZextra Juni 2009.
Med10	De Medeiros, Gib: 360° Immersive Imaging Technology. 7. Kooperationsforum Fahrerassistenzsysteme, Bayern Innovativ, Aschaffenburg, 20.05.2010.
MG09	Mielich, Wolfgang; Golowko, Kai: Erprobung von Assistenzsystemen zur Minderung von Auffahrunfällen. ATZ Automotive Engineering Partners Ausgabe Nr.: 2009-06.

MGH03	Mason, Robert L.; Gunst, Richard F.; Hess, James L.: Statistical Design and Analysis of Experiments – With Applications to Engineering and Science. Verlag John Wiley & Sons, Hoboken, 2003.
MHN99	Misu, Toshihiko; Hashimoto, Tatsuaki; Ninomiya, Keiken: Optical Guidance for Autonomous Landing of Spacecraft. IEEE Transactions on Aerospace and Electronic Systems, Vol. 35, No. 2, April 1999.
MHP96	Mester, Rudolf; Hötter, Michael; Pöchmüller, Werner: Umwelterfassung mit bewegten Kameras. In: Mertsching, B. (Hrsg.): Aktives Sehen in technischen und biologischen Systemen. Proc. In Artificial Intelligence, St. Augustin, Dezember 1996.
Mich09	Michalke, Thomas P.: Task-Dependent Scene Interpretation in Driver Assistance. Dissertation, Technische Universität Darmstadt, 2009.
Mitt07	Mittring, Martin: Finding Next Gen – CryEngine 2. Advanced Real-Time Rendering in 3D Graphics and Games Course. Proceedings of the ACM SIGGRAPH, 2007.
MLA08	Meyer, Jürgen; Langner, Frank; Alsmann, Ulrich: Fahrversuch versus HiL-Test. Elektroniknet Automotive, elektroniknet.de, 02. Juni 2008.
MLU+03	Mitterer, Alexander; Luttermann, Christoph; Ullmann, Stefan; Thiel, Gerhard; Fleischhauer, Thomas: Anwendungen im Motorversuch (allgemein). In: Röpke, Karsten (Hrsg.): Design of Experiments (DoE) in der Motorenentwicklung. Haus der Technik Fachbuch, expert verlag, Renningen, 2003.
MNP99	Moen, Ronald D.; Nolan, Thomas W.; Provost, Lloyd P.: Quality Improvement through Planned Experimentation. Verlag McGraw-Hill, 2. Auflage, 1999.
MP03	Meyna, Arno; Pauli, Bernhard: Taschenbuch der Zuverlässigkeits- und Sicherheitstechnik. In: Bunner, Franz J. (Hrsg.): Praxisreihe Qualitätswissen. Carl Hanser Verlag, München, 2003.
MP06	Mach, Rüdiger; Petschek, Peter: Visualisierung digitaler Gelände- und Landschaftsdaten. Springer Verlag, Berlin, Heidelberg, 2006.
MR06	Müller, Thomas; Rohleder, Dirk: Automatisches Spurfahren auf Autobahnen. In: Isermann, Rolf (Hrsg.): Fahrdynamik-Regelung – Modellbildung, Fahrerassistenzsysteme, Mechatronik. Vieweg Verlag, Wiesbaden, 2006.
MS94	Möller, H.; Sachs, G.: Synthetic Vision for Enhancing Poor Visibility Flight Operations. IEEE AES Systems Magazine, März 1994.
MSK+09	Miegler, Maximilian; Schieber, Reinhard; Kern, Andreas; Ganslmeier, Thomas; Nentwig, Mirko: Hardware-in-the-Loop-Test von vorausschauenden Fahrerassistenzsystemen. ATZelektronik, 05/2009.
Mül07	Müller, Christian: Durchgängige Verwendung von automatisierten Steuergeräte-Verbundtests in der Fahrzeugentwicklung. Dissertation, Technische Universität Karlsruhe, Shaker Verlag, Aachen, 2007.
Mye01	Myers, Glenford J.: Methodisches Testen von Programmen. Oldenburg Verlag, München, 7. Auflage, 2001.
MYYN09	Mu, S.; Yin, J.; Yuan, J.; Ng, S. H.: Design of Experiments for Simulation Models with Stochastic Constraints. IEEE International Conference on Industrial Engineering and Engineering Management (IEEM), 2009.
NA05	Nagel, Hans-Hellmut; Arens, Michael: 'Innvervation des Automobils' und Formale Logik. In: Maurer, Markus; Stiller, Christoph (Hrsg.): Fahrerassistenzsysteme mit maschineller Wahrnehmung. Springer Verlag, Berlin, Heidelberg, 2005.
NDW09	von Neumann-Cosel, Kilian; Dupuis, Marius; Weiss, Christian: Virtual Test Drive - Provision of a consistent tool-set for [D,H,S,V]-in-the-loop. Driving Simulator Conference DSC, Monaco, 2009.
Neu05	Neunzig, D.: Integration of Advanced Driver Assistance Systems and Braking / Chassis Control Systems. IQPC Braking & Chassis Control, München, 14.-16.03.2005.
NF07	Neumaier, Stephan; Färber, Georg: Videobasierte 4D-Umfelderfassung für erweiterte Assistenzfunktionen. it – Information Technology 1 / 2007.
NFH07	Nischwitz, Alfred; Fischer, Max; Haberäcker, Peter: Computergrafik und Bildverarbeitung. 2. Auflage, Vieweg & Sohn Verlag, Wiesbaden, 2007.

Nie06	Niebling, Florian: HLRS - Parallel Visualization with COVISE/OpenCOVER. International Conference for High Performance Computing, Networking, Storage and Analysis SC06, November 2006.
NNL+09	von Neumann-Cosel, Kilian; Nentwig, Mirko; Lehmann, Daniel; Speth, Johannes; Knoll, Alois: Preadjustment of a Vision-Based Lane Tracker. Driving Simulator Conference DSC, Monaco, Februar 2009.
NNL+09b	von Neumann-Cosel, Kilian; Nentwig, Mirko; Lehmann, Daniel; Speth, Johannes; Knoll, Alois: Testing of image processing algorithms on synthetic data. Proceedings of the ICSEA 2009 - The Fourth International Conference on Software Engineering Advances, September 2009.
NZG+07	Nienhüser, Dennis; Ziegenmeyer, Marco; Gumpp, Thomas; Scholl, Kay-Ulrich; Zöllner, J. Marius; Dillmann, Rüdiger: Kamera-basierte Erkennung von Geschwindigkeitsbeschränkungen auf deutschen Straßen. In: Karsten Berns, Tobias Luksch (Hrsg.): Autonome Mobile Systeme. 20. Fachgespräch Informatik Aktuell, Springer Verlag, Berlin Heidelberg, 2007.
Oehl00	Oehlert, Gary W.: A First Course in Design and Analysis of Experiments. Verlag W. H. Freeman & Company, 2000.
Olte05	Oltersdorf, Karin: Kundenakzeptanz und Marktaussichten von Fahrerassistenzsystemen. IIR Konferenz Fahrerassistenzsysteme, Stuttgart, 02/2005.
OS04	Otterbach, Rainer; Schütte, Frank: Effiziente Funktions- und Software-Entwicklung für mechatronische Systeme im Automobil. Workshop Intelligente mechatronische Systeme, Paderborn, 2004.
Ott10	Otterbach, Bernd: Daimler will mit Hilfe eines neuen Fahrsimulators künftig weniger Testfahrten auf der Straße durchführen. dpa-Meldung vom 05.10.2010.
OWZ+08	Oszwald, Florian; Wahl, Eric; Zeller, Armin; Ruß, Arthur; Rossberg, Dirk: Evaluation of Automotive Vision Systems: Innovations in the Development of Vision-Based ADAS. FISITA 2008 World Automotive Congress, München, 09 / 2008.
PDFP10	Petridis, Panagiotis; Dunwell, Ian; de Freitas, Sara; Panzoli, David: An Engine Selection Methodology for High Fidelity Serious Games. IEEE Computer Society, Second International Conference on Games and Virtual Worlds for Serious Applications, 2010.
Per03	Perry, William E.: Software testen. mitp-Verlag, Bonn, 2003.
PHCV+09	Page, Yves; Hermitte, Thierry; Chauvel, Cyril; Van Elslande, Pierre; Hill, Julian; Kirk, Alan; Hautzinger, Heinz; Schick, Sylvia; Hell, Wolfram; Alexopolous, Kosmas; Pappas, Menelaos; Molinero, Aquilino; Perandones, Jose Miguel; Barrios, Jose Manue: Reconsidering Accident Causation Analysis and Evaluating the Safety Benefits of Technologies – Final Results of the Trace Project. Enhanced Safety of Vehicles Conference ESV, Stuttgart, Juni 2009.
PHS08	Ploeg, Jeroen; Hendriks, Falke M.; Schouten, Niels J.: Towards Nondestructive Testing of Pre-crash Systems in a HIL Setup. IEEE Intelligent Vehicles Symposium 2008, Juni 2008.
PLN09	Premebida, Cristiano; Ludwig, Oswaldo; Nunes, Urbano: LIDAR and Vision-Based Pedestrian Detection System. Wiley Journal of Field Robotics 26(9), 696–711, 2009.
Port06	Porteck, Stefan: Artenvielfalt – Der Weg zum richtigen Display. c't Magazin für Computertechnik, Heise Verlag, 26/2006.
Port08	Porteck, Stefan: Pixelraketen – Neun Gaming-LCDs mit Widescreen-Format. c't Magazin für Computertechnik, Heise Verlag, 10/2008.
Pre01	Prechelt, Lutz: Kontrollierte Experimente in der Softwaretechnik – Potenzial und Methodik. Springer-Verlag, Berlin Heidelberg, 2001.
PS05	Pohl, Klaus; Sikora, Ernst: Requirements Engineering für eingebettete Software. In: Liggesmeyer, Peter; Rombach, Dieter (Hrsg.): Software Engineering eingebetteter Systeme. Spektrum akademischer Verlag, München, 2005.
PSE07	Pasenau, Thiemo; Sauer, Thomas; Ebeling, Jörg: Aktive Geschwindigkeitsregelung mit Stop&Go-Funktion im BMW 5er und 6er. Automobiltechnische Zeitschrift ATZ 10/2007 Jahrgang 109, 2007.
PV00	Pritchard, Daniel A.; Vigil, Jose T.: The Development of a Digital Video Motion Detection Test Set. IEEE AES Systems Magazine, August 2000.

PYN08	Poullis, Charalambos; You, Suya, Neumann, Ulrich: Rapid Creation of Large-scale Photorealistic Virtual Environments. IEEE Conference on Virtual Reality, März 2008.
R 2007/46/EG	Richtlinie 2007/46/EG des Europäischen Parlaments und des Rates vom 4. September 2007 zur Schaffen eines Rahmens für die Genehmigung von Kraftfahrzeugen und Kraftfahrzeuganhängern sowie von Systemen, Bauteilen und sebständigen technischen Einheiten für diese Fahrzeuge. Rahmenrichtlinie, 2007.
RAS-L	Forschungsgesellschaft für Strassen- und Verkehrswesen, Arbeitsgruppe Strassenentwurf: Richtlinie für die Anlage von Straßen RAS, Teil: Linienführung, RAS-L, 1984.
RAS-Q	Forschungsgesellschaft für Strassen- und Verkehrswesen, Arbeitsgruppe Strassenentwurf: Richtlinie für die Anlage von Straßen RAS, Teil: Querschnitt, RAS-Q, 1996.
Rätz04	Rätzmann, Manfred: Software-Testing & Internationalisierung. 2. Auflage, Galileo Computing, 2004.
RAZR06	Ramos, Félix; Aguirre, Alonso; Zaragoza, Jaime; Razo, Luis: The Use of Ontologies for Creating Virtual Scenarios in GeDA-3D. Proceedings of the IEEE Electronics, Robotics and Automotive Mechanics Conference, 2006.
RBS10	Reuss, Cornelia; Beisel, Daniel; Schnieder, Eckehard: Anwendung von Gefährdungslisten in der Konzeptphase eines Automobil-Sicherheitslebenszyklus. ATZ 07-08/2010.
RD05	Rossbach, Dieter: BMW Nightvision: Das Auto sieht mit. PROVA – Magazin für automobile Avantgarde, http://www.prova.de, 16.07.2005.
Rei08	Reichardt, Dirk M.: Approaching Driver Models Which Integrate Models Of Emotion And Risk. 2008 IEEE Intelligent Vehicles Symposium, Juni 2008.
Reif10	Reif, Konrad (Hrsg.): Fahrstabilisierungs-systeme und Fahrerassistenzsysteme. Verlag Vieweg+Teubner, Springer Fachmedien, Wiesbaden, 2010.
Rem10	Remus, Ingmar: Kluge Fahrzeuge erkennen Menschen. Economic Engineering, 4/2010.
RHPL08	Robinson-Mallett, Christopher; Hierons, Robert M.; Poore, Jesse; Liggesmeyer, Peter: Using communication coverage criteria and partial model generation to assist software integration testing. Software Quality Journal, Vol. 16, Springer Verlag, Juni 2008.
RKPR05	Reys, Andreas; Kamsties, Erik; Pohl, Klaus; Reis, Sascha: Szenario-basierter Systemtest von Software-Produktfamilien. Informatik Forschung und Entwicklung, Vol. 20, 2005.
RLL10	Ruta, Andrzej; Li, Yongmin; Liu, Xiaohui: Real-time traffic sign recognition from video by class-specific discriminative features. Elsevier Pattern Recognition 43, 2010.
Rob98	Robert Bosch GmbH: Autoelektrik, Autoelektronik. Vieweg Verlag, Wiesbaden, 1998.
Ros08	Rosenow, Andreij: Auf dem rechten Weg. Elektronik automotive, Sonderausgabe A4, 2008.
RP08	Reinholtz, Kirk; Patel, Keyur: Testing Autonomous Systems for Deep Space Exploration IEEE A&E Systems Magazine, September 2008.
RSP09	Ringbeck, Thorsten; Schaller, Christian; Profittlich, Martin: Kameras für die dritte Dimension. Optik & Photonik, Wiley Verlag, Oktober 2009.
RSWB+03	Rodriguez, Tomas; Sturm, Peter; Wilczkowiak, Marta; Bartoli, Adrien; Personnaz, Matthieu; Guilbert, Nicolas; Kahl, Fredrik; Johansson, Martin; Heyden, Anders; Menendez, Jose M.; Ronda, Jose I.; Jaureguizar, F.: Visire – Photorealistic 3D Reconstruction from Video Sequences. Proceedings of the IEEE International Conference on Image Processing, Sept. 2003.
Rum05	Rumpe, Bernhard: Agile Modellierung mit UML - Codegenerierung, Testfälle, Refactoring. Springer Verlag, Berlin Heidelberg, 2005.
SaSm08	Sawyer, Ben; Smith, Peter: Serious Games Taxonomy. Serious Games Summit, Game Developers Conference GDC, 02/2008.
Sax08	Sax, Eric: Bedeutung des Testens in der Automobilindustrie. In: Sax, Eric (Hrsg.): Automatisiertes Testen Eingebetteter Systeme in der Automobilindustrie. Hanser Verlag, München, 2008.

Literaturverzeichnis

SBB+07	Schick, Bernhard; Büttner, Rolf; Baltruschat, Klaus; Meier, Günther; Jakob, Heiko: Bewertung der Funktion und Güte von Fahrerassistenzsystemen bei aktivem Bremseingriff. ATZ 05/2007.
SBG06	Schieferdecker, Ina; Bringmann, Eckard; Großmann, Jürgen: Continuous TTCN-3 – Testing of Embedded Control Systems. ACM 3rd International Workshop on Software Engineering for Automotive Systems (SEAS), Shanghai, 2006.
SBS09	Sneed, Harry M.; Baumgartner, Manfred; Seidl, Richard: Der Systemtest – Von den Anforderungen zum Qualitätsnachweis. 2. Auflage, Carl Hanser Verlag, München, 2009.
Schä10	Schäfer, Werner: Softwareentwicklung – Einstieg für Anspruchsvolle. Pearson Studium Verlag, München, 2010.
Schm06	Schmitt, Jürgen: Entwicklungsumgebung mit echtzeitfähigen Gesamtfahrzeugmodellen für sicherheitsrelevante Fahrerassistenzsysteme. In: Isermann, Rolf (Hrsg.): Fahrdynamik-Regelung – Modellbildung, Fahrerassistenzsysteme, Mechatronik. Vieweg Verlag, Wiesbaden, 2006.
Schn07	Schneider, Kurt: Abendteuer Software Qualität – grundlagen und Verfahren für Qualitätssicherung und Qualitätsmanagement. dpunkt.verlag, Heidelberg, 2007.
Schr98	Schreck, Paul C.: Demonstration of a gimbal mounted, high resolution charge coupled device (CCD) television camera in lieu of direct view optics for air to ground targeting. Aerospace Conference, 1998. Proceedings., IEEE , vol.3, 21.-28. März 1998.
Schw07	Schwarz, Jürgen: Code of Practive für die Entwicklung, Validierung und Markteinführung von künftigen Fahrerassistenzsystemen (ADAS). RESPONSE 3, a PReVENT Project, 15.03.2007.
SDF+09	Scharfenberger, C.; Daniilidis, C.; Fischer, M.; Hellenbrand, D.; Richter, C.; Sabbah, O.; Strolz, M.; Kuhl, P.; Färber, G.: Multidisziplinäre Entwicklung von neuen Türkonzepten als ein Teil einer ergonomisch optimierten Ein-/Ausstiegunterstützung. OEM Forum Fahrzeugtüren und -klappen, VDI-Bericht 2064 , 2009.
SG07	Strobel, Markus; Gengenbach, Volker: HDR Video Cameras. Springer Series in Advanced Microelectronics, Volume 26, 2007.
SH07	Sax, Eric; Hagel, Jochen: Effizientes Testen durch Einsatz eines optimierten Testprozesses. VDI Berichte Nr. 2000, 2007.
SH08	Schick, Bernhard; Henning, Josef: Simulation Methods to Evaluate and Verify Functions, Quality and Safety of Driver Assistance Systems in the Continuous MiL, SiL, and HiL Process. Tagung aktive Sicherheit durch Fahrerassistenz, München, 2008.
SHLK08	Schick, Bernhard; Henning, Josef; Leonhard, Volker; Kremer, Birgit: Simulationsmethoden zur Analyse und Optimierung der Regelstrategie von Fahrerassistenzsystemen hinsichtlich Verbrauch und Sicherheit. 24. VDI/VW-Gemeinschaftstagung Integrierte Sicherheit und Fahrerassistenzsysteme, Wolfsburg, Okt. 2008.
Sim09	Simons, Stefan: Simulations-Messe – Mit dem Schleppkahn durch Paris. Spiegel Online, http://www.spiegel.de, 28.11.2009.
SJHC10	Stelzer, Roland; Jafarmadar, Karim; Hassler, Hannes; Charwot, Raphael: A Reactive Approach to Obstacle Avoidance in Autonomous Sailing. Proceedings of International Robotic Sailing Conference, pp. 34-40, Kingston, Kanada, Juni 2010.
Sku06	Skutek, Michael: Ein PreCrash-System auf Basis multisensorieller Umgebungserfassung. Dissertation, Universität Chemnitz, 2006.
SL04	Spillner, Andreas; Linz, Thilo: Basiswissen Softwaretest – Aus- und Weiterbildung zum Certified Tester. dpunkt.verlag, Heidelberg, 2. Auflage, 2004.
SLKK08	Sohn, Subong; Lee, Bhoram; Kim, Jihoon; Kee, Changdon: Vision-Based Real-Time Target Localization for Single-Antenna GPS-Guided UAV. IEEE Transactions on Aerospace and Electronic Systems, Vol. 44, No. 4, Oktober 2008.
SM08	Sapna, P.G.; Mohanty, Hrushikesha: Automated Scenario Generation Based on UML Activity Diagrams. International Conference on Information Technolog 2008, Dez. 2008.

SM10	Sax, Eric; Menges, Hanno: Einbindung des Integrations-HiLs in die Testlandschaft bei Omnibussen. Hanser-Tagung Testautomatisierung in der Praxis 2010, Ulm, 30.11.2010.
SMBW07	Büringer, Helmut: Entwicklung des Straßenverkehrs in Baden-Württemberg - Jahresfahrleistungen mit Kraftfahrzeugen. Statistisches Monatsheft Baden-Württemberg 6/2007.
SML09	Spors, Karin; Martin, Andreas; Leetz, Arne: Möglichkeiten fotorealistischer Visualisierungen im Produktprozess eines Automobils. Automobiltechnische Zeitschrift ATZ 03/2009 Jahrgang 111, 2009.
SNS09	Schöner, Hans-Peter; Neads, Stephen; Schretter, Nikolai: Testing and Verification of Active Safety Systems with Coordinated Automated Driving. 21st Technical Conference on the Enhanced Safety of Vehicles ESV, Stuttgart, Juni 2009.
Som01	Sommerville, Ian: Software Engineering. 6. Auflage, Pearson Studium, München, 2001.
Spie08	Spiegelberg, Gernot: Migration via drive-by-wire to autonomous driving – realization with integration and data flow? 8. Internationales Stuttgarter Symposium Automobil- und Motorentechnik, Vieweg, FKFS, 03/2008.
SR06	Straub, Klaus; Riedel, Oliver: Virtuelle Absicherung im Produktprozess eines Premium-Automobilherstellers. In: Dietrich, Lothar; Schirra, Wolfgang (Hrsg.): Innovationen durch IT. Springer-Verlag Berlin Heidelberg, 2006.
SRWL06	Spillner, Andreas; Roßner, Thomas; Winter, Mario; Linz, Thilo: Praxiswissen Softwaretest – Testmanagement. Dpunkt.verlag, Heidelberg, 2006.
SSN07	Saxena, Ashutosh; Sun, Min; Ng, Andrew Y.: 3-D Reconstruction from Sparse Views using Monocular Vision. IEEE 11th International Conference on Computer Vision ICCV, 2007.
STBA06	Statistisches Bundesamt: Verkehr in Deutschland 2006. Statistisches Bundesamt, Wiesbaden, September 2006.
Sti05	Stiller, Christoph: Fahrerassistenzsysteme – Von realisierten Funktionen zum vernetzt wahrnehmenden, selbstorganisierenden verkehr. In: Maurer, Markus; Stiller, Christoph (Hrsg.): Fahrerassistenzsysteme mit maschineller Wahrnehmung. Springer Verlag, Berlin, Heidelberg, 2005.
Sti07	Stiller, Christoph: Intelligente Fahrzeuge - Technik, Chancen und Grenzen. In: Karsten Berns, Tobias Luksch (Hrsg.): Autonome Mobile Systeme. 20. Fachgespräch Informatik Aktuell, Springer Verlag, Berlin Heidelberg, 2007.
Stie08	Stieler, Wolfgang: Der Fahrer muss dem Fahrzeug vertrauen können. Interview mit Hans-Georg Metzler, Technology Review, http://www.heise.de/tr/, 30.05.2008.
Stie10	Stieler, Wolfgang: Da bewegt sich was, Technology Review, http://www.heise.de/tr/, 13.10.2010.
StrA05	Strategy Analytics GmbH: Market Growth in Sight for Automotive Camera Systems. 02/2005.
StrA07	Mak Kevin: The Strategy Analytics report – ADAS – Assessing Opportunities and Challenges. Branchenreport, http://www.strategyanalytics.com/, 03 / 2007.
StrA09	Mak, Kevin: The Strategy Analytics report – Automotive Cameras – Parking Systems Drive Demand. Branchenreport, http://www.strategyanalytics.com/, 12 / 2009
StSt07	Stahn, Roland; Stopp, Andreas: Ein Lasersensor-basiertes Navigationssystem für Nutzfahrzeuge. In: Karsten Berns, Tobias Luksch (Hrsg.): Autonome Mobile Systeme. 20. Fachgespräch Informatik Aktuell, Springer Verlag, Berlin Heidelberg, 2007.
Sun08	Sun, Chang-ai: A Transformation-based Approach to Generating Scenario-oriented Test Cases from UML Activity Diagrams for Concurrent Applications. Annual IEEE International Computer Software and Applications Conference, 2008.
Sup07	SupplierBusiness: Driver Assistance Systems Report. 2007.
SUTS10	Szirmay-Kalos, László; Umenhoffer, Tamás; Tóth, Balázs; Szécsi, László: Volumetric Ambient Occlusion for Real-Time Rendering and Games. IEEE Computer Society, IEEE Computer Graphics and Applications, January/February 2010.

SV99	Stryk, O. von; Vögel, M.: A Guidance Scheme for Full Car Dynamics Simulations. http://www.sim.informatik.tu-darmstadt.de/publ/download/1998-gamm.pdf, Zeitschrift für Angewandte Mathematik und Mechanik 79, Suppl. 2, 1999.
SVH10	Siebertz, Karl; Van Bebber, David; Hochkirchen, Thomas: Statistische Versuchsplanung – Design of Experiments(DoE). Springer Verlag, Berlin, 2010.
SVN+07	Schamm, Thomas; Vacek, Stefan; Natroshvilli, Koba; Zöllner, J. Marius; Dillmann, Rüdiger: Hinderniserkennung und -verfolgung mit einer PMD-Kamera im Automobil. In: Karsten Berns, Tobias Luksch (Hrsg.): Autonome Mobile Systeme. 20. Fachgespräch Informatik Aktuell, Springer Verlag, Berlin Heidelberg, 2007.
SZ10	Süddeutsche Zeitung: Google schickt Roboter-Autos auf die Straße. Süddeutsche Zeitung online, www.sueddeutsche.de, 11.10.2010.
TBMF04	Tsimhoni, O., Bärgman, J., Minoda, T., and Flannagan, M.J.: Pedestrian Detection with Near and Far Infrared Night Vision Enhancement. Technical report, The University of Michigan Transportation Research Institute, UMTRI-2004-38, December 2004.
TCB07	Taylor, Geoffrey R.; Chosak, Andrew J.; Brewer, Paul C.: OVVV – Using Virtual Worlds to Design and Evaluate Surveillance Systems. IEEE Conference on Computer Vision and Pattern Recognition (CVPR), 2007.
TDB10	Tamke, Andreas; Dang, Thao; Breuel, Gabi: Integrierte Simulations- und Entwicklungsumgebung für die Ausweichassistenz zum Fußgängerschutz. AAET 2010 Automatisierungssysteme, Assistenzsysteme und eingebettete Systeme für Transportmittel, Braunschweig, 02 /2010.
Tei07	Teichmann, Peter: Night Vision 2 – Erstes Nachtsichtsystem mit Fußgänger- und Radfahrererkennung. Automobiltechnische Zeitschrift ATZ 10/2007 Jahrgang 109, 2007.
Thru10	Thrun, Sebastian: What we're driving at. The Official Google Blog, http://googleblog.blogspot.com, 09.10.2010.
Tide10	Tideman, Martijn: Szenariobasierte Simulationsumgebung für Assistenzsysteme. ATZ 02/2010.
TJ10	Tideman, Martijn; Janssen, Simon J.: A Simulation Environment for Developing Intelligent Headlight Systems. 2010 IEEE Intelligent Vehicles Symposium, San Diego, June 2010.
TÖ08	Törner, Fredrik ; Öhman, Peter: Automotive Safety Case – A Qualitative Case Study of Drivers, Usages, and Issues. 11th IEEE High Assurance Systems Engineering Symposium, 2008.
TSYP03	Tsai, W. T.; Saimi, A.; Yu, L.; Paul, R.: Scenario-based Object-Oriented Testing Framework. IEEE Proceedings of the Third International Conference On Quality Software (QSIC'03), 2003.
TVA10	Tideman, Martijn; van der Voort, Mascha C.; van Arem, Bart: A new scenario based approach for designing driver support systems applied to the design of a lane change support system. Elsevier Transportation Research Part C Emerging Technologies, Vol. 18, Iss. 2, April 2010.
UZG+07	Uhl, K.; Ziegenmeyer, M.; Gassmann, B.; Zöllner, J. M.; Dillmann, R.: Entwurf einer semantischen Missionssteuerung für autonome Serviceroboter. In: Karsten Berns, Tobias Luksch (Hrsg.): Autonome Mobile Systeme. 20. Fachgespräch Informatik Aktuell, Springer Verlag, Berlin Heidelberg, 2007.
VBSD07	Vacek, Stefan; Bürkle, Cornelius; Schröder, Joachim; Dillmann, Rüdiger: Detektion von Fahrspuren und Kreuzungen auf nichtmarkierten Straßen zum autonomen Führen von Fahrzeugen. In: Karsten Berns, Tobias Luksch (Hrsg.): Autonome Mobile Systeme. 20. Fachgespräch Informatik Aktuell, Springer Verlag, Berlin Heidelberg, 2007.
VDI08	VDI Technologiezentrum GmbH: Zukunft des Autos. 2008.
VSPS08	Visvikis, C.; Smith, T. L.; Pitcher, M.; Smith, R.: Study on lande departure warning and lane change assistance systems. Project Report PPR 374, final report, Project ENTR/05/17.01 Technical assistance and economic analysis in the field of legislation pertinent to the issue of automotive safety. Nov. 2008.
WBDK+10	Wagner, Stefan; Broy, Manfred; Deißenböck, Florian; Kläs, Michael; Liggesmeyer, Peter; Münch, Jürgen; Streit, Jonathan: Softwarequalitätsmodelle – Praxisempfehlungen und Forschungsagenda. Informatik Spektrum, Vol. 33, #1, 2010.

WFSN09	Wettach, Michael; Frodl, Tobias; Selzer, Michael; Nestler, Britta: 3D-Simulationsumgebung für haptische Sensor- und Aktorkomponenten im Cockpit. Automobiltechnische Zeitschrift ATZ 03/2009, Jahrgang 111, 2009.
WH10	Wisselmann, Dirk; Huber, Werner: B;W ConnectedDrive – Eine Vision wird Wirklichkeit. 7. Kooperationsforum Fahrerassistenzsysteme, Bayern Innovativ, Aschaffenburg, 20.05.2010.
Whi66	Whitby, C. M.: A unique visual simulation facility. Supplement to IEEE Transactions on Aerospace and Electronic Systems, November 1966.
WHW09	Winner, Herrmann; Hakuli, Stephan; Wolf, Gabriele (Hrsg.): Handbuch Fahrerassistenzsysteme. Vieweg+Teubner, Wiesbaden, 2009.
WLS+06	Wang, Kunfeng; Li, Zhenjiang; Sun, Yuan; Qiao, Xin; Wang, Fei-Yue: An Embedded System for Vision-based Driving Environment Perception. Proceedings of the 2nd IEEE/ASME International Conference on Mechatronic and Embedded Systems and Applications, August 2006.
WMWS+08	Watson, Benjamin; Müller, Pascal; Wonka, Peter; Sexton, Chris; Veryovka, Oleg; Fuller, Andy: Procedural Urban Modeling in Practice. IEEE Computer Graphics and Applications, May/June 2008.
WMZG+10	Wang, Sa; Mao, Zhengli; Zeng, Changhai; Gong, Huili; Li, Shanshan; Chen, Beibei: A New Method of Virtual Reality Based on Unity3D. 18th International Conference on Geoinformatics, 2010.
WPT+10	White, Steven A.; Prachyabrued, Mores; Chambers, Terrence L.; Borst, Christoph W.; Reiners, Dirk: Low-cost simulated MIG welding for advancement in technical training. Virtual Reality, Vol. 15, No. 1, Mai 2010.
WR06	Wallentowitz, Henning; Reif, Konrad: Handbuch Kraftfahrzeugelektronik: Grundlagen, Komponenten, Systeme, Anwendungen. Vieweg Verlag, Wiesbaden, 2006.
WRRZ07	Wahl, E.; Russ, A.; Rossberg, D.; Zeitler, W.: Videobasierte Fahrerassistenzsysteme auf dem Prüfstand: Vergleich – Evaluierung – Serieneinsatz. VDI Berichte Nr. 2000, 2007.
WSSR10	Wehner, Udo; Schulze, Karsten; Schonlau, Benedikt; Rudolf, Lars: Entwicklung von Assistenzfunktionen am Fließband. ATZ 02/2010.
Wu10	Wu, Xiaomao: The Future of Game Engines. China Game Developers Conference, Shanghai, August 2010.
Wüs09	Wüst, Christian: Segensreicher Schlenker. Spiegel Online, http://www.spiegel.de/spiegel/0,1518,639803,00.html, 03.08.2009.
WWS10	Wohlfahrt, Christoph; Weizenegger, Florian; Smuda, Peer: HiL-Testtechnologie für kamerabasierte Fahrerassistenzsysteme. FKFS AutoTest, Stuttgart, Okt. 2010.
Wym07	Oliver Wyman: Car Innovation 2015. 2007.
XLL05	Xu, Dong; Li, Huaizhong; Lam, Chiou Peng: Using Adaptive Agents to Automatically Generate Test Scenarios from the UML Activity Diagrams. IEEE Proceedings of the 12th Asia-Pacific Software Engineering Conference (APSEC'05), 2005.
XODR10	Dupuis, Marius: OpenDRIVE - Format Specification, Rev. 1.3. http://www.opendrive.org, August 2010.
ZD04	Zerbst, Stefan; Düvel, Oliver: 3D Game Engine Programming. Thomson Course Technology, 2004.
Zeit10a	ZEIT ONLINE: Wenn selbst der Computer zu langsam ist. http://www.zeit.de/auto/2010-11/notbremsassistent, 16.11.2010.
Zeit10b	ZEIT ONLINE: Elektronische Fahrhilfen unter Beobachtung. http://www.zeit.de/auto/2010-08/assistenzsysteme-feldversuch, 09.08.2010.
Zeit10c	ZEIT ONLINE: Der Wagen lenkt mit. http://www.zeit.de/auto/2010-10/fahrerassistenten, 18.10.2010.
Zeit10d	ZEIT ONLINE: Fahrsicherheit aus dem Chip. http://www.zeit.de/auto/2010-09/fahrerassistenzsystem-sicherheit-auto, 27.09.2010.
Zeit10e	ZEIT ONLINE: Hilfreicher Simulant. http://www.zeit.de/auto/2010-11/simulator-autotechnik, 16.11.2010.

Zeit10f	ZEIT ONLINE: Google tüftelt an robotergesteuertem Auto. http://www.zeit.de/auto/2010-10/google-roboter-auto, 11.10.2010.
Zep04	Zeppenfeld, Klaus: Lehrbuch der Grafikprogrammierung. Spektrum Akademischer Verlag, München, 2004.
Zie10	Ziegler, Walter: Zukünftige Schwerpunkte der Fahrerassistenz. 7. Kooperationsforum Fahrerassistenzsysteme, Bayern Innovativ, Aschaffenburg, 20.05.2010.
Zlo07	Zlocki, Adrian: Situation classification for a traffic situation and road infrastructure adaptive ACC-system.4th International Workshop on Intelligent Transportation (WIT) 2007, Hamburg, 20.-21.03.2007.
ZS08	Zlocki, Adrian; Schröder, Ulrich: Test und Bewertung von Bildverarbeitungssystemen. 3. Optische Technologien in der Fahrzeugtechnik, Leonberg, 03.-04.06.2008.
Zyd05	Zyda, Michael: From Visual Simulation to Virtual Reality to Games. IEEE Computer, Vol. 38, Iss. 9, Sept. 2005.

Veröffentlichungen

BHS10	Bressan, Bernhard; Hartmann, Nico; Schmidt, Florian: Verfahren zum Testen einer Erkennungsvorrichtung und Testvorrichtung. Schutzrechtanmeldung, Aktenzeichen DE102010055866A4, 2010.
HS10	Hartmann, Nico; Schmidt, Florian: Vorrichtung und Verfahren zur Aufnahme von mittels eines Videoprojektors projizierbaren Vorlagenbildern anhand einer Kamera. Schutzrechtoffenlegung, Aktenzeichen DE102010013336A1, 2010.
SS09	Schmidt, Florian; Sax, Eric: Funktionaler Softwaretest für aktive Fahrerassistenzsysteme mittels parametrierter Szenario-Simulation. 7. Workshop Automotive Software Engineering, 39. Jahrestagung der Gesellschaft für Informatik e. V. (GI), Lübeck, 28.09.2009.
SH10a	Schmidt, Florian; Hartmann, Nico: Funktionaler Black-Box-Softwaretest für aktive kamerabasierte Fahrerassistenzsysteme im Automotive Umfeld. Software Engineering 2010, Gesellschaft für Informatik, Paderborn, Februar 2010.
SH10b	Schmidt, Florian; Hartmann, Nico: Datenbankgestützte Szenario-Generierung für das Testen aktiver kamerabasierter Fahrerassistenzsysteme. FKFS Fachkonferenz AutoTest 2010, Stuttgart, 27.10.2010.
Schm10	Schmidt, Florian: Experiences with Computer Graphics in the Automotive Software Validation Process. 21st IEEE International Symposium on Software Reliability Engineering ISSRE, San José, November 2010.
Schm11	Schmidt, Florian: Securing the Path for Camera Systems by Visual Loop Testing. SAE World Congress 2011, Detroit, April 2011.

Betreute Abschlussarbeiten

DACokg08	Cokgezen, Fatih: Bildverarbeitung für den Test von Infotainment-Steuergeräten. Diplomarbeit, Hochschule Pforzheim, 2008.
DAFend09	Fendler, Oliver: Konzeption und prototypische Realisierung einer Simulation von Umgebungsdaten für funktionale Steuergerätetests im Bereich der Fahrerassistenzsysteme. Diplomarbeit, Hochschule Pforzheim, 2009.
BAHein10	Heinbokel, Cornelia: Konzept und prototypische Implementierung einer Versuchsplanung für kamerabasierte Fahrerassistenzsysteme. Bachelorarbeit, Fachhochschule Schmalkalden, 2010.

BAHerr10	Herrmann, Benjamin: Konzeption eines Moduls zur Erzeugung künstlicher Intelligenz für simulierte Verkehrsteilnehmer im Bereich funktionaler Tests von kamerabasierten Fahrerassistenzsystemen. Bachelorarbeit, Hochschule Karlsruhe, 2010.
BAKral10	Kralj, Matija: Konzept und prototypische Implementierung einer Testfalldatenbank für kamerabasierte Fahrerassistenzsysteme. Bachelorarbeit, Hochschule Heilbronn, 2010.
DAMoll11	Mollik, Robert: Agentenbasierte Repräsentation von Verkehrsteilnehmern für eine Umgebungssimulation zum Testen kamerabasierter Fahrerassistenzsysteme. Diplomarbeit, Hochschule Leipzig, 2011.
DASchü10	Schüller, Dennis: Analyse und Optimierung fotorealistischer Bildgenerierung für funktionale Steuergerätetests. Diplomarbeit, Technische Universität Ilmenau, 2010.
BASchw10	Schweizer, Johannes: Konzeption und prototypische Implementierung eines Algorithmus zur Umsetzung komplexer Test-Szenarien für funktionale Steuergeräte-Tests kamerabasierter Fahrerassistenzsystemen. Bachelorarbeit, Hochschule Esslingen, 2010.
BAWagn11	Wagner, Matthias: Untersuchung zur Performance-Optimierung von 3D-Fahrzeugmodellen im Bereich der fotorealistischen Bildgenerierung für Fahrerassistenzsystemtests im Automotive Bereich. Bachelorarbeit, Fachhochschule Gießen Friedberg, 2011.
MAYan09	Yan, Xuhui: Design of a GPS Data Simulation Tool for functional ECU tests. Masterarbeit, Technische Universität Dortmund, 2009.

Betreute Studenten (2007 – 2011)

Robin Behrens, Fatih Cokgezen, Oliver Fendler, Yi En Gan, Cornelia Heinbokel, Benjamin Herrmann, He Huang, Martin Konieczny, Matija Kralj, Pengrong Liu, Robert Mollik, Alex Piskovatskov, Dominique Pflegel, Markus Schnapp, Dennis Schüller, Johannes Schweizer, Daniel Suppan, Matthias Wagner, Xuhui Yan

Lebenslauf

Florian H. Schmidt

2000 – 2006	Studium der Elektrotechnik, Elektronik und Informationstechnik mit Schwerpunkt Nachrichtentechnik und Mobilkommunikation an der Friedrich-Alexander-Universität Erlangen-Nürnberg. Abschluss als Diplom-Ingenieur (Univ.)
2005	Studienarbeit am Telecommunications Lab der University of New South Wales, Sydney, Australien.
2005 – 2006	Diplomarbeit am Lehrstuhl LIKE der Friedrich-Alexander-Universität Erlangen-Nürnberg bei Prof. Dr.-Ing. Heinz Gerhäuser, in Zusammenarbeit mit Fraunhofer IIS Erlangen.
2006 – 2007	Entwicklungsingenieur bei Atena Engineering GmbH, Böblingen. Projekteinsatz bei DaimlerChrysler AG im Bereich Telematik-Test.
2007 – 2011	Projektingenieur, Projektleiter und Produktmanager bei MBtech Group GmbH & Co. KGaA, Sindelfingen. Themengebiete Test-Prozesse, Test-Spezifikationen, Testen kamerabasierter Fahrerassistenzsysteme, Software-Entwicklung, Studentenbetreuung.
	Durchführen des Promotionsvorhabens, Betreuung durch Prof. Dr.-Ing. habil. Peter Liggesmeyer, Technische Universität Kaiserslautern, Fraunhofer IESE Kaiserslautern.
seit 2011	Gruppenleiter bei Magneti Marelli GmbH, Elektronische Systeme, Stuttgart. Leiter System Integration und Validierung Deutschland für Kombiinstrumente.

PhD Theses in Experimental Software Engineering

Volume 1	**Oliver Laitenberger** (2000), *Cost-Effective Detection of Software Defects Through Perspective-based Inspections*	
Volume 2	**Christian Bunse** (2000), *Pattern-Based Refinement and Translation of Object-Oriented Models to Code*	
Volume 3	**Andreas Birk** (2000), *A Knowledge Management Infrastructure for Systematic Improvement in Software Engineering*	
Volume 4	**Carsten Tautz** (2000), *Customizing Software Engineering Experience Management Systems to Organizational Needs*	
Volume 5	**Erik Kamsties** (2001), *Surfacing Ambiguity in Natural Language Requirements*	
Volume 6	**Christiane Differding** (2001), *Adaptive Measurement Plans for Software Development*	
Volume 7	**Isabella Wieczorek** (2001), *Improved Software Cost Estimation A Robust and Interpretable Modeling Method and a Comprehensive Empirical Investigation*	
Volume 8	**Dietmar Pfahl** (2001), *An Integrated Approach to Simulation-Based Learning in Support of Strategic and Project Management in Software Organisations*	
Volume 9	**Antje von Knethen** (2001), *Change-Oriented Requirements Traceability Support for Evolution of Embedded Systems*	
Volume 10	**Jürgen Münch** (2001), *Muster-basierte Erstellung von Software-Projektplänen*	
Volume 11	**Dirk Muthig** (2002), *A Light-weight Approach Facilitating an Evolutionary Transition Towards Software Product Lines*	
Volume 12	**Klaus Schmid** (2003), *Planning Software Reuse – A Disciplined Scoping Approach for Software Product Lines*	
Volume 13	**Jörg Zettel** (2003), *Anpassbare Methodenassistenz in CASE-Werkzeugen*	
Volume 14	**Ulrike Becker-Kornstaedt** (2004), *Prospect: a Method for Systematic Elicitation of Software Processes*	
Volume 15	**Joachim Bayer** (2004), *View-Based Software Documentation*	
Volume 16	**Markus Nick** (2005), *Experience Maintenance through Closed-Loop Feedback*	

Volume 17	**Jean-François Girard** (2005), *ADORE-AR: Software Architecture Reconstruction with Partitioning and Clustering*
Volume 18	**Ramin Tavakoli Kolagari** (2006), *Requirements Engineering für Software-Produktlinien eingebetteter, technischer Systeme*
Volume 19	**Dirk Hamann** (2006), *Towards an Integrated Approach for Software Process Improvement: Combining Software Process Assessment and Software Process Modeling*
Volume 20	**Bernd Freimut** (2006), *MAGIC: A Hybrid Modeling Approach for Optimizing Inspection Cost-Effectiveness*
Volume 21	**Mark Müller** (2006), *Analyzing Software Quality Assurance Strategies through Simulation. Development and Empirical Validation of a Simulation Model in an Industrial Software Product Line Organization*
Volume 22	**Holger Diekmann** (2008), *Software Resource Consumption Engineering for Mass Produced Embedded System Families*
Volume 23	**Adam Trendowicz** (2008), *Software Effort Estimation with Well-Founded Causal Models*
Volume 24	**Jens Heidrich** (2008), *Goal-oriented Quantitative Software Project Control*
Volume 25	**Alexis Ocampo** (2008), *The REMIS Approach to Rationale-based Support for Process Model Evolution*
Volume 26	**Marcus Trapp** (2008), *Generating User Interfaces for Ambient Intelligence Systems; Introducing Client Types as Adaptation Factor*
Volume 27	**Christian Denger** (2009), *SafeSpection – A Framework for Systematization and Customization of Software Hazard Identification by Applying Inspection Concepts*
Volume 28	**Andreas Jedlitschka** (2009), *An Empirical Model of Software Managers' Information Needs for Software Engineering Technology Selection A Framework to Support Experimentally-based Software Engineering Technology Selection*
Volume 29	**Eric Ras** (2009), *Learning Spaces: Automatic Context-Aware Enrichment of Software Engineering Experience*
Volume 30	**Isabel John** (2009), *Pattern-based Documentation Analysis for Software Product Lines*
Volume 31	**Martín Soto** (2009), *The DeltaProcess Approach to Systematic Software Process Change Management*
Volume 32	**Ove Armbrust** (2010), *The SCOPE Approach for Scoping Software Processes*

Volume 33	**Thorsten Keuler** (2010), *An Aspect-Oriented Approach for Improving Architecture Design Efficiency*
Volume 34	**Jörg Dörr** (2010), *Elicitation of a Complete Set of Non-Functional Requirements*
Volume 35	**Jens Knodel** (2010), *Sustainable Structures in Software Implementations by Live Compliance Checking*
Volume 36	**Thomas Patzke** (2011), *Sustainable Evolution of Product Line Infrastructure Code*
Volume 37	**Ansgar Lamersdorf** (2011), *Model-based Decision Support of Task Allocation in Global Software Development*
Volume 38	**Ralf Carbon** (2011), *Architecture-Centric Software Producibility Analysis*
Volume 39	**Florian Schmidt** (2012), *Funktionale Absicherung kamerabasierter Aktiver Fahrerassistenzsysteme durch Hardware-in the-Loop-Tests*